BANJIN ZHANKAITU HUAFA JI DIANXING SHILI

钣金展开图画法及典型实例

孙凤翔　主编

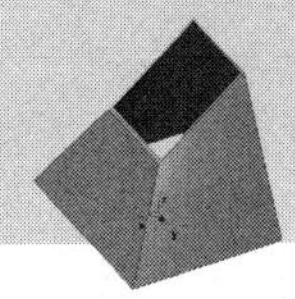

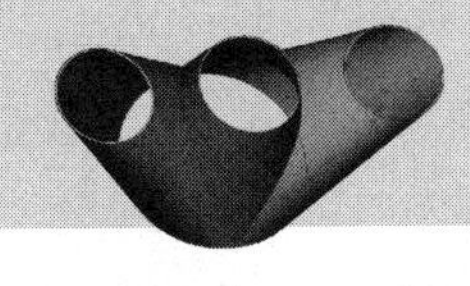

·北京·

本书在介绍基本作图方法、几何作图技巧、投影知识等钣金制图基本知识的基础上，列举了100多种钣金展开图的画法并进行说明，涵盖了平行线、放射线、三角形三种钣金展开的不同方法以及大量的钣金展开图例和画法，还对钣金制作工艺进行了简要的介绍。对各个展开实例的介绍简明扼要，突出分析和技术要点，实用性强。

本书既可作为钣金件展开的实例查阅参考书，也可作为学习钣金图画法的技术读本。可供钣金生产的工程技术人员、技术工人以及职业院校相关专业师生学习和参考。

图书在版编目（CIP）数据

钣金展开图画法及典型实例 / 孙凤翔主编. 北京：化学工业出版社，2015.2（2025.5重印）

ISBN 978-7-122-22531-3

Ⅰ.①钣… Ⅱ.①孙… Ⅲ.①钣金工-机械制图 Ⅳ.①TG936

中国版本图书馆CIP数据核字（2014）第293319号

责任编辑：张兴辉　　文字编辑：张绪瑞
责任校对：蒋　宇　　装帧设计：王晓宇

出版发行：化学工业出版社（北京市东城区青年湖南街13号　邮政编码100011）
印　　装：大厂回族自治县聚鑫印刷有限责任公司
850mm×1168mm　1/32　印张6½　字数174千字
2025年5月北京第1版第18次印刷

购书咨询：010-64518888　　售后服务：010-64518899
网　　址：http://www.cip.com.cn
凡购买本书，如有缺损质量问题，本社销售中心负责调换。

定　　价：29.80元

前　言

FOREWORD

在工业生产中，对于薄壳制件——钣金件，往往需要根据制件的表面实形，在板材上画出展开图（又称放样图），然后下料，再经折弯、焊接、成形等工序制成产品。

钣金展开的实质是求立体表面实形的问题，而实际操作中，还要考虑必要的工艺需求，如板厚、折弯变形、接缝余量、合理排料等，使之放样下料后的板材，便于弯折、咬缝、焊接等成形，能够准确反映薄壳制件的内外结构形状。

随着科技进步，数控切割下料工艺、计算机编程技术的广泛运用以及3D打印技术的异军突起，使钣金展开工艺技术日臻完善。

本书重点介绍表面展开的基本方法，以图文并茂的叙述方式，力求让读者尽快融入展开作图的领域中；至于钣金工艺方面的技能，由于实践性过强，各种经验法频出，本书仅作基本介绍，希望读者勇于实操，让理论插上实践的翅膀，不断进取创新。

要学习掌握好“钣金展开”的技能，虽然书籍和法门众多，而设法能让读者力求花费较少精力，而学得较多知识的捷径不多。笔者通过长期的教学和工业设计实践，持之以恒探究空间逻辑思维的认知规律，提炼、“萃取”，凝成了学科、设计、诸实践的智慧结晶。坚定“做题、制图”是掌握理论的必要手段，坚定“避抽象、重实训”的路径，特别编撰了一些涵盖必要技能的新颖例题，并进行循序渐进地详解。通过图文并茂的演示，让读者先入为主——启蒙视觉判明，再引领大脑融会——进入空间构思的畅想境界。实践证明，通过演练促学的方法，不少学员、技师，较快产生了求知欲，从而“掩卷沉思”，独出心裁，由然而生出“一篇读罢头飞雪”的创新智能。

技术知识可以传授，而创新思维只能启发。本书编排按照应用理论—相关例题—答案—三维建模—详解提示—自查演练的循序。遵从“少而精，学到手”的宗旨，不搞“题海战术”，所选例题，由浅入深，适应不同层次的需求，按照个性化处理例题的广度、深度，力求让初学者体会到轻松入门的乐趣，也会让深究者获得“别开洞天”的成就感。笔者坚信，做题仅仅是理解理论的手段，但只学理论，却难以领会理论的真谛。古人云：“采菊东篱下，悠然见南山”。对于实践性极强的“钣金展开”，读过此书，会有顿悟快感。

本书适应工科大学、高职、中专院校师生提高“工程图学钣金展开”的水平，熏陶“图解、图示”技能，也为进一步展现工业设计才华，夯实坚实基础。

本书由孙凤翔任主编，由刘航、方峰、于波、孙冬任副主编，祝洪海、牟峰、杨华、孙战、朱瑞景、谢桂真、于莉、蓝海霞、高天奇、台静静、王桂花、胡波、孙昀、陈维鹏、陈洋洋参加了编写工作，李帆、梁卓冰参加了绘图、校对工作。

限于笔者学识水平，不足之处在所难免，敬请指教，不胜感激。

主编

目 录

CONTENTS

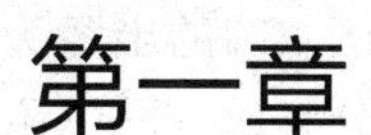

第一章

Chapter 01

展开作图基本知识

钣金展开划线，应具备“几何作图”基本功，如：等分直线、等分圆周、圆弧连接、锥度和斜度等基本作图法，下面一一说明作图方法。

一、基本作图法

1. 等分线段——平行线法

如图 1-1 所示，若将线段 AB 进行五等分，可过线段的任一端点（如 A）任作一直线 AC，用划规以适当长度为单位在 AC 上量得 1、2、3、4、5 各等分点，如图 1-1（a）所示，然后连接 $5B$，并过各等分点作 $5B$ 的平行线与 AB 相交，得到 $1'$、$2'$、$3'$、$4'$——五等分完成。

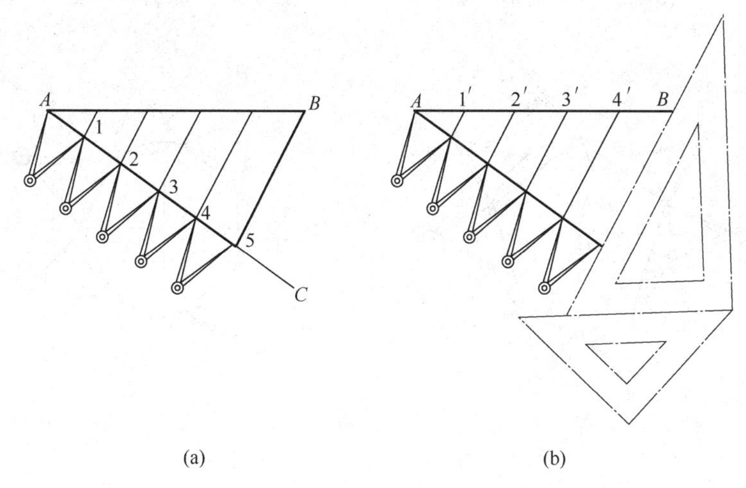

图 1-1　等分线段——平行线法

2. 等分圆周

（1）六等分圆周　如图1-2所示，分别以A、B两点为圆心，以已知圆的半径为半径画弧，与已知圆交于C、D、E、F——六等分完成（图中还画出了圆的内接正六边形）。

（2）五、十等分圆周　如图1-3所示，平分圆的半径OA，得中点1，以1为圆心，以$1C$为半径，画弧交OB于2点，用$C2$为半径画弧量取，得圆周上的各等分点（C、D、E、F、G）——五等分完成（图中还画出了圆的内接正五边形）。

若用$O2$长度画弧可在圆周上量得十个等分点，如图1-4所示。

（3）任意等分圆周（试分法）　用划规选择适当长度，在已知圆上试分（如七等分），直至满足精确度为止，如图1-5所示。

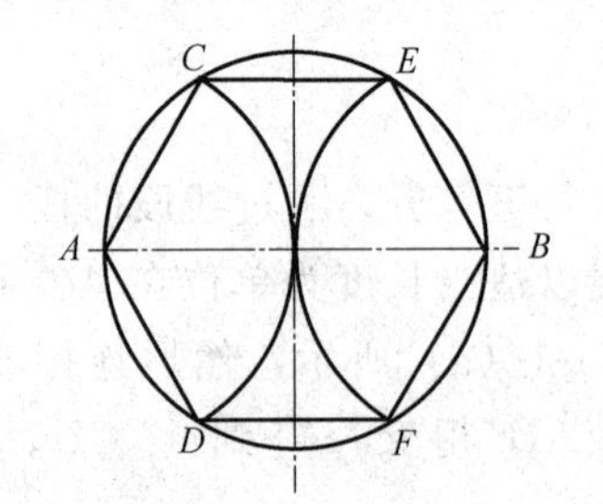

图1-2　正六边形画法

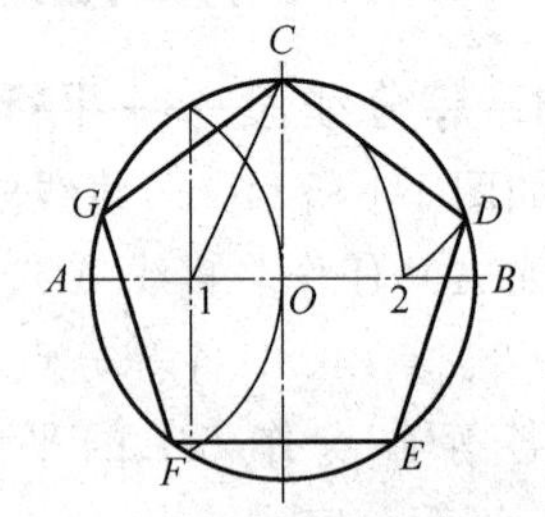

图1-3　正五边形画法

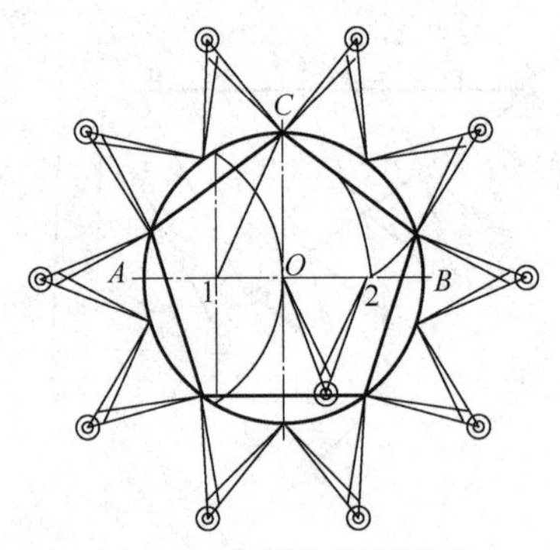

图1-4　十等分圆周画法

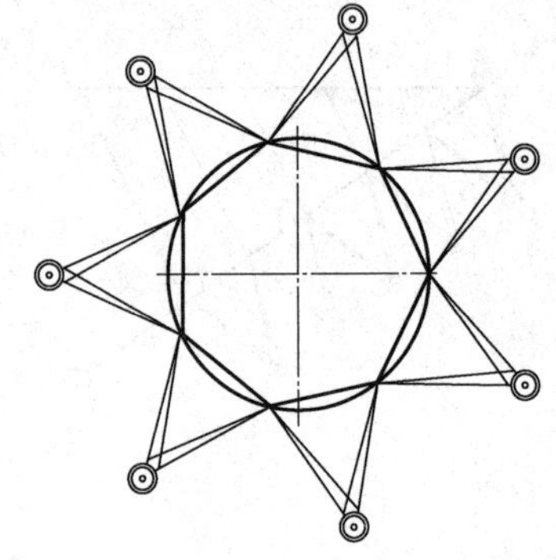
图1-5　n（七）等分圆周——试分法

（4）任意等分圆周（精确作图法）　如图1-6所示，过直径

AB 的一个端点 A 作任意辅助斜线段 AC，将 AC 进行 N 等分（本例采取七等分），连接 CB，过 $2/N$ 点（本例为 2/7），作 CB 的平行线 NM；再以直径 AB 为半径，分别以 A、B 二点为圆心画圆弧，得到交点 O；连接 OM 并延长交已知圆于 1 点；那么，$A1$ 即为圆的内接正 N 边形的边长（本例为内接正七边形）。请注意，N 等分圆周的关键是要把直径 N 等分，求得 $2/N$ 点 M；无论几边形，都要求得直径的 $2/N$ 点。应当指出，此作图法存在原理误差，但误差率小于万分之 0.6，可以满足生产的需求。

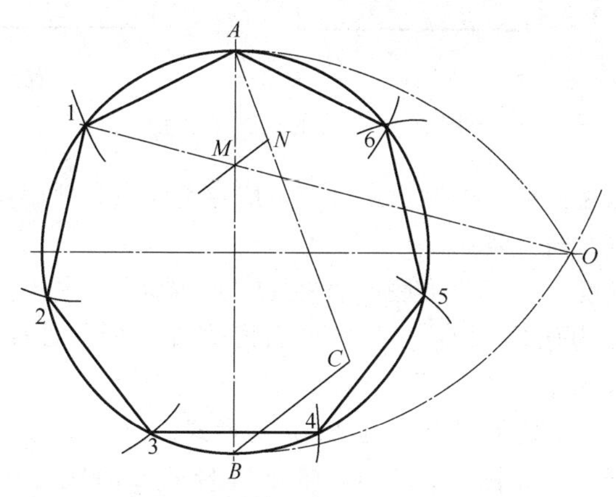

图 1-6　N 等分圆周：精确作图

3. 锥度和斜度

(1) 斜度　指一直线（或平面）相对于另一直线（或平面）的倾斜程度。其大小用该两直线（或平面）的正切表示。如图 1-7 所示。

斜度 $=H/L=\tan\alpha$

工程上一般将斜度标注为：$1:n$ 的形式。

斜度画法：见图 1-7（c），过定点 k 作斜度 1∶5，可先作水平线，截取五个单位长度，再作垂线并截取一个单位长度，连线即成，见图 1-8（d）。

斜度符号：见图 1-7（e），图中 h 为数字高度，符号的线宽为 $h/10$。

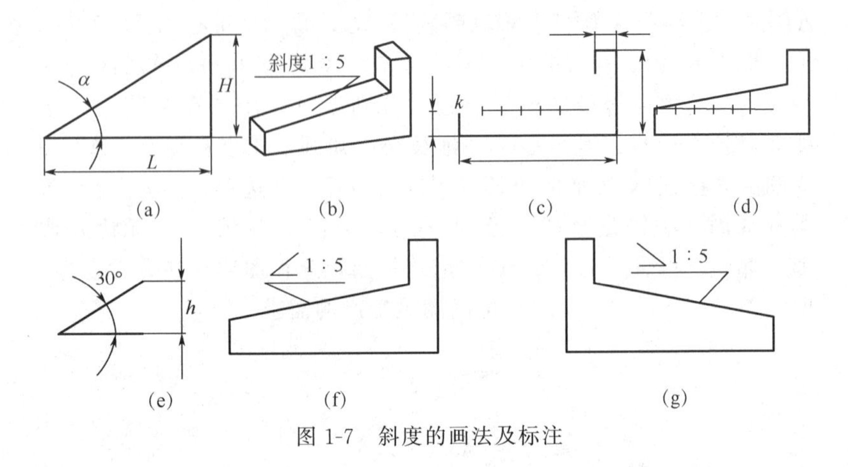

图 1-7　斜度的画法及标注

斜度标注：见图 1-7（f）、（g），应特别注意，斜度符号的方向应与斜度线方向一致。

（2）锥度　指正圆锥底圆直径 D 与其高度 L 之比。对于圆锥台，其锥度为两底圆直径之差与高度之比，即：锥度 $= D/L = (D-d)/l$，如图 1-8 所示。

工程上一般将锥度标注为 $1:n$ 的形式。

锥度符号：见图 1-8（b），锥度符号的方向应与锥度线方向一致。

锥度的标注：见图 1-8（c）。

锥度的画法：见图 1-8（d），作一底圆为 10、长度为 20 的辅助锥形，再作锥线的平行线即成，见图 1-8（e）。

4. 作垂直平分线

如图 1-9 所示，分别以已知线段的两个端点 A、B 为圆心，以相同的适当半径画两个圆弧，得到两个交点 C、D，连接 CD，即为 AB 线段的垂直平分线。

5. 过直线上、直线外一点作垂线

（1）过直线外一点作垂线　如图 1-10（a）所示，以已知点 C（线外）为圆心，以适当半径 R 画圆弧交已知直线 AB 于 m、n 两点；再分别以 m、n 为圆心，以相同的适当半径 R_1 画圆弧得到交

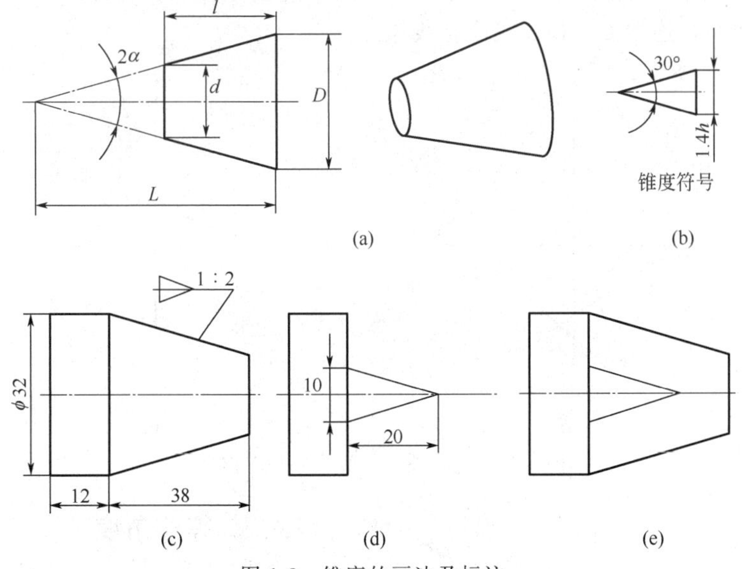

图 1-8　锥度的画法及标注

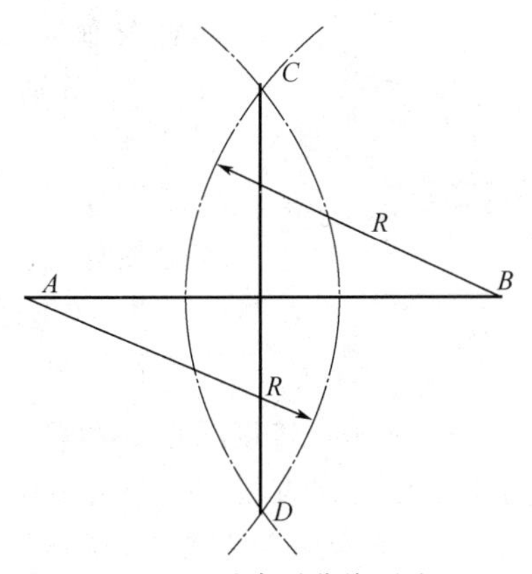

图 1-9　垂直平分线画法

点 D，连接 C、D，完成垂线作图。

（2）过直线上一点作垂线　如图 1-10（b）所示，以已知点 C（线上）为圆心，以适当半径 R 画圆弧交已知直线 AB 于 m、n 两点；再分别以 m、n 为圆心，以相同的适当半径 R_1 画圆弧得到交点 D，连接 C、D，完成垂线作图。

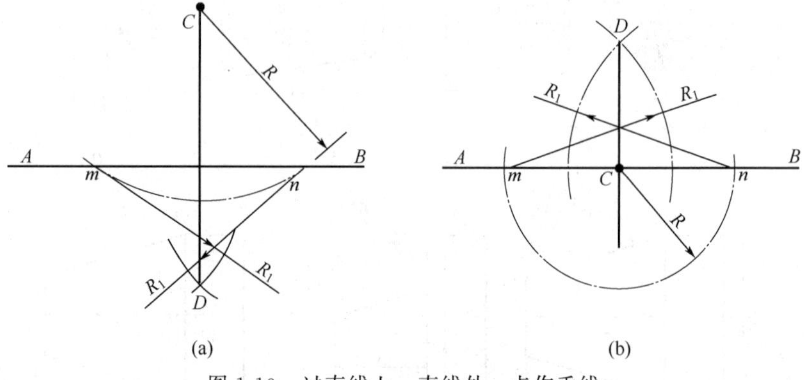

图 1-10　过直线上、直线外一点作垂线

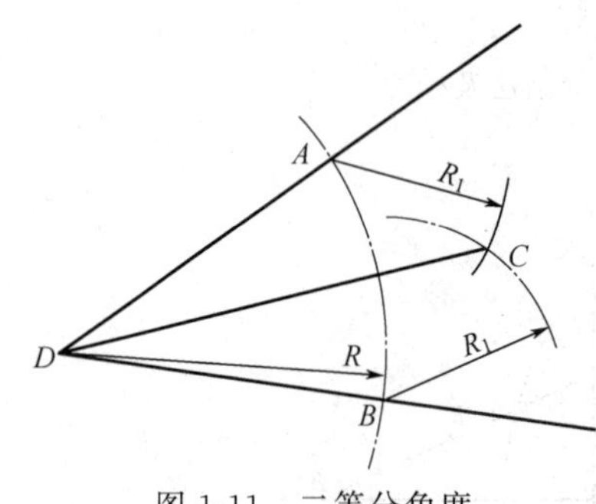

图 1-11　二等分角度

6. 二等分角度

如图 1-11 所示，以已知 $\angle D$ 的角顶 D 为圆心，适当半径 R 画圆弧，得到两个交点 A、B，分别以 A、B 为圆心，适当半径 R_1 画圆弧，得到交点 C，连接 C、D，即完成角平分线作图。

7. 作圆的切线

（1）过圆上一点 C 作该圆的切线　如图 1-12（a）所示，连接圆心 O 和 C 并延长，以 C 为圆心，适当半径画圆弧，交已知直线 OC 于 A、B 两点；再分别以 A、B 两点为圆心，适当半径画两个圆弧，得到交点 m、n，连接 m、n 即为所作之切线（必然过 C 点）。

（2）过圆外一点 C 作该圆的切线　如图 1-12（b）所示，连接圆心 O 和 C，以 OC 为直径画圆，与已知圆相交得到交点 K，连接 C、K，即为该圆之切线。显然，$CK \perp OK$。

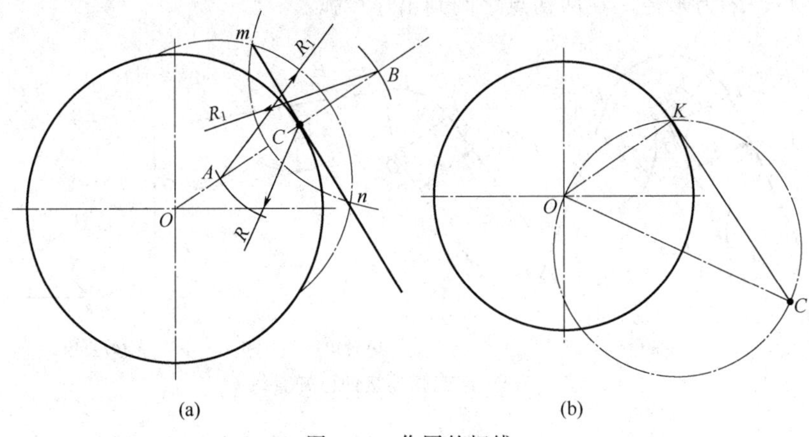

图 1-12　作圆的切线

8. 求圆弧的圆心

如图 1-13 所示，在已知圆弧上任选三点 A、B、C，分别以 A、B 为圆心，适当半径画圆弧得到交点 a、b，再分别以 B、C 为圆心，适当半径画圆弧得到 c、d；连接 a、b 和 c、d，得到交点 O——即为所求。

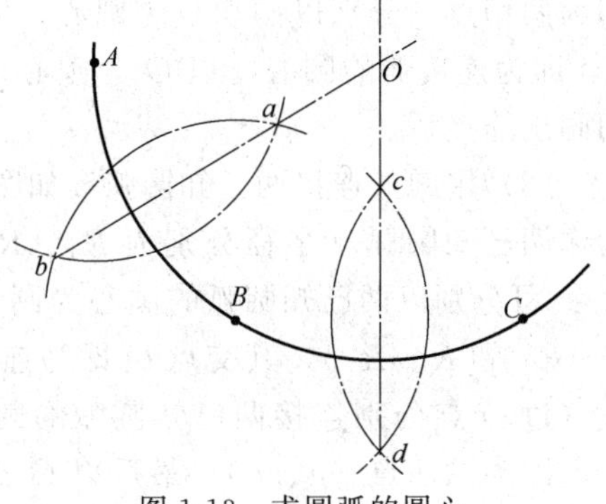

图 1-13　求圆弧的圆心

9. 圆弧连接

绘制机件轮廓时，经常遇到用已知半径的圆弧光滑地连接两已知线段（直线或圆弧）的情形，称为圆弧连接，圆弧连接可归结为三种类型。

（1）用圆弧连接两已知直线　如图 1-14 所示，图 1-14 中（a)、(b）为两直线呈锐角、钝角时，可分别作两已知直线的平行线（距离为连接圆弧半径)，其交点 O 定为连接圆弧的圆心；从 O 点向两直线分别作垂线，其两垂足即为二切点（k、k)；以 O 为圆心，R 为半径，在两切点之间画出连接弧。

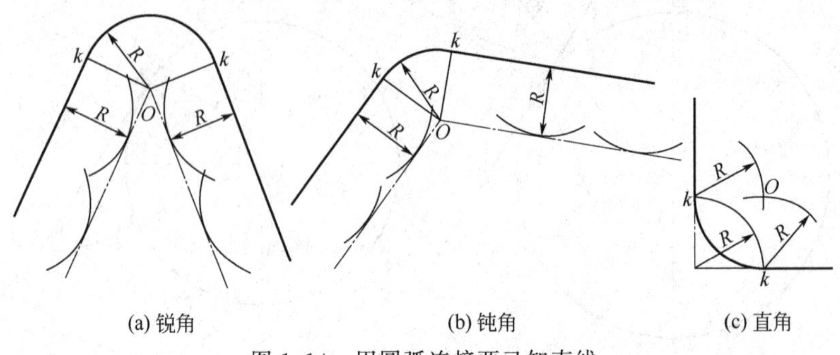

图 1-14　用圆弧连接两已知直线

图 1-14 中（c）为二直线呈直角时，作图便简单了，可以两直线的交点为圆心，以 R 为半径画圆弧，与两直线的两交点（k、k）即为两切点；分别以两切点为圆心，以 R 为半径画两圆弧得交点 O，即为连接弧的圆心，以 O 为圆心，以 R 为半径，在两切点之间画出连接弧。

（2）用圆弧连接两已知圆弧　如图 1-15 所示，图 1-15 中（a）为作两已知圆弧（半径分别为 R_1、R_2）的外公切圆弧（半径为 R）。可分别以两已知圆弧的圆心为圆心作两辅助圆（半径分别为 $R+R_1$ 和 $R+R_2$），其交点 O 即为连接圆弧的圆心；画两条连心线（过 O 点分别连接两已知圆弧的圆心），与二已知圆弧得两交点，即为二切点（k、k）；最后以 O 点为圆心，以 R 为半径在两切点之间画出连接圆弧。

图 1-15 中（b）为作两已知圆弧（半径分别为 R_1、R_2）的内公切圆弧（半径为 R）。可分别以两已知圆弧的圆心为圆心作两辅助圆（半径分别为 $R-R_1$ 和 $R-R_2$），其交点 O 即为连接圆弧的圆心；画两条连心线（过 O 点分别连接两已知圆弧的圆心）并延长，与两已知圆弧得两交点，即为两切点（k、k）；最后以 O 点为圆心，以 R 为半径在两切点之间画出连接圆弧。

图 1-15 中（c）为作两已知圆弧（半径分别为 R_1、R_2）的内、外公切圆弧（半径为 R）。可分别以两已知圆弧的圆心为圆心作两

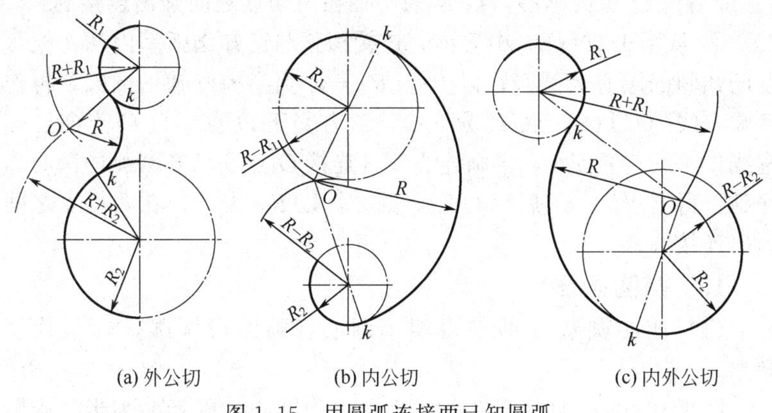

图 1-15　用圆弧连接两已知圆弧

辅助圆（半径分别为 $R+R_1$ 和 $R-R_2$），其交点 O 即为连接圆弧的圆心；画两条连心线（过 O 点分别连接两已知圆弧的圆心），与两已知圆弧得两交点，即为两切点（k、k）；最后以 O 点为圆心，以 R 为半径在两切点之间画出连接圆弧。

（3）用圆弧连接一已知直线和一已知圆弧　如图 1-16 所示。

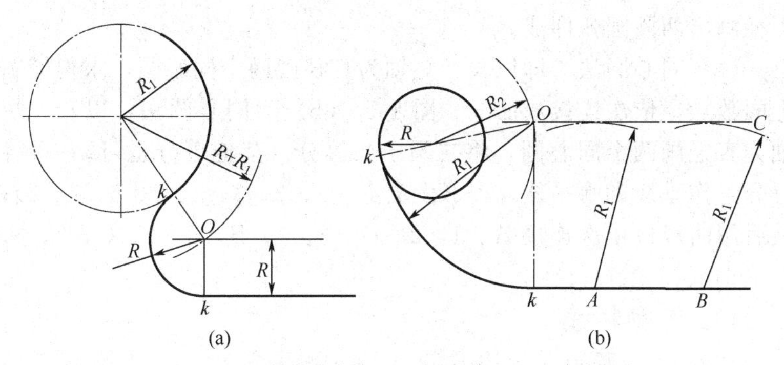

图 1-16　用圆弧连接一已知直线和一已知圆弧

① 从图 1-16（a）中看出，连接圆弧与已知圆弧呈外切，故可以已知圆的圆心为圆心，以 $R+R_1$ 为半径画辅助圆弧；再作已知直线的平行线（距离为 R）；二者交于 O 点，自 O 点向已知直线作垂线得垂足 k，再画连心线（连接 O 点和已知圆弧的圆心）得交点

k；最后以 O 点为圆心，以 R 为半径在两切点之间画出连接圆弧。

② 从图 1-16（b）中看出，连接圆弧与已知圆弧呈内切，故可以已知圆的圆心为圆心，以 $R_2=R_1-R$ 为半径画辅助圆弧；再作已知直线的平行线（距离为 R_1）；二者交于 O 点，自 O 点向已知直线作垂线得垂足 k，再画连心线（连接 O 点和已知圆弧的圆心），并延长得交点 k；最后以 O 点为圆心，以 R_1 为半径在两切点之间画出连接圆弧。

10. 椭圆画法

（1）四心圆法　即求得四个圆心，画四段圆弧，近似代替椭圆。

图 1-17（a）为四心圆法：以 O 点为圆心，以 OA 为半径画圆弧与短轴的延长线交于 E 点，再以 D 点为圆心，以 DE 为半径画圆弧与 AD 线交于 F 点；作 AF 线的垂直平分线与长轴 AB 交于 1 点，与短轴 CD 的延长线交于 2 点；求得 1、2 两点的对称点 3、4，并连线；以 2 点为圆心，以 $2D$ 长度为半径在 12 线和 23 线之间画圆弧，同理，以 4 点为圆心，以 $4C$（$=2D$）长度为半径在 14 线和 43 线之间画圆弧；最后分别以 1 和 3 为圆心，以 $1A$ 和 $3B$ 为半径画出两段圆弧即成。

（2）同心圆法　即以长、短轴为直径画两个同心圆，求得椭圆上的数点，依次连接成曲线。图 1-17（b）为同心圆法：以长、短轴为直径画两个同心圆，将二圆十二等分（其他等分也可）；过各等分点作垂线和水平线，得八个交点（1、2、3、4、5、6、7、8）；最后用曲线板依次连接 A、1、2、D、3、4、B、5、6、C、7、8、A 成曲线即成。

11. 画抛物线

如图 1-18 所示，运用 CAXA 电子图板软件，点击系统中的〖公式曲线〗图标⌊，在出现的对话框中选择“抛物线”指令，输入适当数据（如 0.1 * t * t，参变量 t、起始值－20，终止值 20），则得到图 1-18 所示的抛物线。

如输入 0.05 * t * t，参变量 t 起始值－20、终止值 20，则得到如图 1-19 所示的抛物线。

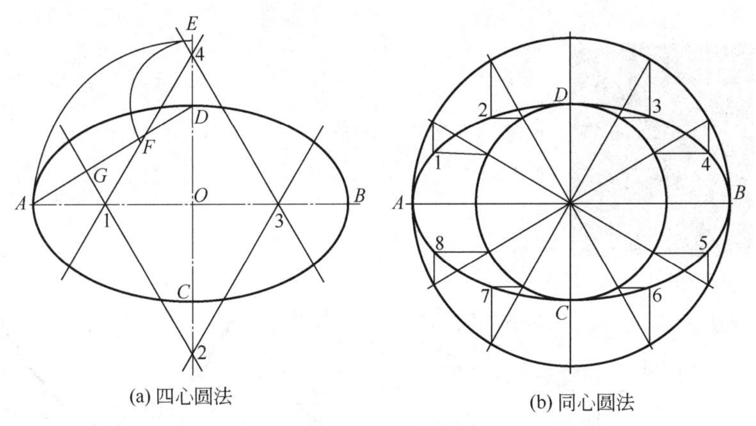

图 1-17　椭圆画法

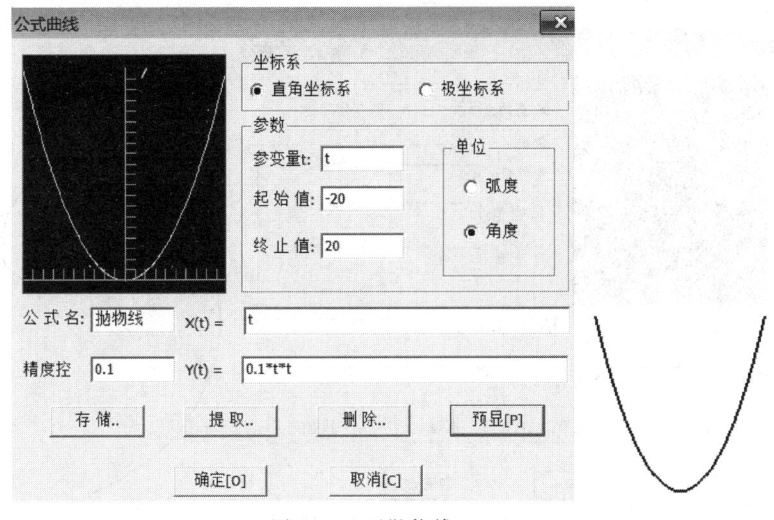

图 1-18　画抛物线（一）

12. 画渐开线

如图 1-20 所示，运用 CAXA 电子图板软件，点击系统中的〖公式曲线〗图标⌊，在出现的对话框中选择“渐开线”指令，输入适当数据如图 1-20 所示，则得到如下相应的渐开线。

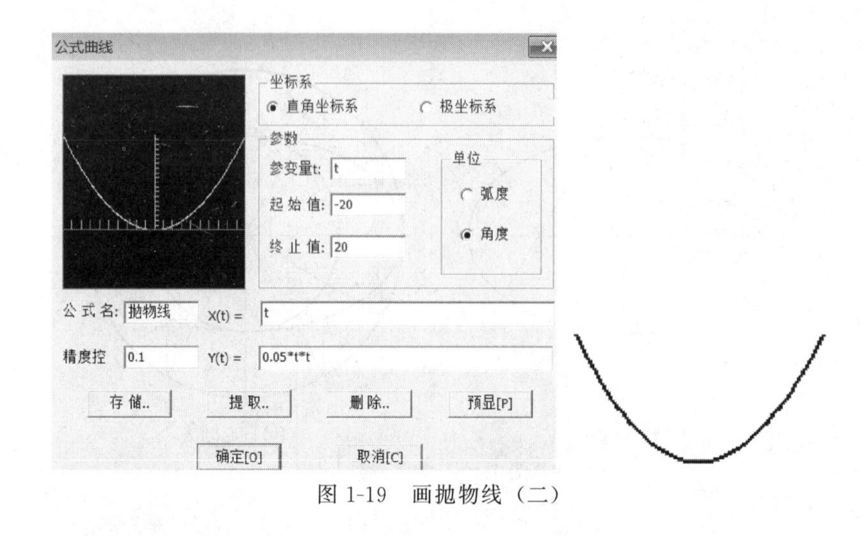

图 1-19　画抛物线（二）

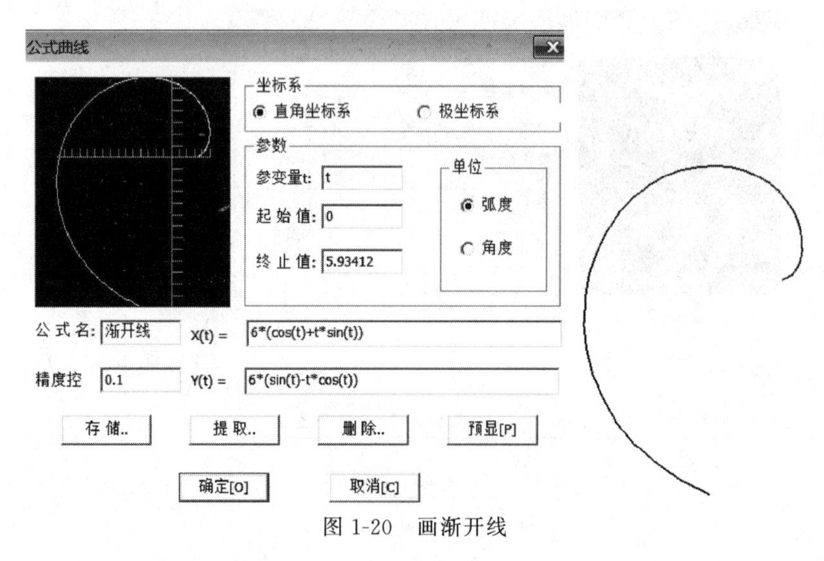

图 1-20　画渐开线

13. 画玫瑰线

如图 1-21 所示，运用 CAXA 电子图板软件，点击系统中的〖公式曲线〗图标，在出现的对话框中选择“渐开线”指令，输入适当数据如图 1-21 所示，则得到如下相应的渐开线。

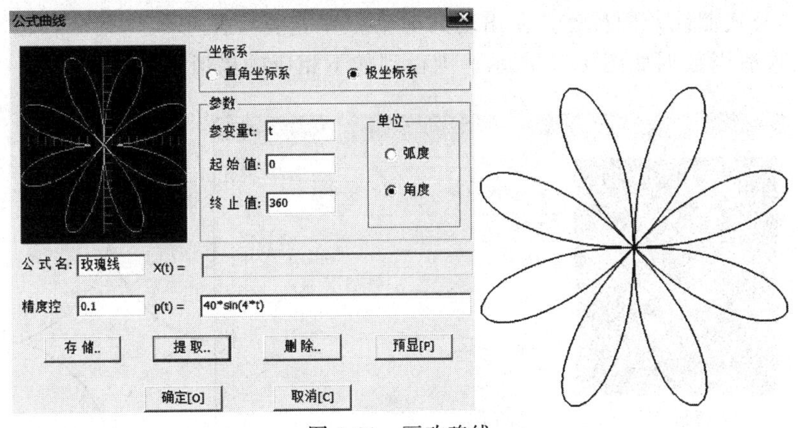

图 1-21　画玫瑰线

14. 画心形线

如图 1-22 所示，运用 CAXA 电子图板软件，点击系统中的〖公式曲线〗图标，在出现的对话框中选择“心形线”指令，输入适当数据如图 1-22 所示，则得到如下相应的心形线。

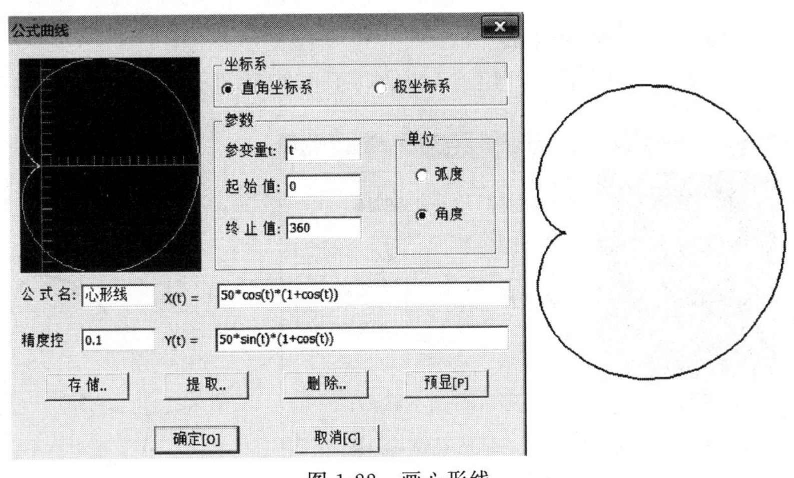

图 1-22　画心形线

15. 画星形线

如图 1-23 所示，运用 CAXA 电子图板软件，点击系统中的

〖公式曲线〗图标⌊⌋，在出现的对话框中选择“星形线”指令，输入适当数据如图 1-23 所示，则得到如下相应的星形线。

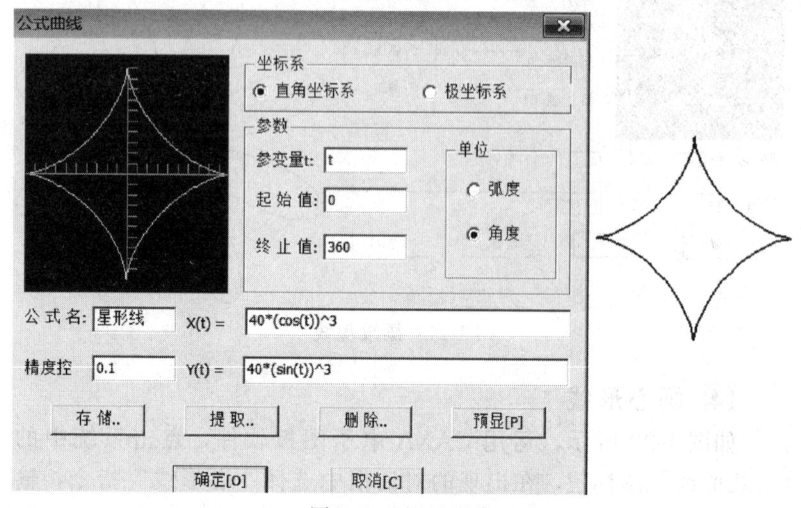

图 1-23 画星形线

16. 画笛卡叶形线

如图 1-24 所示，运用 CAXA 电子图板软件，点击系统中的

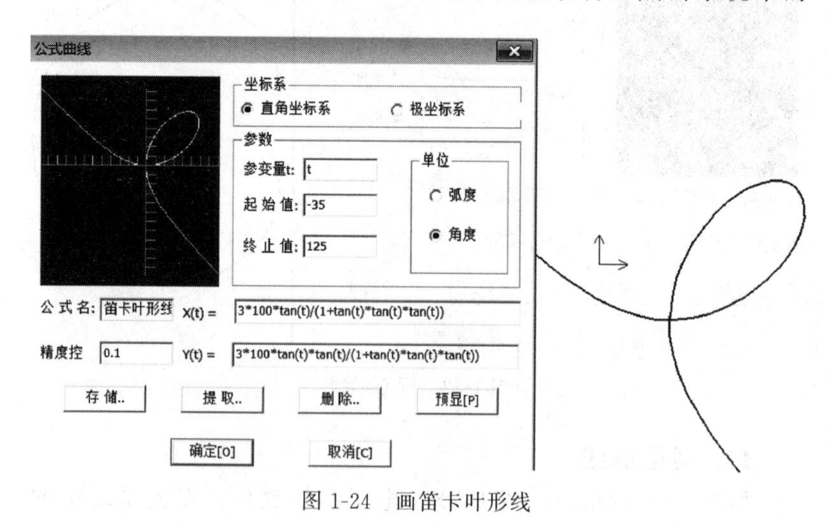

图 1-24 画笛卡叶形线

〖公式曲线〗图标，在出现的对话框中选择“笛卡叶形线”指令，输入适当数据如图 1-24 所示，则得到如下相应的笛卡叶形线。

17. 画螺旋线

如图 1-25 所示，运用 CAXA 三维电子图板软件，点击系统中的〖公式曲线〗图标 $f(x)$，在出现的对话框中选择“螺旋线”指令，输入适当数据如图 1-25 所示，则得到如下相应的螺旋线。

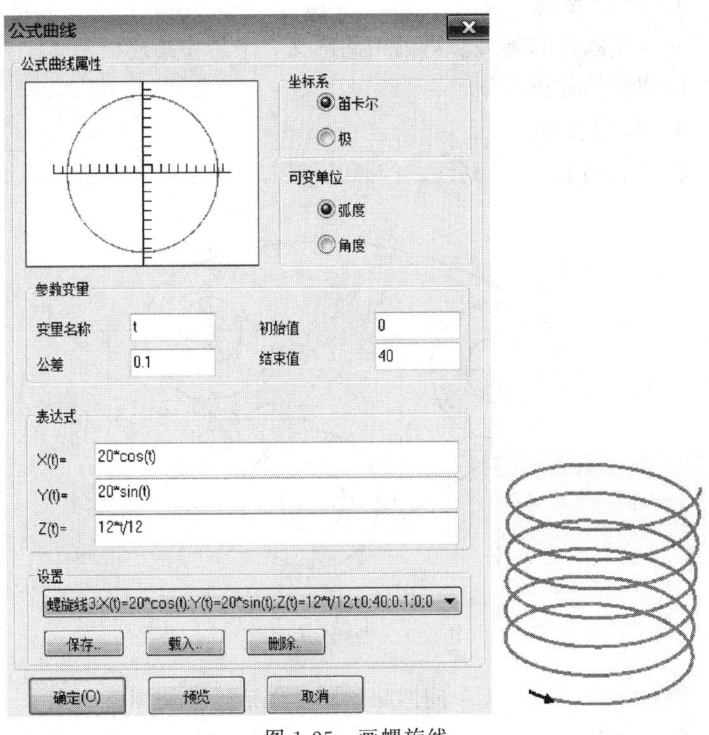

图 1-25　画螺旋线

二、几何作图技巧

1. 作图分析

几何图形千变万化，但其中的圆弧可分为三种。

(1) 已知圆弧　具备三个尺寸。

实质：圆弧的半径确定、圆心的位置确定（需要具备长、宽两个尺寸）。

（2）中间圆弧　具备两个尺寸。例如：仅具备以上中的两个尺寸。

（3）连接圆弧　具备一个尺寸。例如：仅具备以上中的一个尺寸。

2. 绘图步骤

必须先画已知圆弧，再画中间圆弧，最后才画连接圆弧。要注意中间圆弧的分析要领。

3. 典型实例

【例 1.2-1】 人工划线，抄画几何图形。如图 1-26 所示。

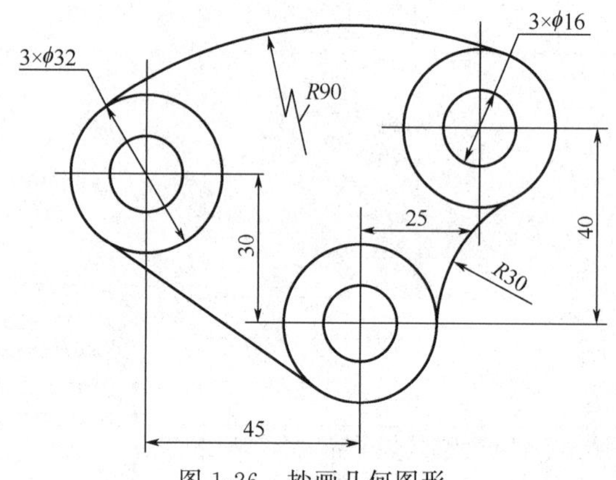

图 1-26　抄画几何图形

解题：特色——无中间圆弧（不少图形无中间圆弧）。

（1）作图分析

① 已知圆弧：6 个（3×ϕ32 和 3×ϕ16）。

② 中间圆弧：无；共切线一条。

③ 连接圆弧：两个（$R90$、$R30$）。

（2）外共切圆弧作图　如图 1-27 所示。

以已知圆弧的圆心为圆心，分别以两个已知圆弧的半径与连接圆弧的半径之和为半径画圆弧，得到交点，分别连接交点与两个已

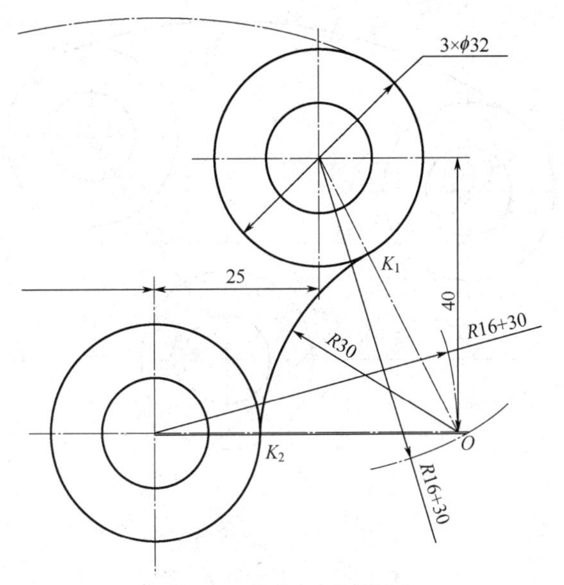

图 1-27 外共切圆弧作图

知圆弧的圆心，得到两个交点（即为两个切点 K_1、K_2）；再以此交点为圆心，以连接圆弧的半径为半径，在两个切点之间画圆弧——完成作图。

（3）内共切圆弧作图 如图 1-28 所示。

以已知圆弧的圆心为圆心，分别以两个已知圆弧的半径与连接圆弧的半径之差为半径画圆弧，得到交点，分别连接交点与两个已知圆弧的圆心并延伸，得到两个交点（即为两个切点 K_3、K_4）；再以此交点为圆心，以连接圆弧的半径为半径，在两个切点之间画圆弧——完成作图。

【例 1.2-2】 运用计算机辅助绘图，完成如图 1-29 所示的几何图形，并计算填写 *RA* 的准确尺寸。

解题：特色——1 个中间圆弧的半径 *RA* 未知。

（1）作图分析

① 已知圆弧：4 个（$\phi 54$、$\phi 30$、$R54$ 和 $R15$）

② 中间圆弧：1 个，*RA*（尺寸未知）。

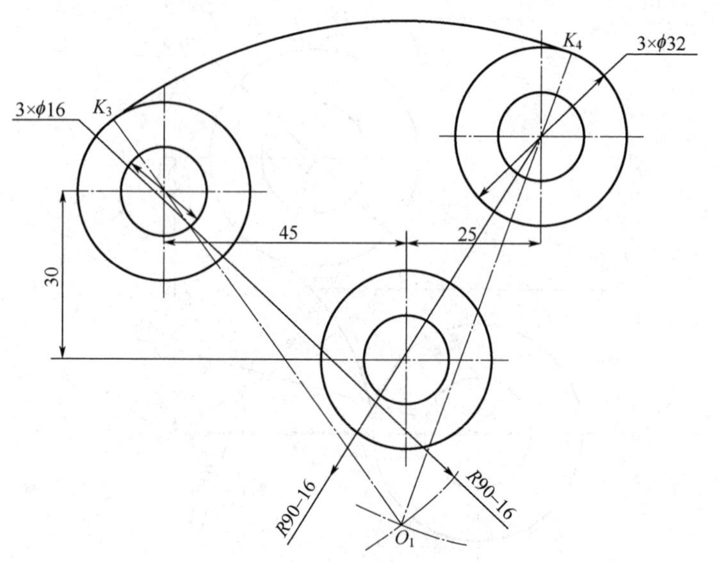

图 1-28　内共切圆弧作图

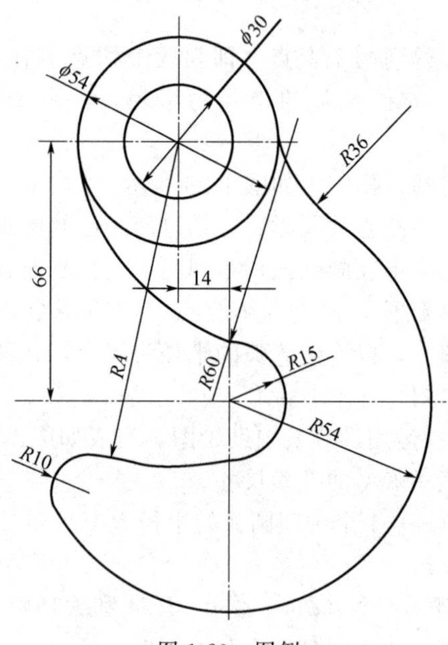

图 1-29　图例

③ 连接圆弧：三个（$R36$、$R60$ 和 $R10$）

（2）绘图步骤

① 先画出 4 个已知圆弧（$\phi54$、$\phi30$、$R54$、$R82.47$ 和 $R15$）。如图 1-30 所示。

② 再画 1 个中间圆弧：以 $\phi54$ 的圆心为圆心，点击键盘上的 T 键（切点），再分别点击两个已知圆弧 $\phi54$、$R15$，右键确认。（标注尺寸时，会自然计算出 $R82.47$），如图 1-31 所示。

③ 最后画出 3 个连接圆弧（$R36$、$R60$ 和 $R10$）。其中 $R36$ 和 $R10$ 可以运用软件中的〖过渡〗指令，直接画出；而 $R60$ 圆弧属于内外公切圆弧，需用〖圆弧〗指令中的“两点-半径”画出。如图 1-32 所示。

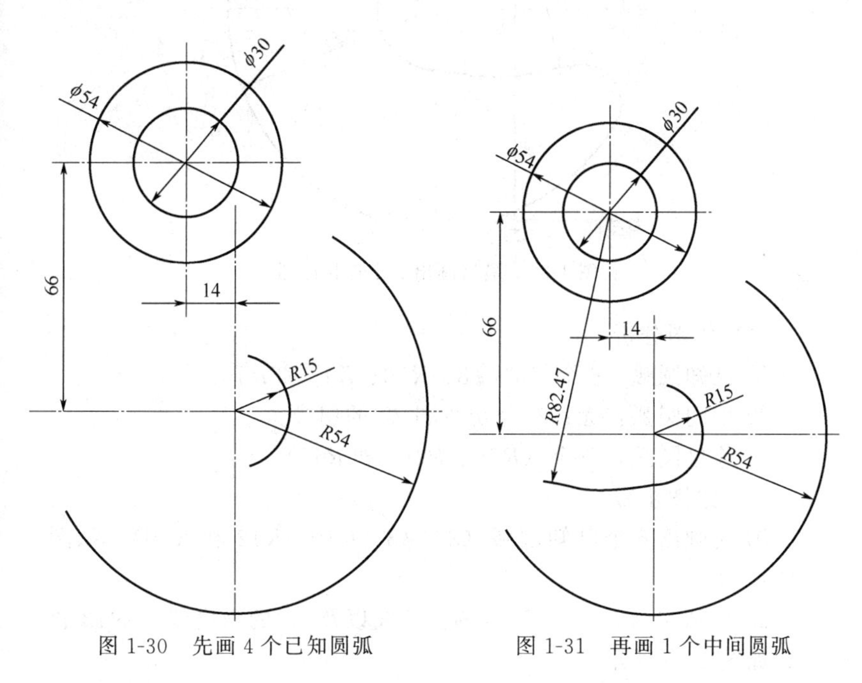

图 1-30　先画 4 个已知圆弧　　　　图 1-31　再画 1 个中间圆弧

【例 1.2-3】 运用计算机辅助绘图，完成如图 1-33 所示的几何图形。

解题：特色——角度线、公切线。

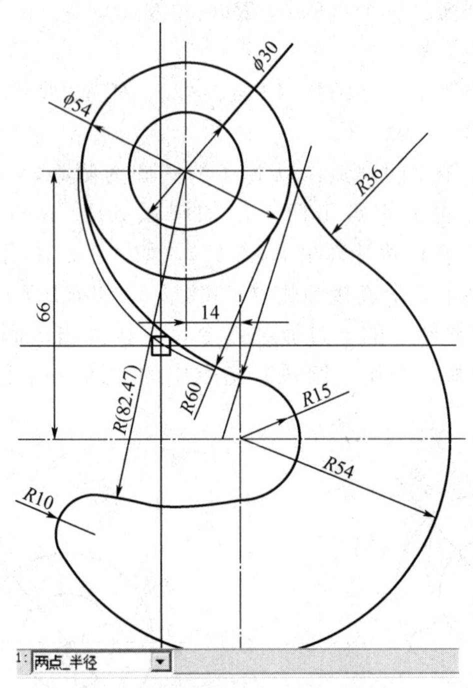

图 1-32　最后画出 3 个连接圆弧

（1）作图分析

① 已知圆弧：6 个（3×ϕ8、R10、R12 和 R10）。

② 中间圆弧：无；有公切线和 22°的切线。

③ 连接圆弧：三个（R50、R100 和 R10）

（2）绘图步骤

① 先画出 6 个已知圆弧（3×ϕ8、R10、R12 和 R10）。如图 1-34 所示。

② 再画左侧 R12 和 R10 的公切线以及 22°的角度线与 R12 相切。如图 1-35 所示。

③ 连接圆弧：三个（R50、R100 和 R10）。其中，右上角的连接圆弧 R50 的圆心 O 和两个切点 K、K 的作图步骤如图 1-36 所示。

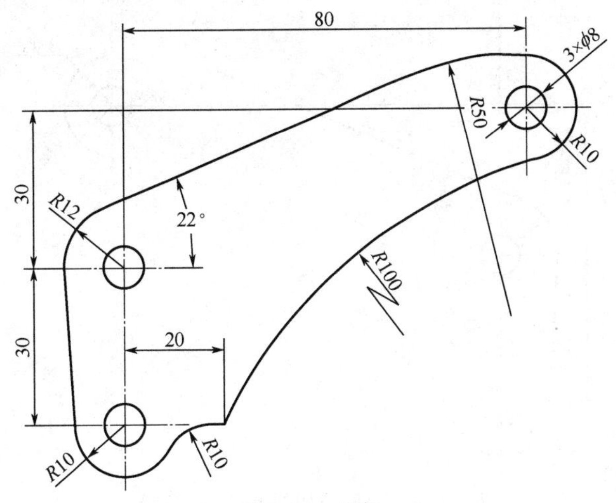

图 1-33　图例

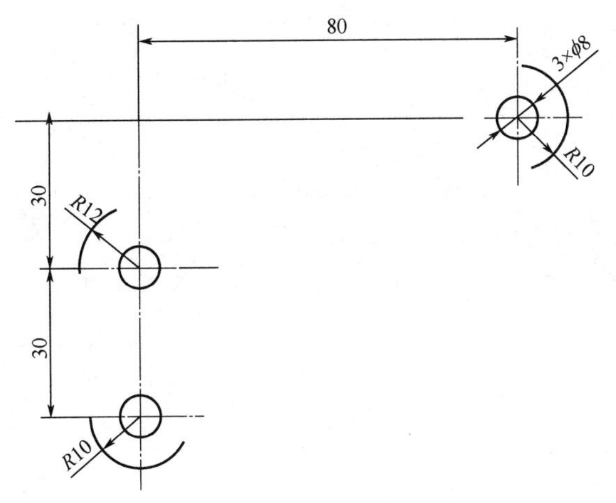

图 1-34　先画 6 个已知圆弧

④ 其余两个连接圆弧 $R10$、$R100$ 作图步骤如图 1-37 所示。值得注意的是，应用软件中的【圆弧】指令，选择“两点-半径”，点击“T”键（切点），再分别点击已知圆弧 $R10$ 和 N 点，并用鼠标拖动成相似的圆弧后，敲定键盘 100（半径），回车完成作图。

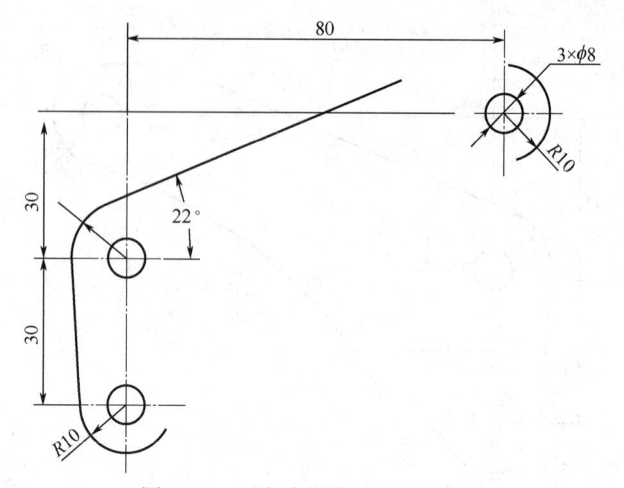

图 1-35　画出公切线和 22°的切线

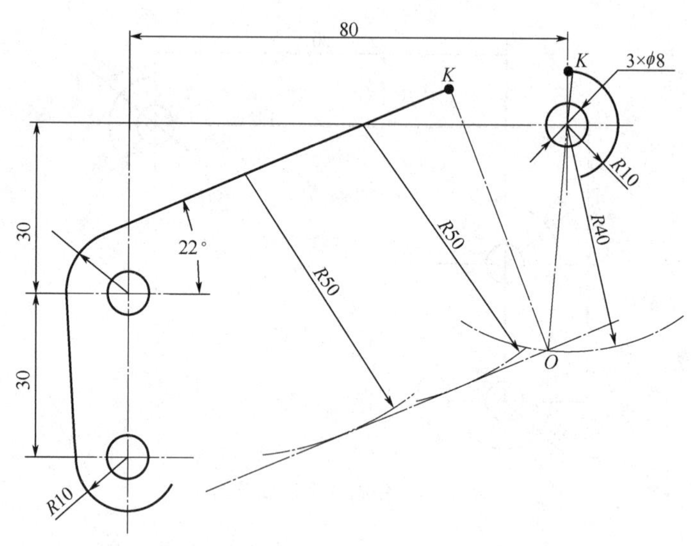

图 1-36　连接圆弧 $R50$ 的圆心、切点求法

【例 1. 2-4】 运用计算机辅助绘图，完成如图 1-38 所示的几何图形，并计算填写 A 的准确尺寸。

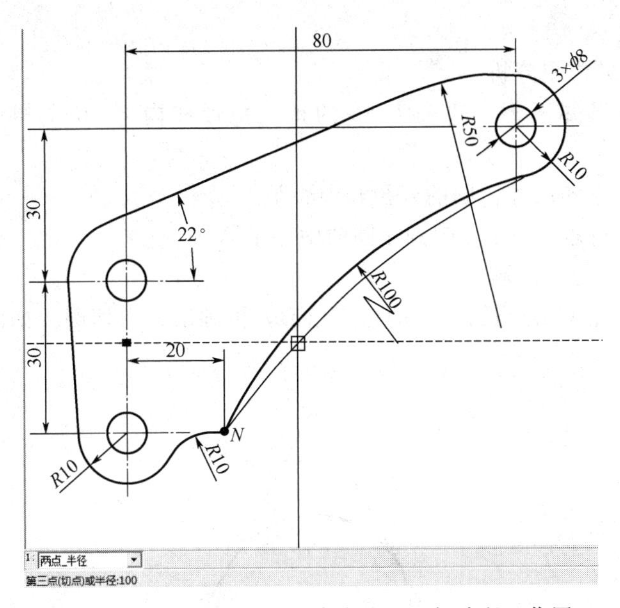

图 1-37　运用【圆弧】指令中的“两点-半径”作图

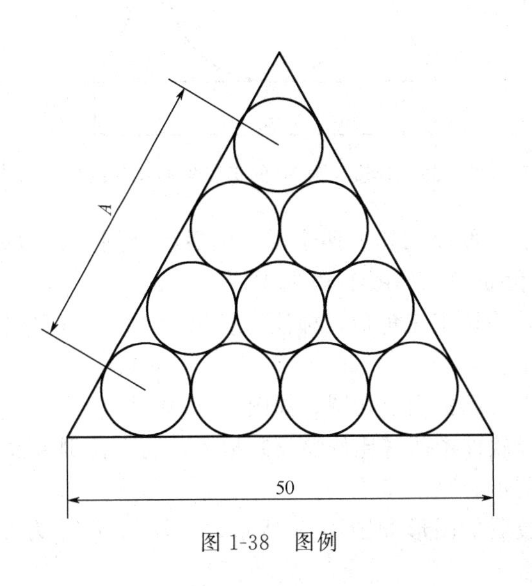

图 1-38　图例

解题：特色——比例缩放、选择拷贝、公切圆、自然计算尺寸。

（1）作图分析

① 已知图形：边长为 50 的正三角形和内部 10 个相等的相切圆。

② 未知尺寸：圆的直径和中心距。

③ 待求尺寸：1 圆到 4 圆的中心距 A。

（2）绘图步骤

① 先画出边长为 50 的正三角形，再画出其内切圆。如图 1-39 所示。

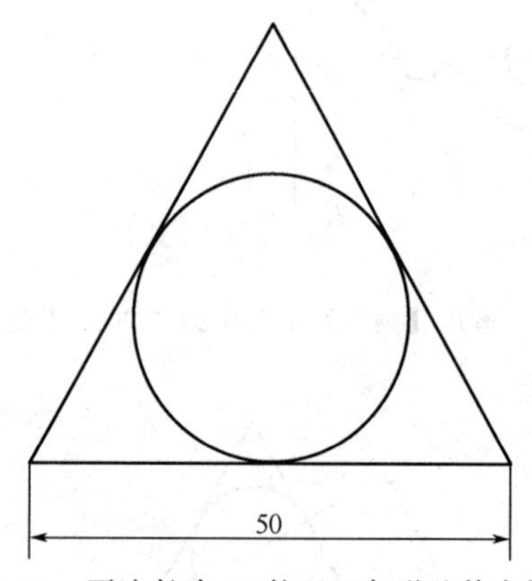

图 1-39　画边长为 50 的正三角形及其内切圆

② 水平拷贝成相切的四个圆，然后，分别旋转拷贝（输入旋转角度 60°和-60°）。如图 1-40 所示。

③ 画外公切正三角形，标注边长尺寸 136.6（自然获得），如图 1-41 所示。

④ 画出中间的内公切圆，如图 1-42 所示。

⑤ 选择软件中的【比例缩放】指令，输入比例系数 50/136.6，如图 1-43 所示。

⑥ 缩放后的图形如图 1-44 所示，标注 A 尺寸为 31.7（自然获得）。

【例 1.2-5】 运用计算机辅助绘图，完成如图 1-45 所示的几何

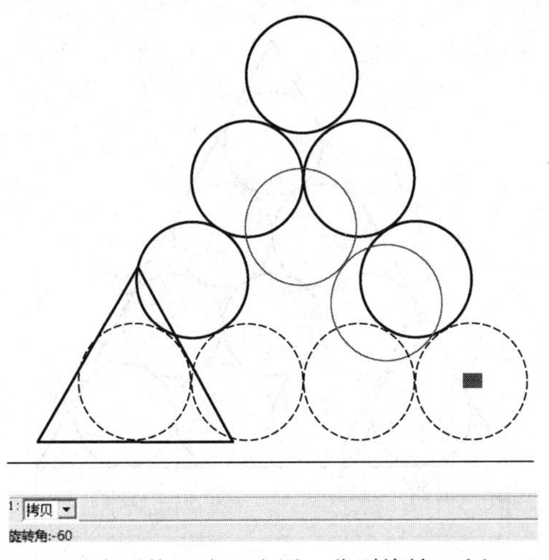

图 1-40　水平拷贝成四个圆，分别旋转 60°和－60°

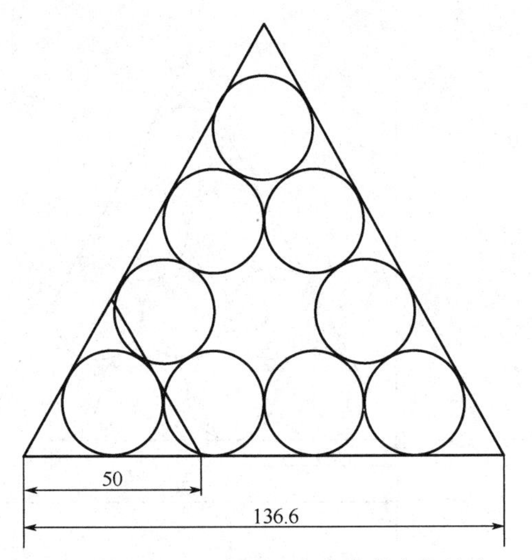

图 1-41　画外公切正三角形，自然获得边长尺寸 136.6

图形。

解题：特色——角度线、公切线。

(1) 作图分析

① 已知圆弧：2 个 $R10$、$R14$。

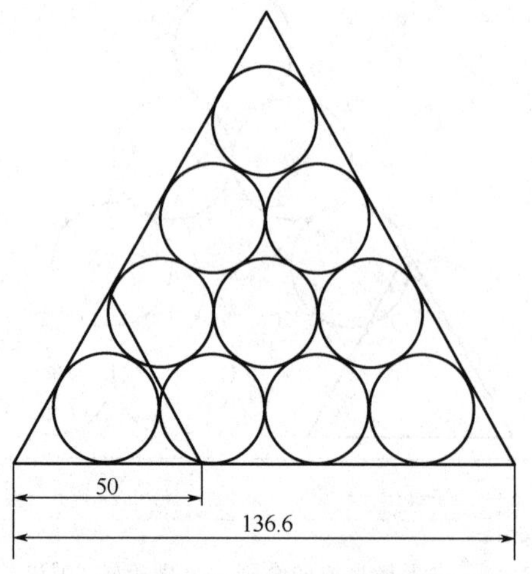

图 1-42　画中间的内公切圆

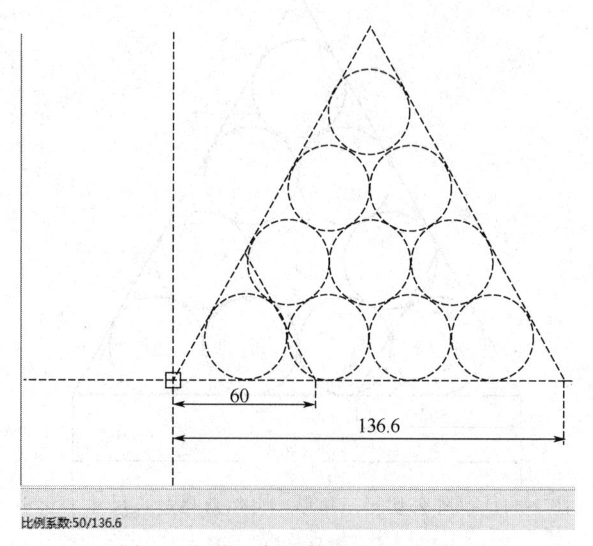

图 1-43　按比例系数 50/136.6 缩放

② 中间圆弧：无；有角度公切线。

③ 连接圆弧：四个（$R4$、$R13$、$R4$ 和 $R8$）

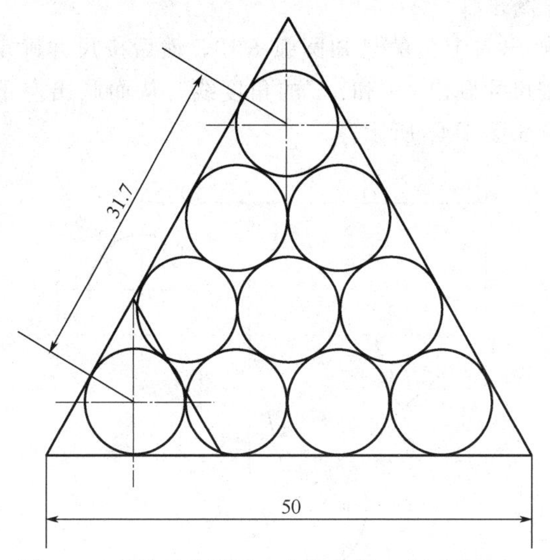

图 1-44　缩放后的图形，自然获得 A 尺寸为 31.7

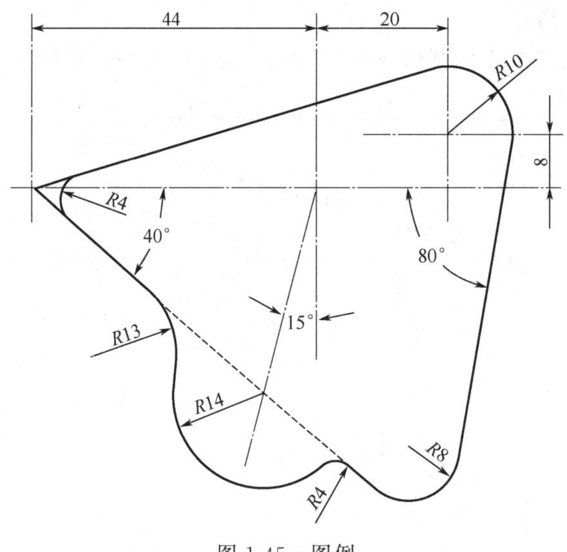

图 1-45　图例

（2）绘图步骤

① 先画出右上角的已知圆弧 $R10$，然后按尺寸确定左上角的 A 点；再按尺寸画出 40°和 15°的角度线，从而画出左下角的已知圆弧 $R14$。如图 1-46 所示。

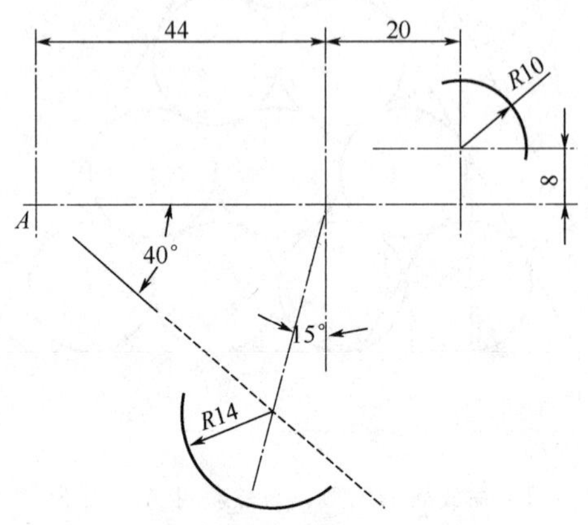

图 1-46　画已知圆弧 $R10$、$R14$

② 画圆弧 $R10$ 的两条切线（过 A 点的切线和倾斜 80°切线）。如图 1-47 所示。

③ 画四个连接圆弧（$R4$、$R13$、$R4$ 和 $R8$）。如图 1-48 所示。

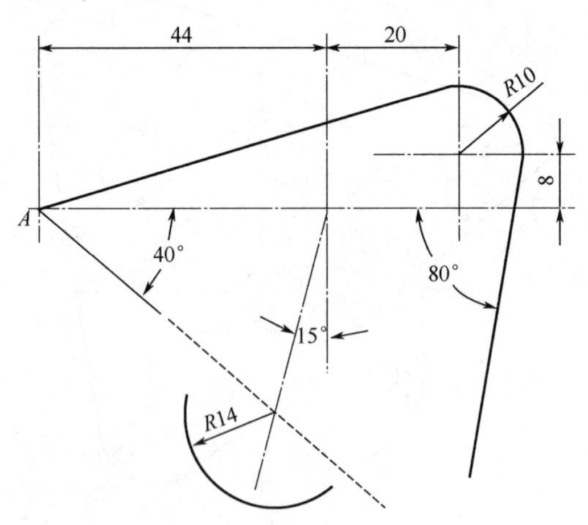

图 1-47　画圆弧 $R10$ 的两条切线

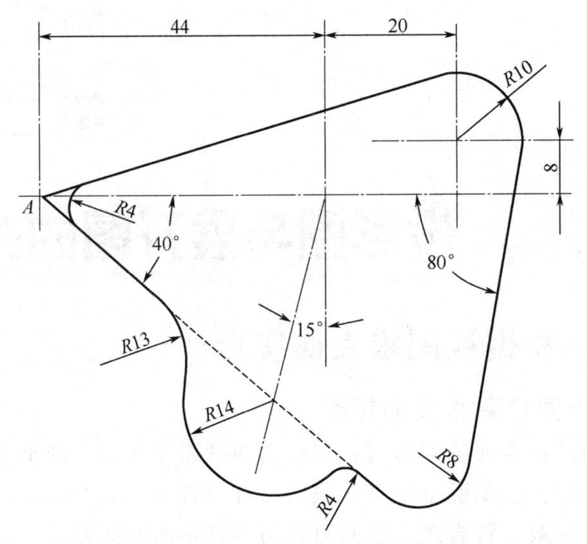

图 1-48 画四个连接圆弧

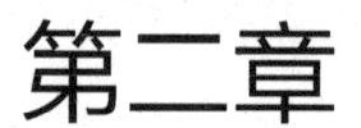

Chapter 02

第二章 投影图与展开图的关系

一、根据视图求表面实形

1. 不同位置直线的投影

求构件各表面的实形时，往往会遇到需先求出平面形各边实长的问题。故，应明确空间直线段的三种位置（见表 2-1)。

（1）一般位置直线　空间直线与各投影面都倾斜。

（2）与投影面平行的空间直线　空间直线与一个投影面平行，而与其余投影面都倾斜。

（3）与投影面垂直的空间直线　空间直线与一个投影面垂直，必然与其余投影面都平行。

表 2-1　不同位置直线的投影特征

三种位置	立体图与三视图	投影图
〖垂直线〗 与一个投影面垂直的空间直线（如：AB 线），而与另外投影面平行 投影特点：有两个投影反映实长（$a'b'=ab=AB$）	a′ a″ b′ b″ a(b) A B	a′ z a″ b′ b″ x o y a(b) y 投影特征：一点对着二正线

续表

三种位置	立体图与三视图	投影图
〖平行线〗 与一个投影面平行的空间直线（如：AC 线），而与另外投影面倾斜 投影特点：有一个投影反映实长（$a'c'=AC$）	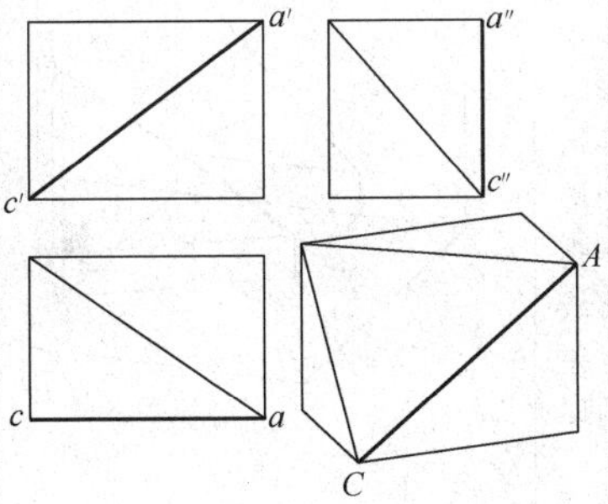	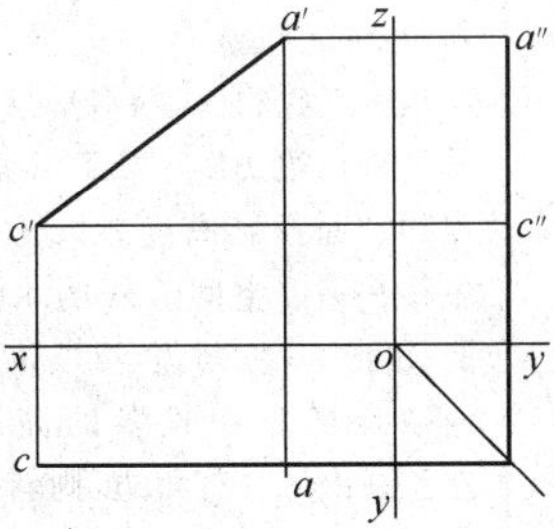 投影特征：一斜对着二正线
〖一般线〗 与三投影面都倾斜的空间直线（如：EF 线） 投影特点：三个投影都不反映实长（三个投影都 < EF）	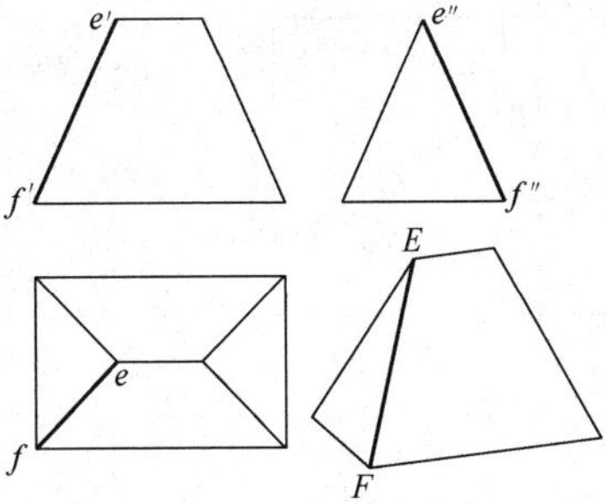	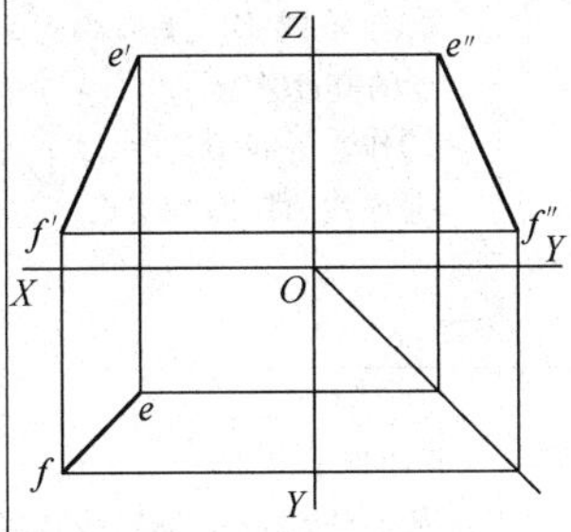 投影特征：三斜长度都变短

2. 求一般位置直线段的实长

从上可知，一般位置直线的投影图，不反映实长。必须掌握求一般位置线段“实长”的方法：①直角三角形法；②换面法；③旋转法；④计算法。见表 2-2。

表 2-2　求一般位置直线段实长的方法

方法	说明	图示
1. 直角三角形法	〖原理〗 直角三角形法求倾斜位置线段实长的方法分析：①倾斜直线 AB 的正面投影为 $a'b'$、水平投影为 ab；②空间直角三角形中，斜边为空间直线 AB，底边为 $AB_0=ab$（该直线的水平投影），另一直角边 $BB_0=\Delta Z$（B、A 两点的正面投影高度差）；③图解思路——以空间直线的水平投影长度为一直角边，再以该直线两端点的正面投影的高度差 $\triangle Z$ 画出另一直角边，则斜边即为空间直线的实长	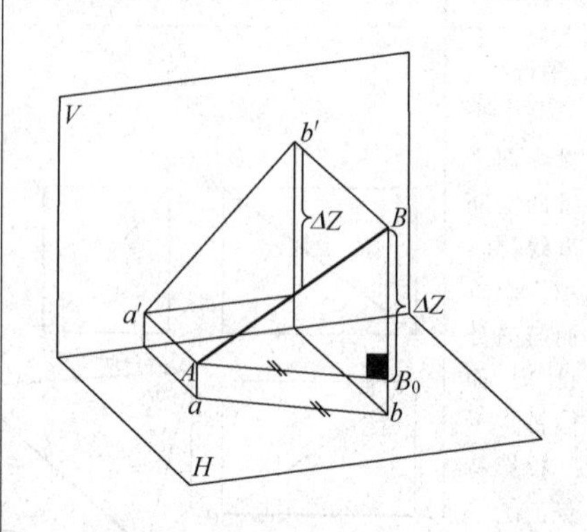
	〖作图〗 ①画出空间直线的正面、水平投影 $a'b'$ 和 ab ②作垂线 $BB_0=\Delta Z$（b' 点与 a' 点的高度差） ③作水平线 $B_0A=ab$ ④连线 AB 即为实长	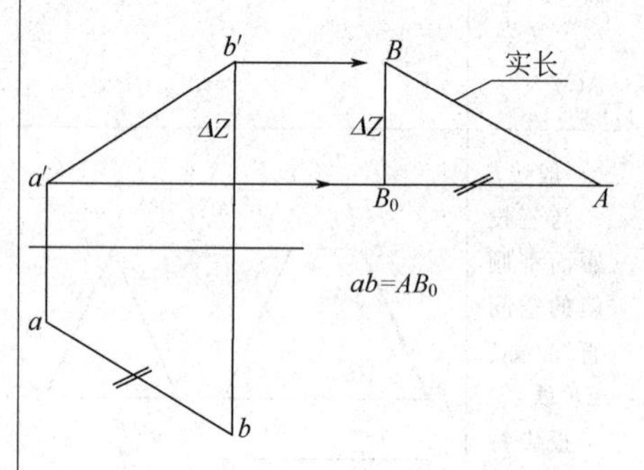
2. 换面法	〖原理〗 换面法求倾斜位置线段实长的方法分析：①倾斜直线 AB 的正面投影为 $a'b'$、水平投影为 ab；②设新投影面 V_1 // 空间直线 AB（但必须⊥保留的一个旧投影面 H），使倾斜位置直线 AB 变成新投影体系中的平行线；③空间直线 AB 的新投影 $a_1'b_1'$ 便能反映实长	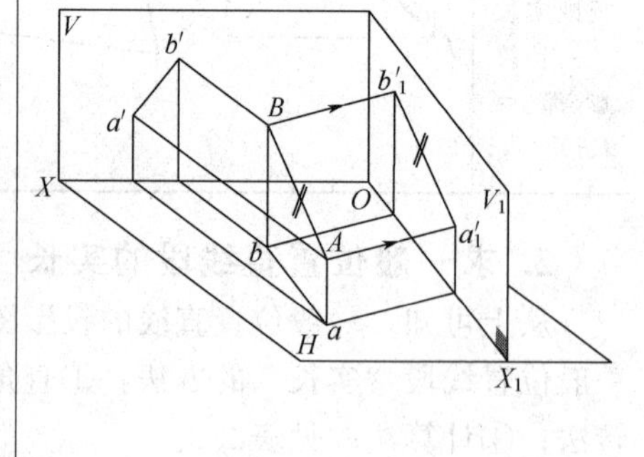

2. 换 面 法	〖作图〗 ①画出空间直线的正面、水平投影 $a'b'$ 和 ab ② 作新投影轴（O_1X_1）平行 ab ③过 a、b 两点分别作直线 aa_1' 和 bb_1' 垂直于 O_1X_1 ④截取 $a_1'a_{x1}=a'a_x$；$b_1'b_{x1}=b'b_x$ ⑤连线 $a'1$ 和 $b'1$ 即为实长	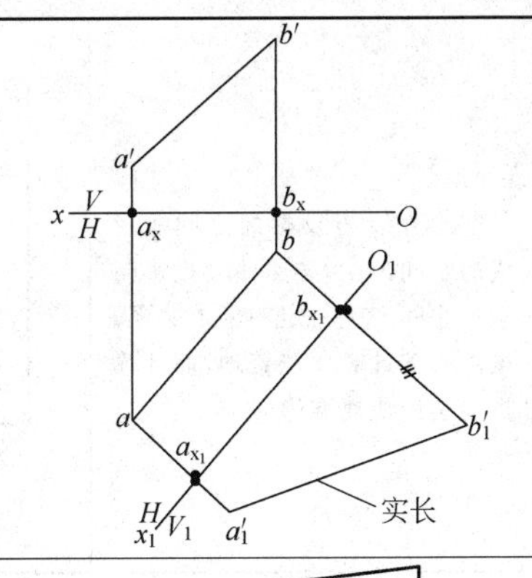
3. 旋 转 法	〖原理〗 旋转法求倾斜位置线段实长的方法分析 ①画出倾斜直线 AB 的正面投影为 $a'b'$、水平投影为 ab ②将空间直线 AB 绕 Aa 轴（过 A 点的铅垂线），旋转到与正面投影面平行位置（AB_0） ③ 其正面投影 $a'b'_0=AB$ 实长	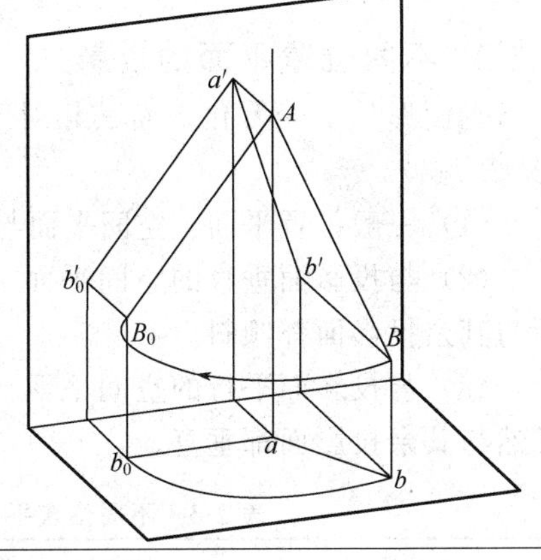
	〖作图〗 ①画出空间直线 AB 的正面、水平投影 $a'b'$ 和 ab ②确定旋转轴（过 A 点的铅垂线） ③以 a 为圆心，以 ab 为半径画圆弧，再过 a 点画水平线 ab_0（//OX 轴），二者交于 b_0——连线得到新水平投影 ab_0 ④过 b_0 作垂线，与过 b' 所作水平线交于 b_0' ⑤连线 b_0' 和 a' 得到新正面投影，即为实长	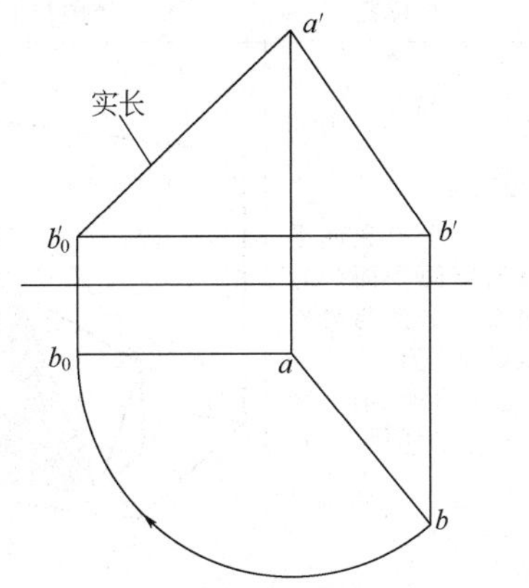

续表

4.计算法	〖原理〗 空间直线与投影面之间所形成的空间角度，必然使其投影与实长之间产生一定的函数关系。虽然人工计算比较繁琐，而计算机能达到快捷准确	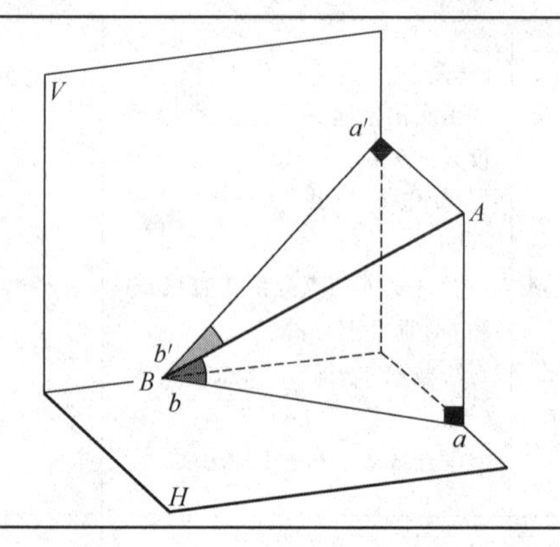

3. 不同位置平面的投影

平面形状千变万化，而其相对于投影面的位置只能分为三种（见表2-3）。

（1）一般位置平面　空间平面与各投影面都倾斜。

（2）与投影面垂直的空间平面　空间平面与一个投影面垂直，而与其余投影面都倾斜。

（3）与投影面平行的空间平面　空间平面与一个投影面平行，必然与其余投影面都垂直。

表2-3　不同位置平面的投影特征

三种位置	立体图与三视图	投影图
〖平行面〗 与一个投影面平行的空间平面（如：M面），必然与另外投影面垂直 投影特点：有一个投影反映实形（m'）	V　W　M　H	m'　m''　m 投影特征：一框对着二正线

续表

三种位置	立体图与三视图	投影图
〖垂直面〗 与一个投影面垂直的空间平面(如:N 面),而与另外投影面倾斜 投影特点:有一个投影积聚成直线(n')	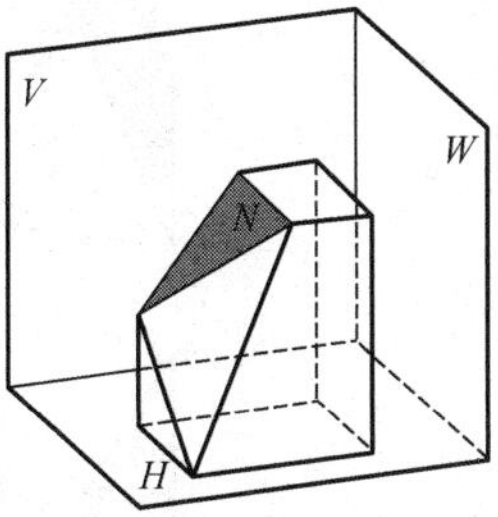	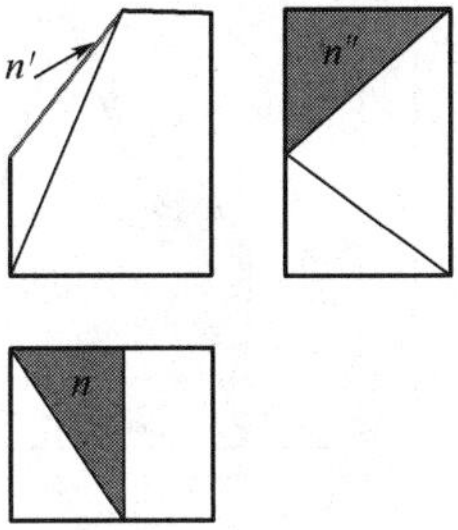 投影特征:一斜对着二正线
〖一般面〗 与三投影面都倾斜的空间平面(如:R 面) 投影特点:三个投影都不反映实形(三个投影都<R 面)	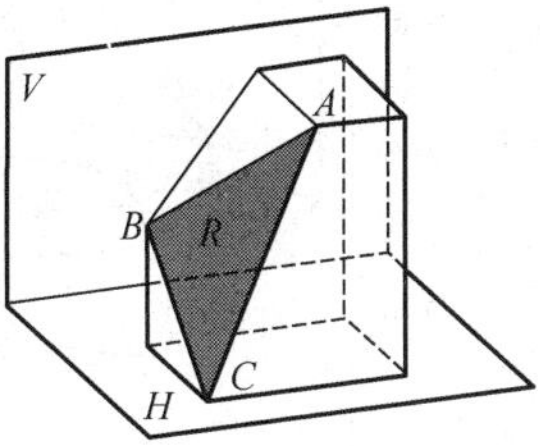	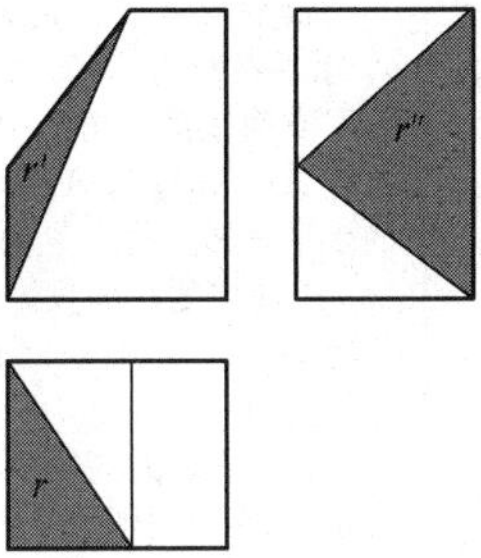 投影特征:三框边数都不变

4. 求垂直、一般位置平面的实形

从上可知，垂直、一般位置平面的投影图，不反映实形。必须掌握——求一般位置平面“实形”的方法：①直角三角形法；②换面法；③旋转法；④计算法，见表 2-4。

表 2-4　求垂直、一般位置平面的实形

1. 直角三角形法

〖原理〗

最基本的三角形平面的实形，可通过求出三条边的实长的手段间接获得（具体作图法，见右图）

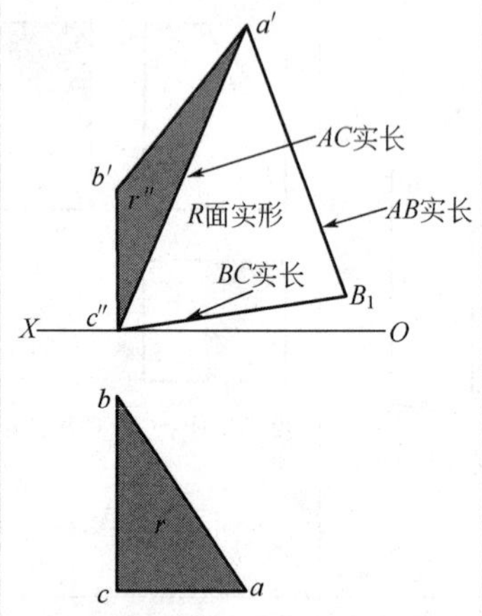

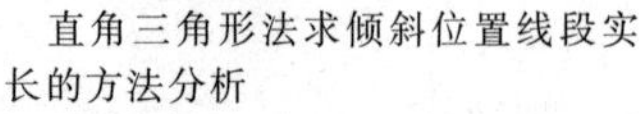

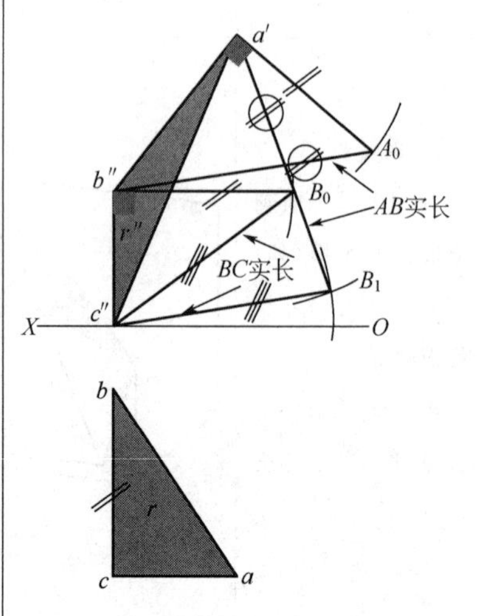

直角三角形法求倾斜位置线段实长的方法分析

①倾斜直线 AB 的正面投影为 $a'b'$、水平投影为 ab

②空间直角三角形中，斜边为空间直线 AB，底边为 $ABO=ab$（该直线的水平投影），另一直角边 $BB_0=\Delta Z$（B、A 两点的正面投影高度差）

③图解思路：以空间直线的水平投影长度为一直角边，再以该直线两端点的正面投影的高度差 ΔZ 画出另一直角边，则斜边即为空间直线的实长

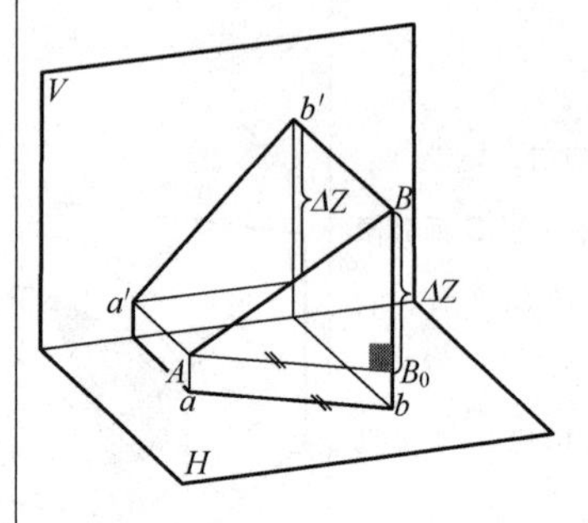

〖作图〗

①画出空间直线的正面、水平投影 $a'b'$ 和 ab

②作垂线 $BB_0=\Delta Z$（b' 点与 a' 点的高度差）

③作水平线 $B_0A=ab$

④连线 AB 即为实长

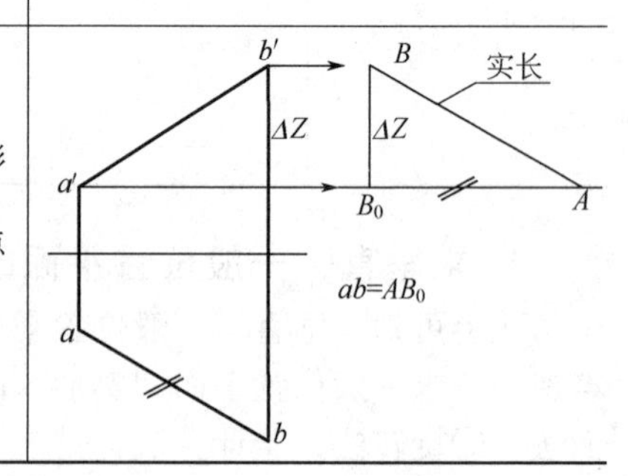

续表

<table>
<tr>
<td rowspan="3">2.
换面法</td>
<td>〖原理〗(一次换面)
换面法求垂直位置平面实形的方法分析
①倾斜平面△ABC的正面投影为△$a'b'c'$、水平投影积聚成直线abc
②设新投影面V_1∥空间平面△ABC
③空间平面△ABC的新投影△$a'_1b'_1c'_1$便能反映实形</td>
<td>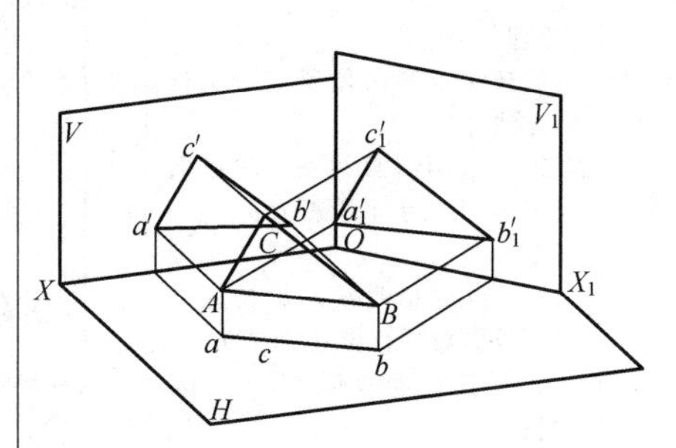
</td>
</tr>
<tr>
<td>〖作图〗
①画出空间平面△ABC(铅垂面)的正面、水平投影△$a'b'c'$和△abc(积聚成直线)
②作新投影轴(X_1)平行abc
③过a、b、c三点分别作直线aa'_1和$bb'_1cc'_1$垂直于X_1轴
④截取$a'_1ax_1=a'a_x$;
$b'_1b_{x1}=b'b_x$;
$c'_1c_{x1}=c'c_x$
⑤连线a'_1、b'_1和c'_1即得△ABC的实形</td>
<td>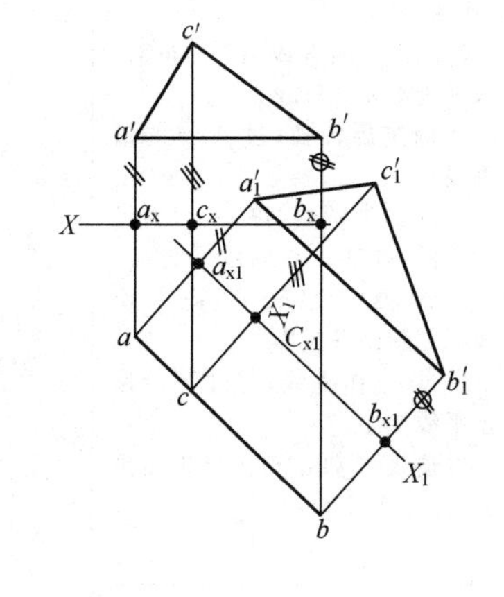
</td>
</tr>
<tr>
<td>二次换面〖原理〗</td>
<td>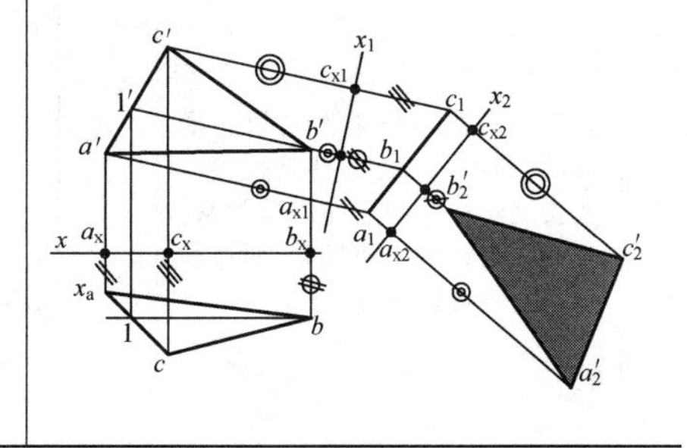
</td>
</tr>
</table>

<table>
<tr>
<td rowspan="2">3.旋转法</td>
<td>〖原理〗
旋转法求倾斜位置线段实长的方法分析
①画出倾斜直线 AC 的正面投影为 $a'c'$、水平投影为 ac
②将空间直线 AC 绕 AB 轴(过 A 点的铅垂线),旋转到与正面投影面平行位置(AC_1)
③则其正面投影 $a'c'_1=AC$ 实长</td>
<td>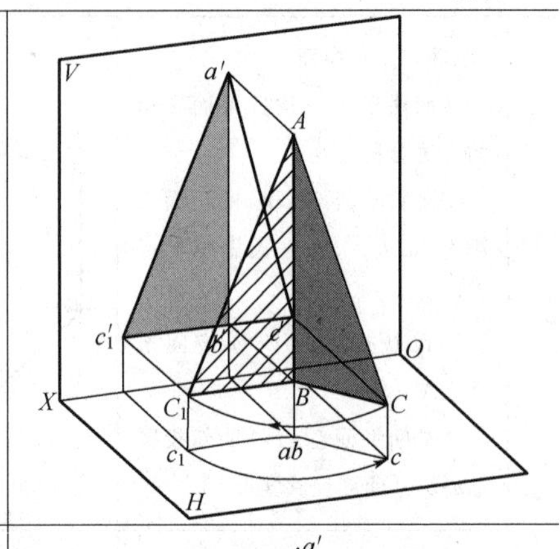
</td>
</tr>
<tr>
<td>〖作图〗
①画出空间直线 AC 的正面、水平投影 $a'c'$ 和 ac
②确定旋转轴(过 A 点的铅垂线)
③以 a 为圆心,以 ac 为半径画圆弧,再过 a 点画水平线 ac_1(//OX 轴)二者交于 c_1——连线得到新水平投影 ac_1
④过 c_1 作垂线,与过 b' 所作水平线交于 c'_1
⑤连线 c'_1 和 a' 得到新正面投影,即为实长</td>
<td>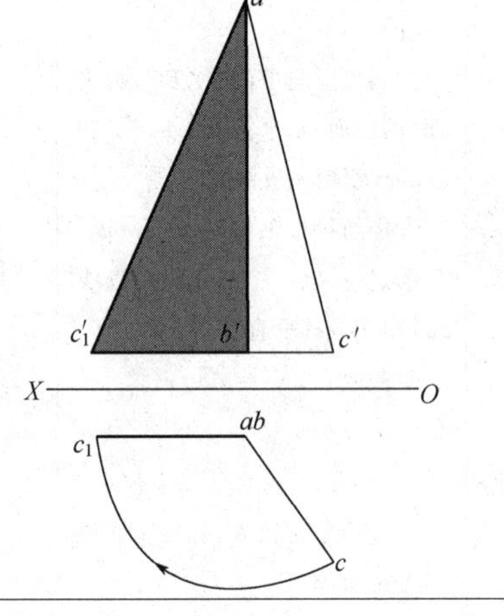
</td>
</tr>
<tr>
<td>4.计算法</td>
<td>〖原理〗
空间直线与投影面之间所形成的空间角度,必然使其投影与实长之间产生一定的函数关系。虽然人工计算比较繁琐,而计算机能达到快捷准确</td>
<td>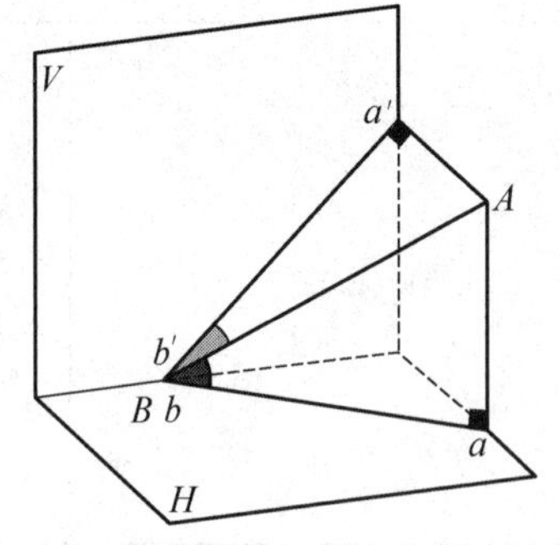
</td>
</tr>
</table>

二、截交线投影

截交线的形成：平面截切立体产生的交线。

截交线的形状：平面多边形或曲线。

截交线的性质：公有性（截交线是截平面与公共交线）、封闭性（截交线是封闭的）。

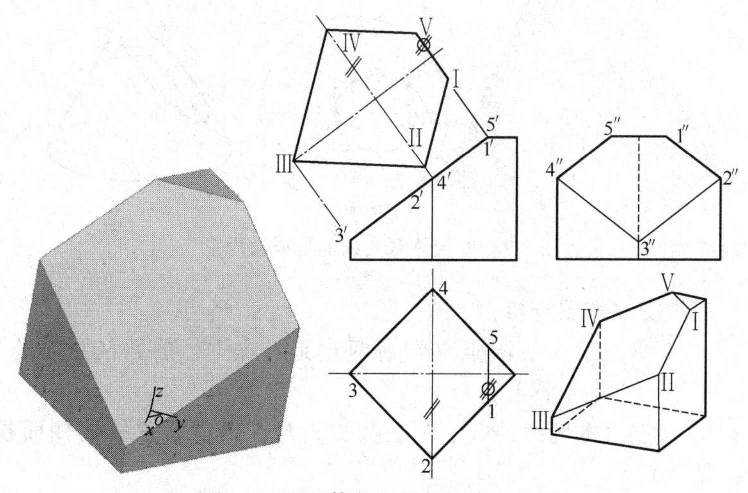

图 2-1 平面体截交线的形成及投影

1. 平面截切平面体（如图 2-1 所示）

① 截交线的形状：平面多边形。

② 截交线的投影作图：充分利用积聚性、三等规律，求得平面体各棱线与截平面的交点，依次连线。

③ 截断面的实形作图：一般运用“换面法”求得。如图 2-1 所示。

2. 平面截切曲面体（如图 2-2 所示）

① 截交线的形状：平面曲线。

② 截交线的投影作图：充分利用积聚性、三等规律，求得曲面体各素线与截平面的交点（三类），依次连线。

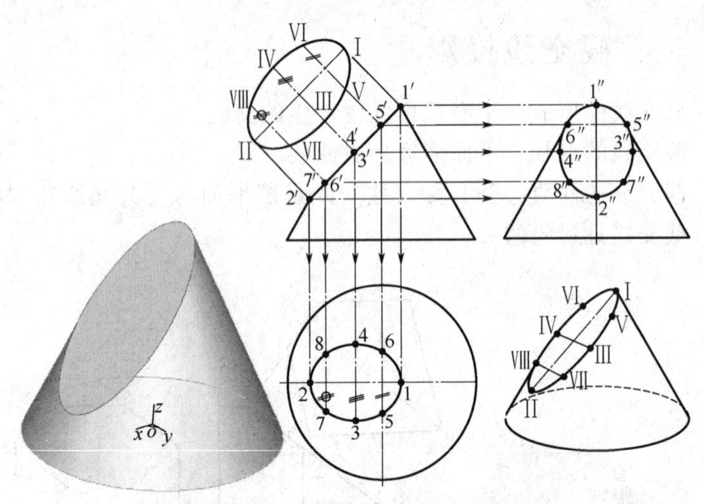

图 2-2 曲面体截交线的形成及投影

三类交点作图分析：

a. 六个方位的极限点（左右两点是Ⅱ、Ⅰ，前后两点是Ⅲ、Ⅳ，上下两点是Ⅰ、Ⅱ）。

b. 切点（本例中的 5″、6″是截交线与圆锥前后素线的侧面投影的切点）。

c. 一般点（无数，可根据实情求得适当数量的一般点。本例仅求出Ⅶ、Ⅷ两点的投影）。

③ 截断面的实形作图：一般运用“换面法”求得。如图 2-2 所示。

三、相贯线投影

相贯线的形成和投影如图 2-3 所示。

相贯线的形成：两个（或几个）立体相交（称为相贯）产生的交线。

相贯线的形状：空间多边形或空间曲线（特殊情况可能是平面曲线、直线形）。

相贯线的性质：公有性（相贯线是各相贯体的公共交线）、封闭性（相贯线是封闭的）。

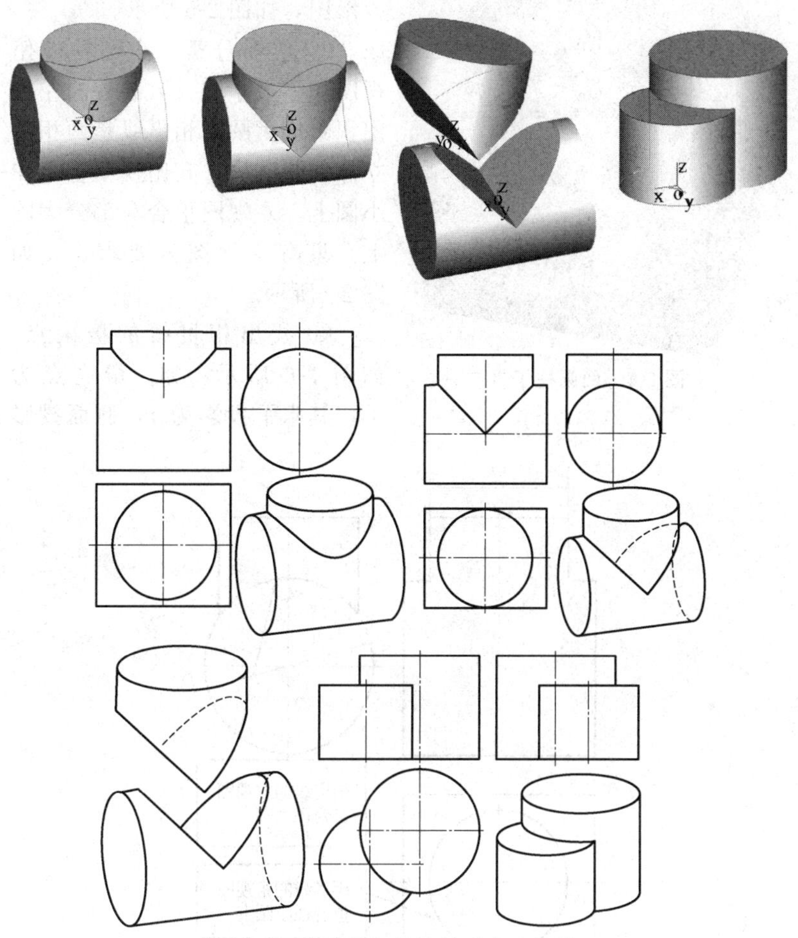

图 2-3　曲面体相贯线的形成及投影

1. 素线法求相贯线

本方法是利用两相贯体表面的素线相交，得到两相贯体的公共点，再依次光滑连线，求得相贯线。往往要充分利用相贯线的积聚性投影解题。下面以两圆柱正贯为例说明，如图 2-4 所示。

作图步骤：

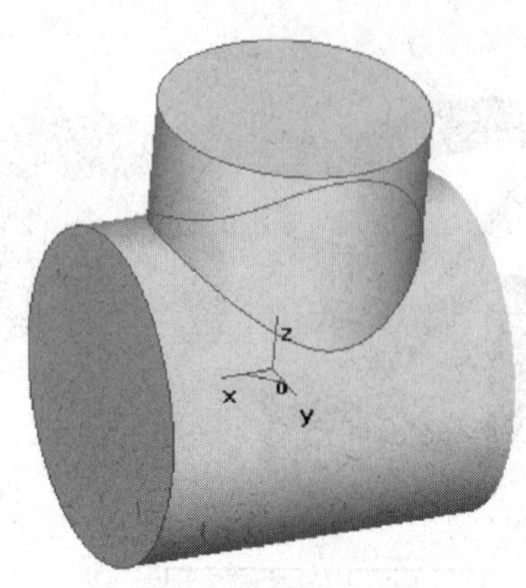

图 2-4　两圆柱正贯

① 画出两圆柱正贯的大致投影图，如图 2-5 所示。

② 作图分析，小圆柱的俯视图积聚成小圆，大圆柱的左视图积聚成大圆；相贯线是两相贯立体的公有线，其俯视图重合在小圆上，左视图重合在部分大圆上。只有主视图需要求出。如图 2-5所示。

③ 找出相贯线的极限点，如图 2-6 所示。如，最高点为Ⅰ，其水平投影为 1，侧面投影

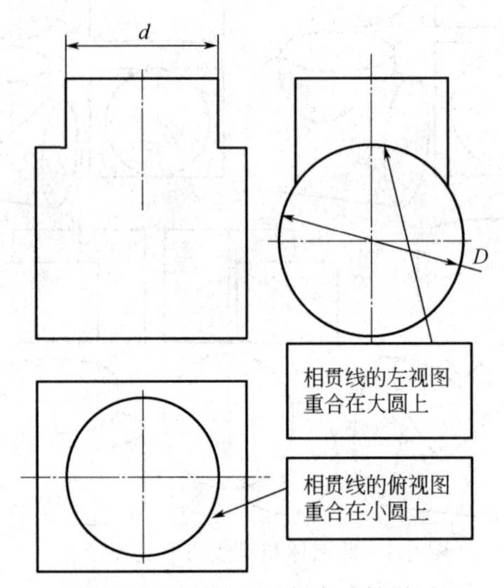

图 2-5　两圆柱正贯的大致投影图

为 1″，通过三等规律（长对正、高平齐、宽相等）可以求得其正面投影 1′；最前点为Ⅲ，其水平投影为 3，侧面投影为 3″，通过“三等规律”（长对正、高平齐、宽相等）可以求得其正面投影 3′；最左点也为Ⅰ，其水平投影为 1，侧面投影为 1″，通过三等规律

（长对正、高平齐、宽相等）可以求得其正面投影 1′。

④ 再求得足够的一般点，如图 2-6 所示。如点Ⅱ，由于其水平 2、侧面投影 2″已知，根据“三等规律”可以求得其正面投影 2′。

⑤ 依次光滑连接各相贯点，完成相贯线的投影作图，如图 2-7 所示。

⑥ 图中的右侧是展开划线实践中的简便画法。

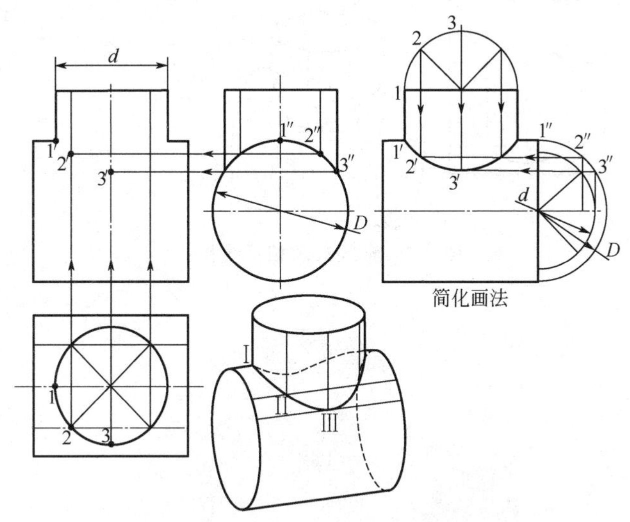

图 2-6　求得相贯线的极限点、一般点投影

2. 截面法求相贯线

本方法是运用“三面共点”的原理，在两相贯立体中添加一辅助截面，以求得相贯线上的一系列点，再依次光滑连接，完成作图。下面以圆柱与圆锥相贯为例，说明之。如图 2-8 所示。

作图步骤：

① 画出圆柱、圆锥正贯的大致投影图，如图 2-9 所示。

② 投影分析，由于大圆柱的左视图积聚成大圆；相贯线是二相贯立体的公有线，其左视图重合在部分大圆上。只有主、俯视图需要求出。如图 2-9 所示。

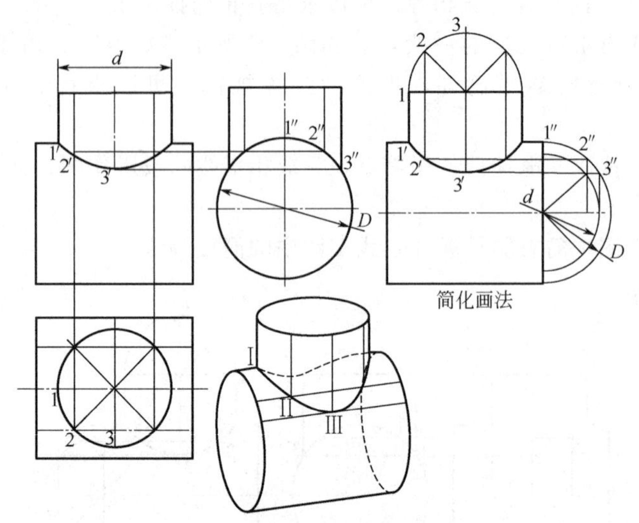

图 2-7　素线法求相贯线作图

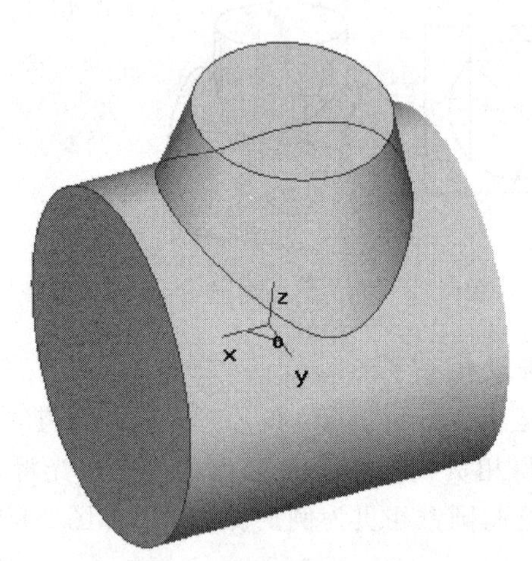

图 2-8　圆柱与圆锥相贯

③ 找出相贯线的极限点，如图 2-10 所示。如，最高点为Ⅰ，其水平投影为 1，侧面投影为 1″，通过三等规律（长对正、高平齐、宽相等）可以求得其正面投影 1′；最前点为Ⅲ，其水平投影

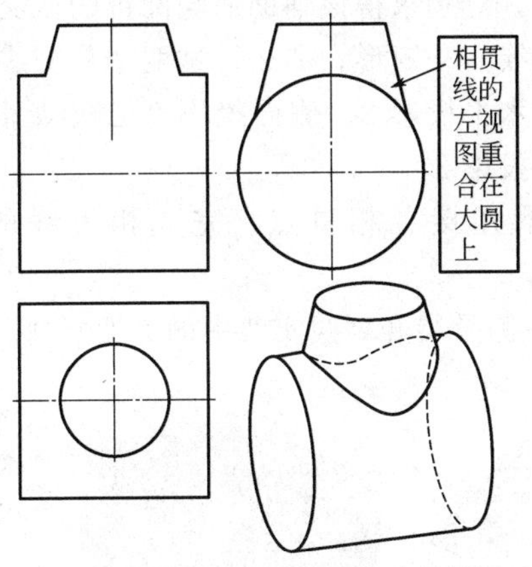

图 2-9　圆柱与圆锥相贯大致投影图

为 3，侧面投影为 3″，通过“三等规律”（长对正、高平齐、宽相等）可以求得其正面投影 3′；最左点也为Ⅰ，其水平投影为 1，侧面投影为 1″，通过三等规律（长对正、高平齐、宽相等）可以求得其正面投影 1′。

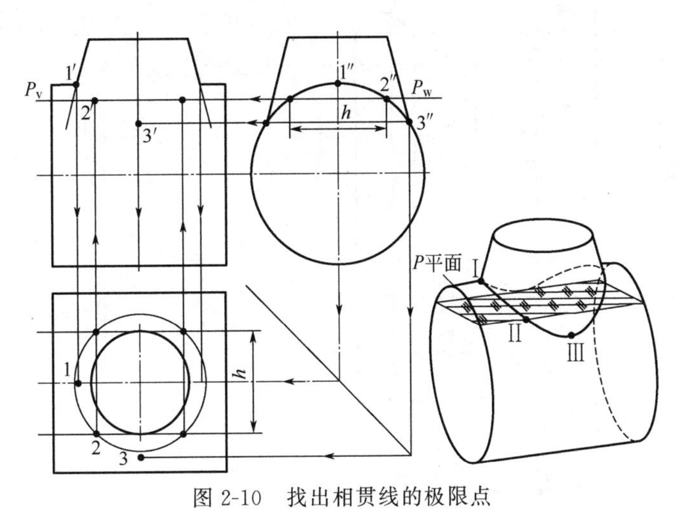

图 2-10　找出相贯线的极限点

④ 再求得足够的一般点，如图 2-11 所示。在相贯线区域添加

一辅助水平面 P，分别求得该辅助面与圆锥的截交线——圆，以及与大圆柱的截交线——矩形；那么，这两个截交线（圆、矩形）的交点Ⅱ，由于其水平投影 2、侧面投影 2″已知，根据“三等规律”便可求得其正面投影 2′。

⑤ 依次光滑连接各相贯点，完成相贯线的投影作图，如图 2-12所示。

⑥ 图中的右侧是展开划线实践中的简便画法。

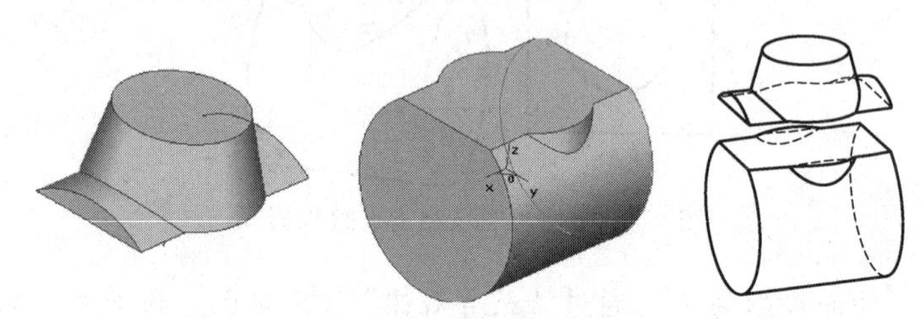

图 2-11　运用“截面法”求得足够的一般点

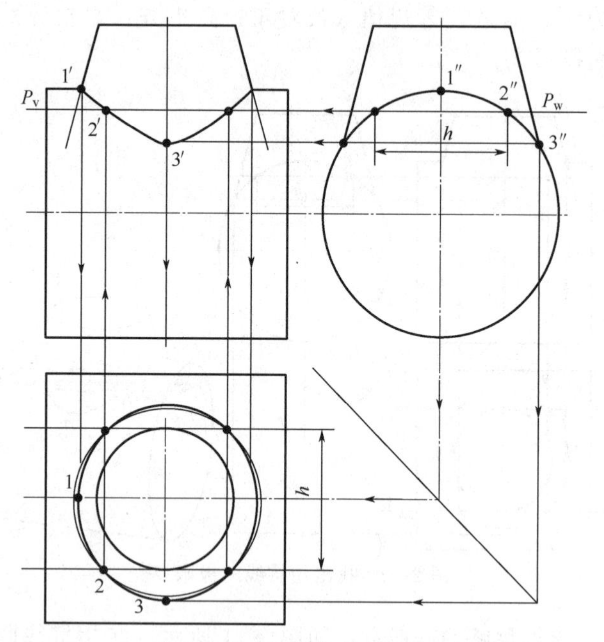

图 2-12　依次光滑连接各相贯点，完成投影作图

3. 球面法求相贯线

本方法也是运用“三面共点”的原理，在两相贯立体中添加一辅助“球面”，以求得相贯线上的一系列点，再依次光滑连接，完成作图。下面以圆锥与圆锥斜贯为例，说明之。如图 2-13 所示。

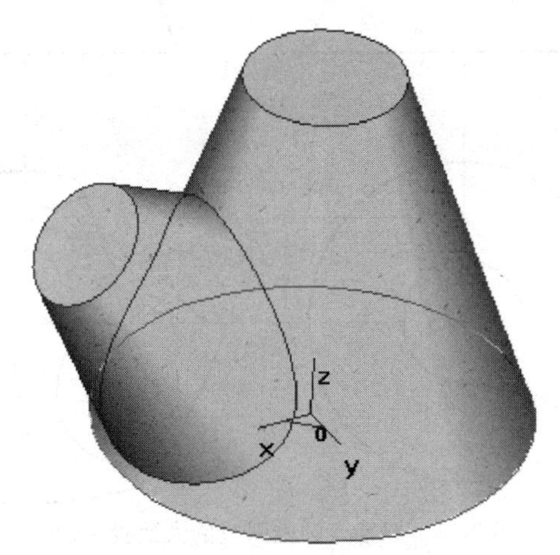

图 2-13　圆锥与圆锥斜贯

作图步骤：

① 画出圆锥与圆锥斜贯的大致投影图，如图 2-14 所示。

② 投影分析，相贯线是两相贯立体的公有线，其投影在主、俯、左视图上都无积聚性，均需要求出。如图 2-14 所示。

③ 在相贯线区域添加一辅助“球面” P 分别求得该辅助面与两圆锥的截交线——圆、圆，运用“三面共点”原理求得相贯点。如图 2-15 所示。

④ 由于两个截交线（圆、圆）的正面投影积聚成两条直线，其交点 $2'$ 即是相贯点Ⅱ的正面投影，根据“三等规律”便可求得其水平投影 2 和侧面投影 $2''$。如图 2-16 所示。

⑤ 同理，可设足够数量的辅助球面，从而获得足够数量的相贯点，如图 2-17 所示。

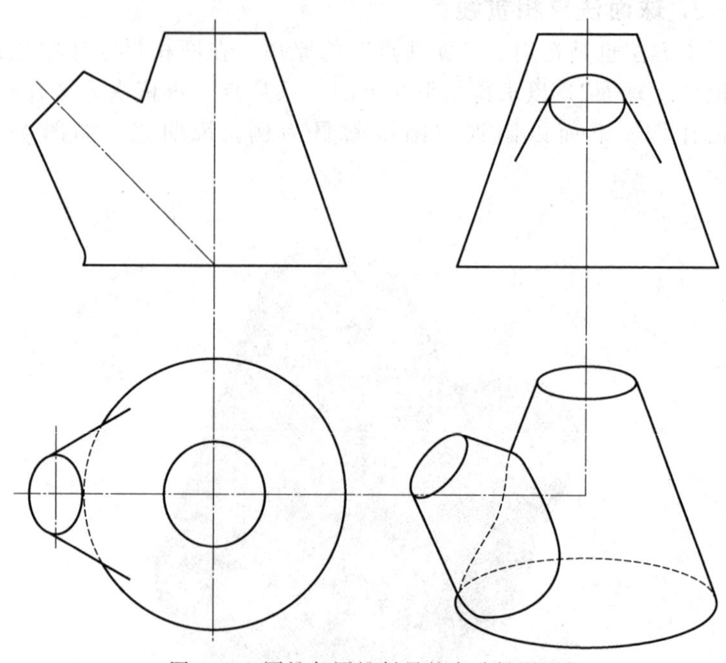

图 2-14　圆锥与圆锥斜贯的大致投影图

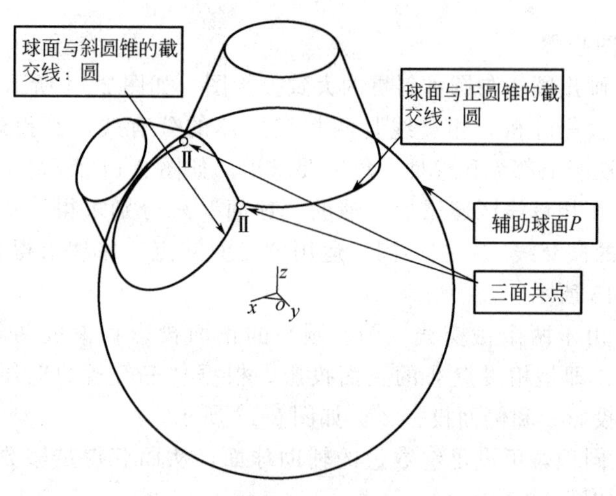

图 2-15　“球面法”——三面共点

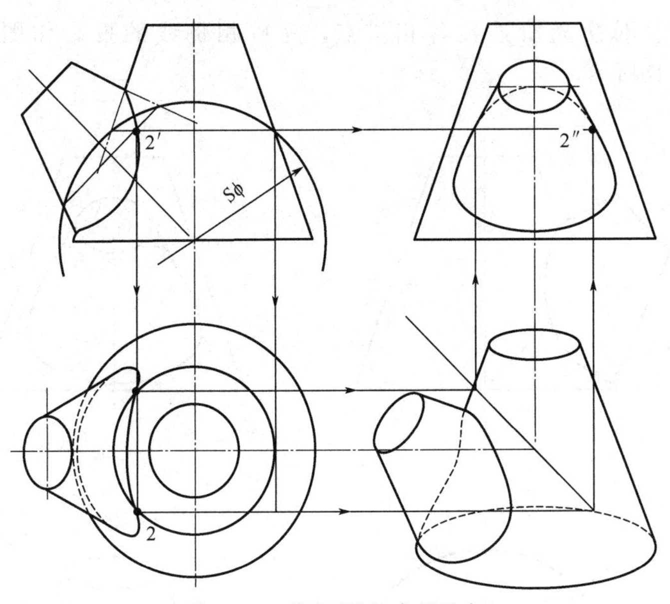

图 2-16 “球面法”求相贯点

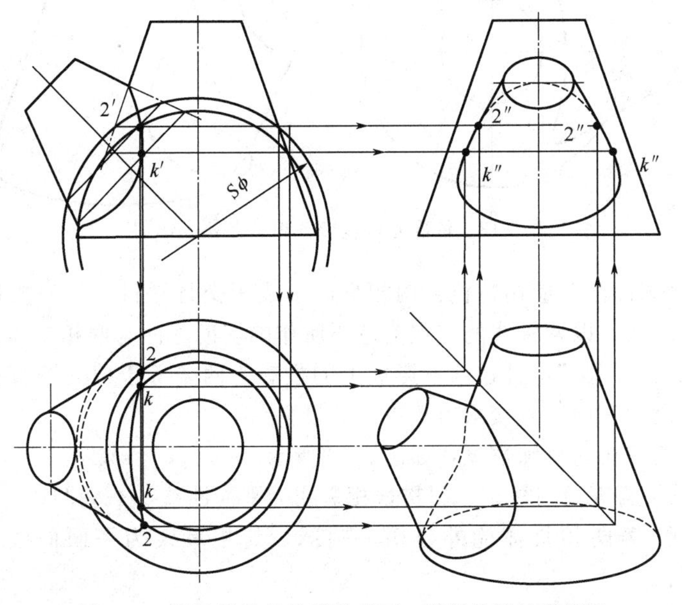

图 2-17 设足够数量的辅助球面，获得足够的相贯点

⑥ 依次光滑连接各相贯点，完成相贯线的投影作图，如图 2-18所示。

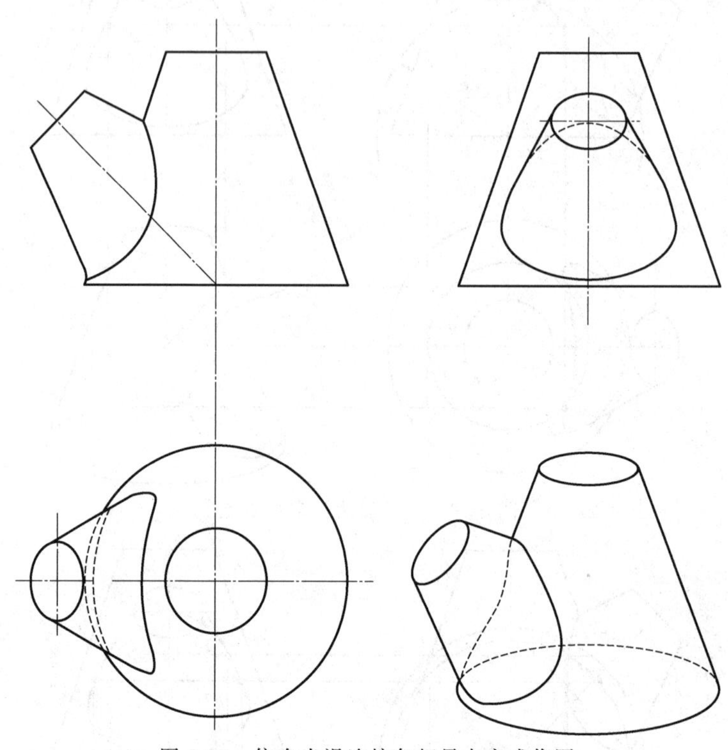

图 2-18 依次光滑连接各相贯点完成作图

“球面法”应用特色：两相贯体轴线相交且平行于某一投影面时，那么，以两轴线的交点为球心所作的辅助球面与两相贯体的积聚线均为“圆”，且在该投影面上的投影为两条等于截交圆直径的直线段——便于直接求得相贯点的投影。

相贯线的特殊情况：如图 2-19 所示。

① 两等径圆柱正、斜贯，相贯线为平面曲线——椭圆；

② 若两相贯体能外公切一圆球，其相贯线为平面曲线——椭圆；

③ 同轴回转体相贯，其相贯线为平面曲线——圆。

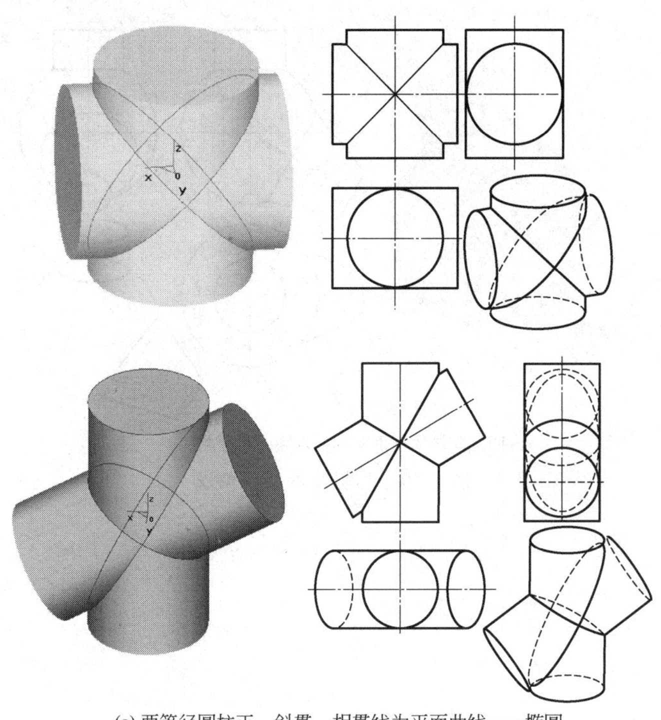

(a) 两等径圆柱正、斜贯，相贯线为平面曲线——椭圆

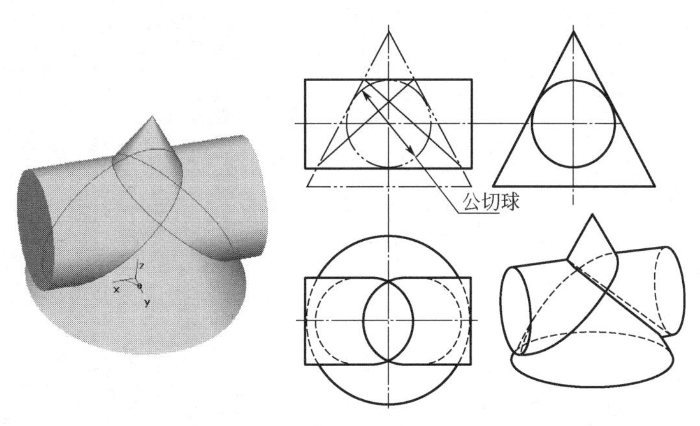

(b) 两相贯体能外公切一圆球，其相贯线为平面曲线——椭圆

图 2-19

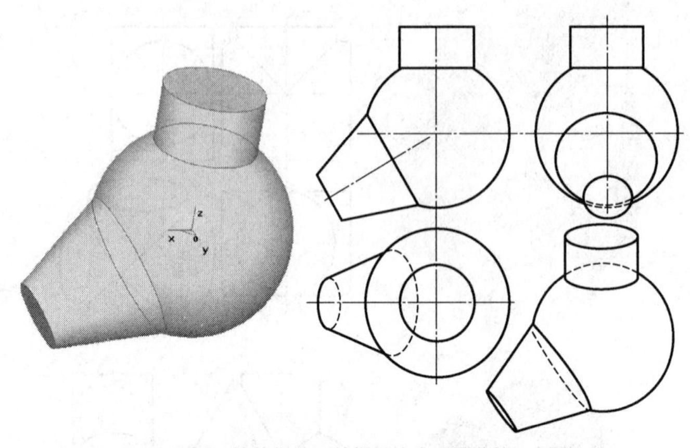

(c) 同轴回转体相贯，其相贯线为平面曲线——圆

图 2-19　相贯线的特殊情况

第三章

Chapter 03

展开图画法及实例

钣金展开是利用一定的作图方法，把立体工件的表面实形反映到平面上，形成展开图。对于可展曲面，其实体和展开图的尺寸之间，有一一对应的关系；对于不可展曲面，其实体和展开图的尺寸之间，只有近似的对应关系。

传统的展开图作法，一般有平行线展开法、三角形展开法、放射线展开法和计算展开法四种。平行线展开法适用于可将实体表面以相邻二平行线段确定的平面形构成，例如：柱面一类的工件；三角形展开法适用于可将实体表面分成若干三角形构成，例如：锥面、切线曲面一类的工件；放射线展开法适用于圆锥一类的工件，展开图为扇形，各素线汇交于扇形的圆心，扇形的圆弧长＝圆锥底面的圆周长，扇形的半径＝圆锥的素线长。计算展开法适用于规则曲面及平面形围成的实体表面。

下面先简单地介绍这四种作图方法的原理和步骤，然后再按钣金件的类型逐一说明。这些内容均是针对零件厚度理想几何曲面的，在实际工作中还要作钣厚、接缝等处理，这留在后面叙述。

一、平行线展开法及实训

原理：用两平行线确定一平面。

适用：柱面的展开。

画法：将实体表面划分成若干以两平行线确定的平面形，求出各平面形的实形，再逐次画出展开图。

① 正截面法：作出棱柱的正截面并求出各棱边的实长，并展成一直线；再将各棱面（以两平行线确定）依次展开。

② 侧滚法：当柱棱平行于投影面时，以柱棱为旋转轴，将棱柱各表面逐个绕相应的柱棱（投影面的平行线）旋转到同一平面上，得到展开图。

【例 3.1-1】 斜切正三棱柱——表面展开

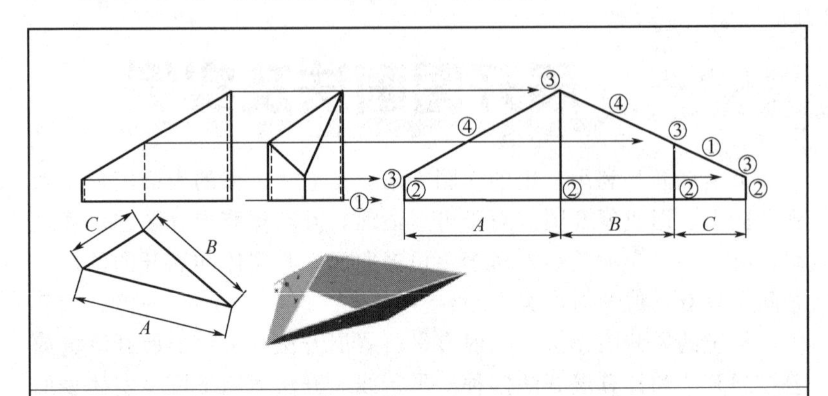

展开划线：① 画水平线，长＝$A+B+C$

② 过各折点作 4 条垂线

③ 在各垂线上截取各棱线的实长

④ 顺次连线

【例 3.1-2】 斜三棱柱——表面展开

展开实例

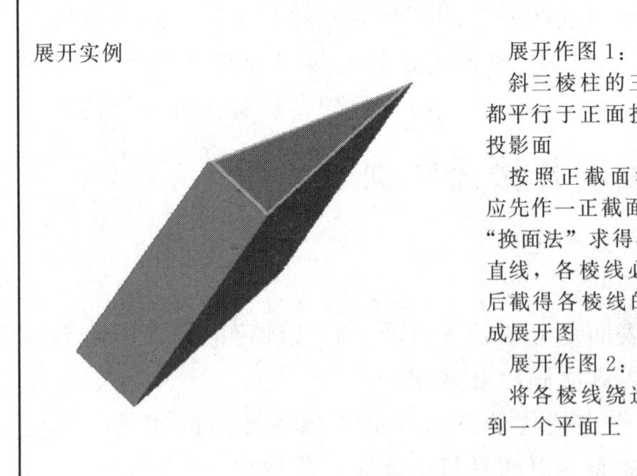

展开作图 1：（平行法——正截面法）

斜三棱柱的三条棱线相互平行，且都平行于正面投影面，而倾斜于其他投影面

按照正截面法原理，对于斜棱柱，应先作一正截面（垂直于棱线），利用“换面法”求得各边实长，然后展成一直线，各棱线必然垂直于该直线，最后截得各棱线的实长，依次连点，形成展开图

展开作图 2：（平行法——侧滚法）

将各棱线绕选定的棱线旋转，摊平到一个平面上

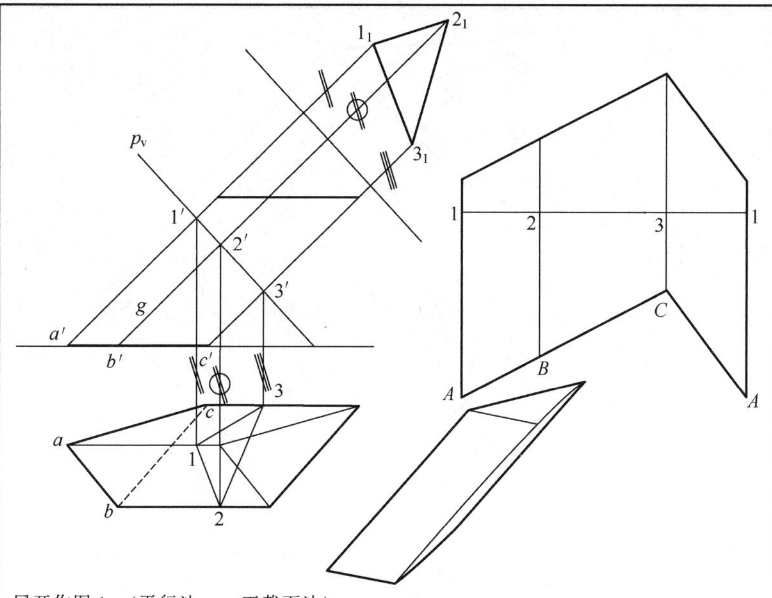

展开作图 1：（平行法——正截面法）

（1）分析构件主、俯视图：斜三棱柱管三条棱边相等，且都平行于正面，故正面投影反映实长；按照正截面法原理，对于斜棱柱，应先作一正截面（垂直于棱线），利用“换面法”求得各边实长，然后展成一直线，各棱线必然垂直于该直线，且被正截面分为两段；最后截得各棱线两端的实长，依次连点，形成展开图

（2）展开划线

① 利用“换面法”求得正截面实形$\triangle 1_1 2_1 3_1$（如图所示）

② 作一直线，截取 $12=1_1 2_1$，$23=2_1 3_1$，$31=3_1 1_1$

③ 过 1、2、3、1 四点作垂线，再分别以这四点为基点从两端截取棱线的实长（如：$A1=a'1'\cdots$）

④ 依次连点，形成展开图

展开作图 2：（平行法——侧滚法）

（1）分析构件主、俯视图：斜三棱柱管三条棱边相等，且都平行于正面，故可用侧滚法作图

（2）展开划线

① 过 b'、e' 两点作 $a'd'$ 的垂线 $b'B$ 和 $e'E$

② 以 a' 为圆心，以 ab 为半径画圆弧，与 bB 交于 B

③ 连接 a'、B 得 $a'B$；过 B 作 $BE \parallel a'd'$；过 d' 作 $d'E \parallel a'B$；即得 $ABED$ 表面的展开图 $a'BEd'$

④ 同理，分别过 c'、f' 作直线 $c'C$、$f'F$，使其均$\perp BE$

⑤ 以 B 为圆心，bc 为半径画圆弧，与 $c'C$ 交于 C

⑥ 连接 B、C 得 BC；过 C 作 $CF \parallel BE$；过 E 作 $EF \parallel BC$；即得 $BCFE$ 表面的展开图

⑦ 类似，作出 $CADF$ 表面的展开图，完成整体展开图

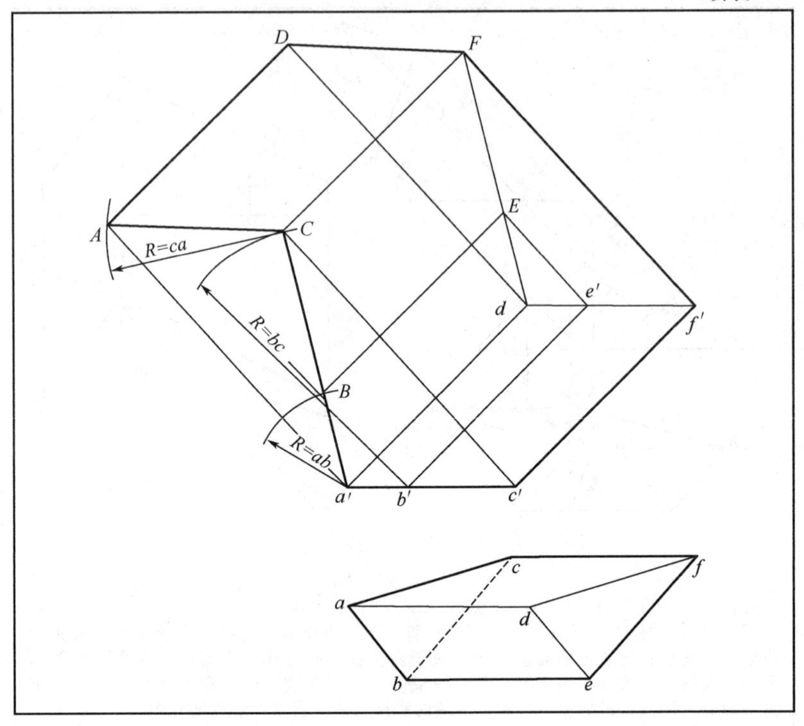

【例 3. 1-3】 矩形管直角弯头

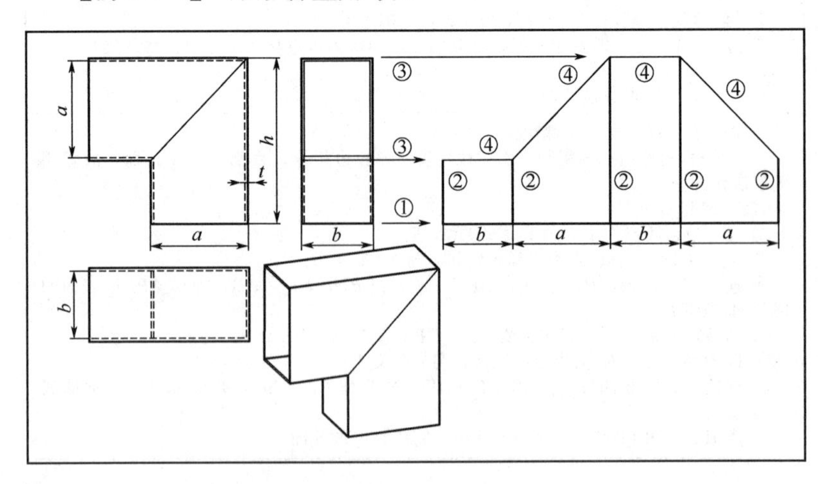

续表

展开作图：（平行线法） 分析构件主、左视图：矩形管直角弯头由两节相同的斜切（45°）矩形管组成，可只画出一节矩形管的展开图，且矩形管各边的视图反映实长 展开划线：① 画水平线，长＝2（$a+b$） ② 过各折点作 5 条垂线 ③ 在各垂线上截取各棱线的实长 ④ 顺次连线

【例 3.1-4】 斜四棱柱管

<table>
<tr><td>展开实例
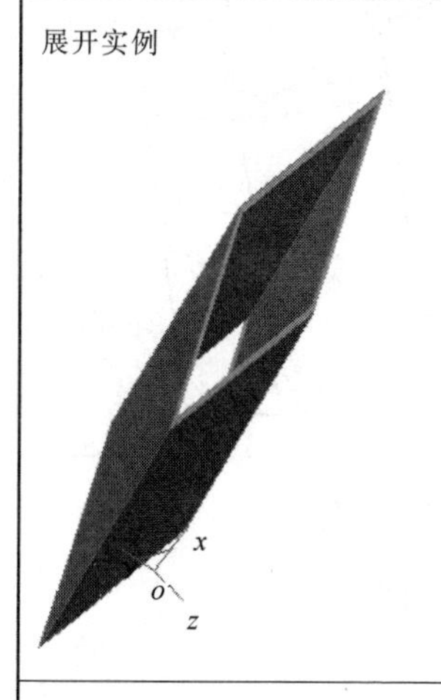</td><td>提示：
斜四棱柱管的四条棱线虽然平行、相等，但由于处于一般位置，其投影不反映实长。可用“平行线——正截面法”或“侧滚法”或“三角形法”展开</td></tr>
<tr><td colspan="2">展开作图：（平行线法——正截面法）
分析构件主、俯视图：斜四棱柱管的四条棱线虽然平行、相等，但由于处于一般位置，其投影不反映实长
① 先进行一次换面，设 X_1 轴平行于某素线（如：1a）的水平投影，获得素线的新投影——反映实长（如：1a）
② 选择一正垂面 P_v 垂直于素线的新投影，得到正截面投影的四个顶点（1_1、2_1、3_1、4_1）
③ 进行二次换面，设 X_2 轴平行于 P_v，获得正截面投影的新投影——四边形 $ABCD$（反映实形）
展开划线：（平行线——正截面法）
①延长 P_v 线，取长度（$1_1 2_1+2_1 3_1+3_1 4_1+4_1 1_1$）$=AB+BC+CD+DA$
②过各折点作 5 条垂线
③在各垂线上截取各棱线的实长
④ 顺次连线</td></tr>
</table>

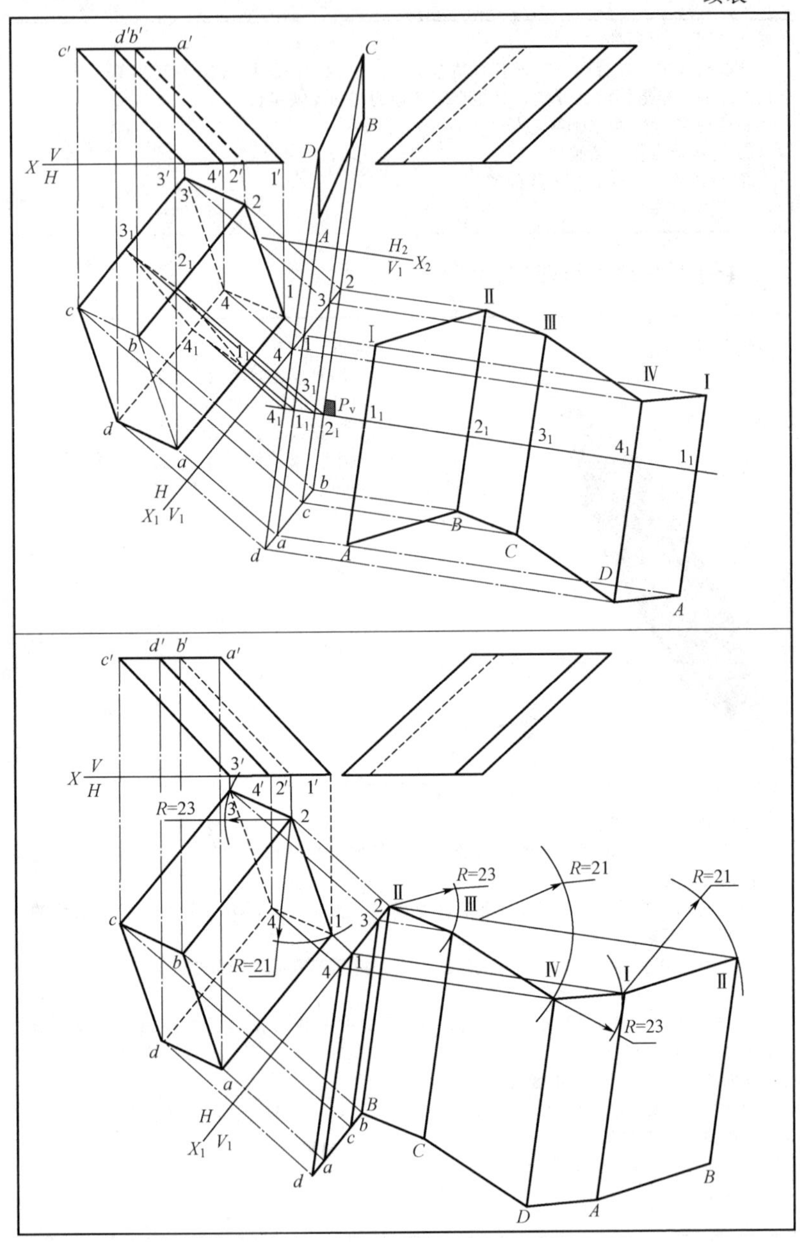
c′
d′b′
a′
C
B
D
X
V
H
3′
4′
2′
1′
3
2
3₁
A
H₂
X₂
V₁
2₁
2
1
3
c
4
Ⅱ
Ⅲ
Ⅰ
b
4₁
1₁
4
1
Ⅳ
Ⅰ
3₁
P_V
4₁
1₁
2₁
1₁
2₁
3₁
4₁
1₁
d
a
b
H
c
X₁
V₁
B
a
d
A
C
D
A
c′
d′
b′
a′
X
V
H
3′
4′
2′
1′
R=23
3
2
R=23
R=21
R=21
Ⅱ
2
Ⅲ
c
4
1
3
R=21
1
b
4
Ⅳ
Ⅰ
Ⅱ
R=23
d
a
H
B
X₁
V₁
c
b
C
d
a
B
D
A

展开作图：（侧滚法）

分析构件主、俯视图：斜四棱柱管的四条棱线虽然平行、相等，但由于处于一般位置，其投影不反映实长。进行一次换面，设 X_1 轴平行于某素线（如：1a）的水平投影，获得素线的新投影——反映实长（如：1a）

展开划线侧滚法：

① 如图所示，将新投影中的 3 点绕平行轴 ⅡB 旋转（以 Ⅱ 为圆心，以 23 长度为半径，画圆弧与过 3 点且垂直于 ⅡB 的直线交于 Ⅲ 点），作直线 ⅢC 平行于 ⅡB，且＝ⅡB；

② 同理，将新投影中的 1 点绕平行轴 ⅢC 旋转（以 Ⅲ 为圆心，以 21 长度为半径，画圆弧与过 1 点且垂直于 ⅢC 的直线交于 Ⅳ 点），作直线 ⅣD 平行于 ⅢC，且＝ⅢC；得到 D 点；依次类推，再绕平行轴 ⅣD 旋转，得到 ⅠA；再绕平行轴 ⅠA 旋转，得到 ⅡB

③ 顺次连线

【例 3.1-5】 矩形料斗展开

展开实例

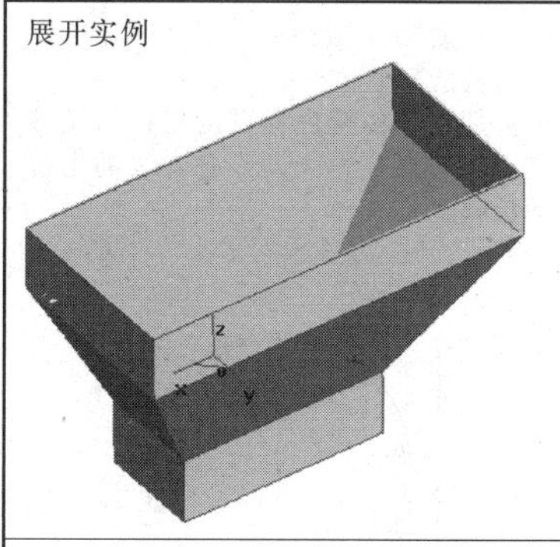

提示：矩形料斗的后板的主视图反映实形；上下部分由矩形板围成，其投影也反映实形；只有中部的三块梯形板的投影不反映实形，但均为投影面的垂直面（前面板为侧垂面、左右面板为正垂面）；运用“换面法”可获得表面实形。如下图所示

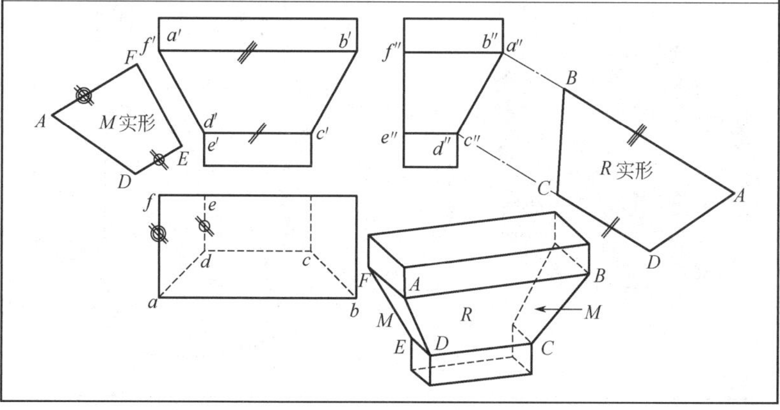

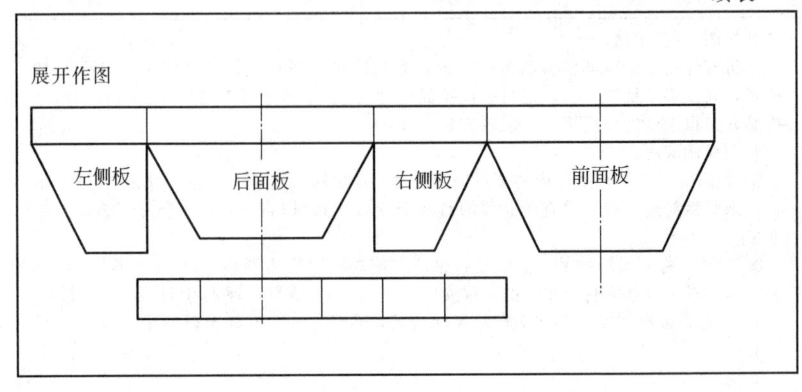
展开作图
左侧板
后面板
右侧板
前面板

【例 3.1-6】 全部斜切圆管

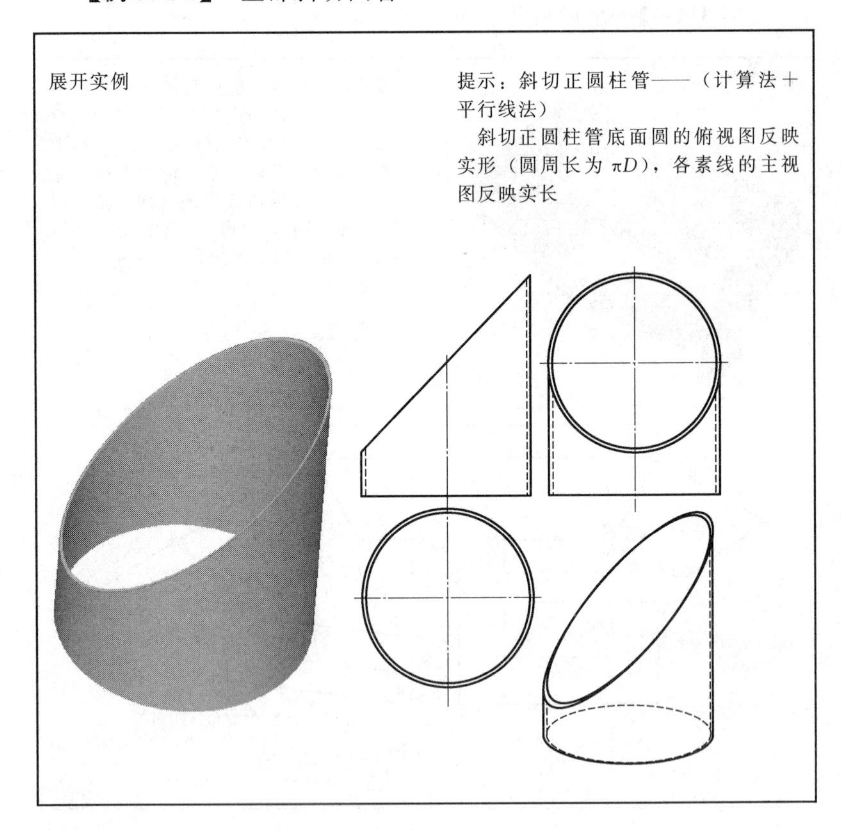
展开实例
提示：斜切正圆柱管——（计算法＋平行线法）
斜切正圆柱管底面圆的俯视图反映实形（圆周长为 πD），各素线的主视图反映实长

续表

展开作图：（计算法＋平行线法）

分析构件主、俯视图：斜切正圆柱管底面圆的俯视图反映实形（圆周长为 πD）；各素线的主视图反映实长

展开划线：① 画水平线，长＝πD

② 将该直线与底圆分成相同等份（如：12 等份）

③ 以主视图中相应素线的实长，截得素线的展开图，依次连成光滑曲线

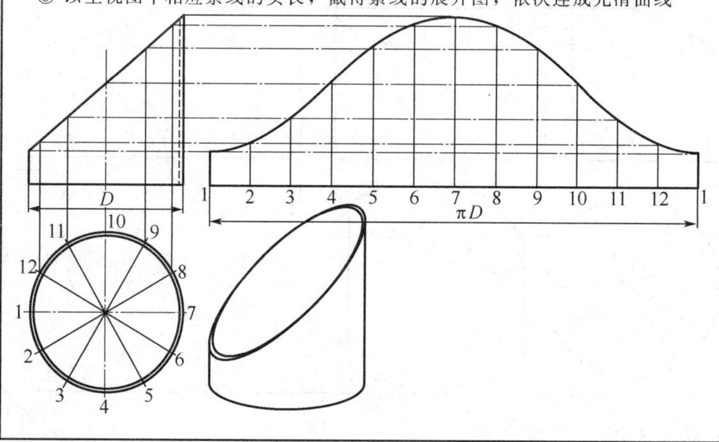

【例 3.1-7】 中心斜切圆管

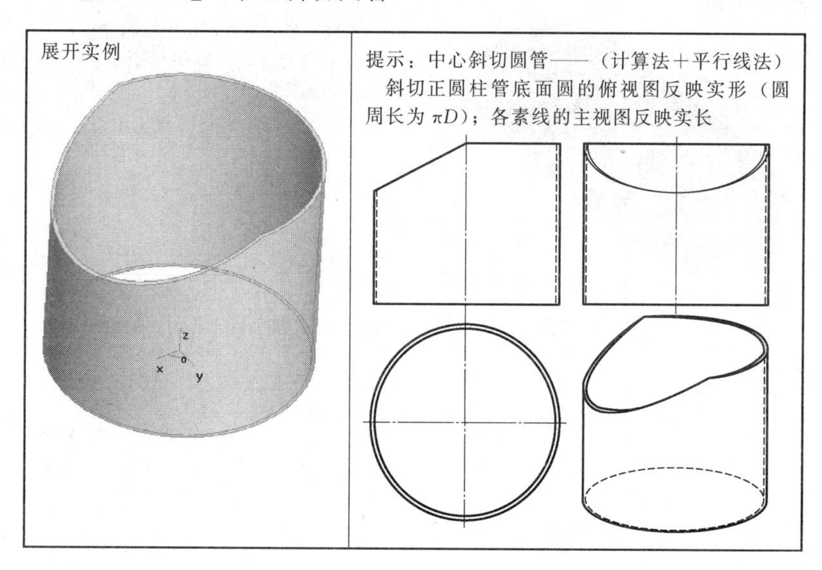

展开实例

提示：中心斜切圆管——（计算法＋平行线法）

斜切正圆柱管底面圆的俯视图反映实形（圆周长为 πD）；各素线的主视图反映实长

展开作图：(计算法＋平行线法)

分析构件主、俯视图：中心斜切圆管底面圆的俯视图反映实形（圆周长为 πD）；各素线的主视图反映实长

展开划线：① 画水平线，长＝πD

② 将该直线与底圆分成相同等份（如：12 等份）

③ 以主视图中相应素线的实长，截得素线的展开图；依次连成光滑曲线

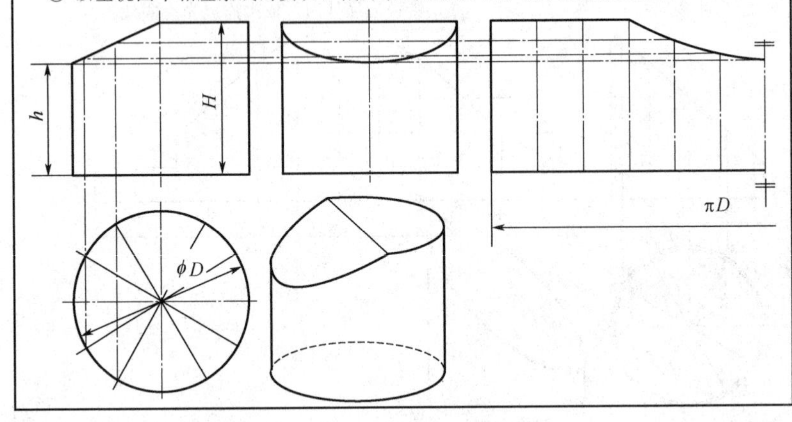

【例 3.1-8】 斜圆柱管

展开实例

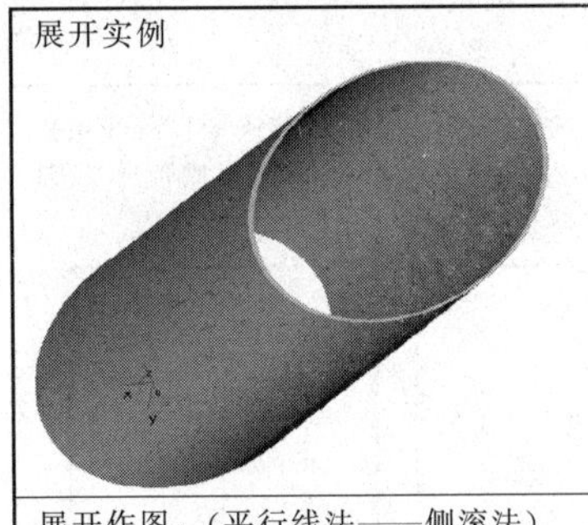

提示：

斜圆柱管（平行线法——侧滚法）

各素线相等，且都平行于正面，故可用侧滚法作图

展开作图：(平行线法——侧滚法)

（1）分析构件主、俯视图：斜圆柱管各素线相等，且都平行于正面，故可用侧滚法作图

（2）展开划线：

① 一般将底圆分为 12 等份，作出 12 条素线的主视图

② 分别过 2′、3′、4′、5′、6′和 7′点作 $1'1'_1$的垂线 2′Ⅱ、3′Ⅲ、4′Ⅳ、5′Ⅴ、6′Ⅵ和 7′Ⅶ；分别以 1′、Ⅱ、Ⅲ、Ⅳ、Ⅴ和Ⅵ为圆心，以 12（弦长近似代替弧长）为半径画圆弧，与各垂线交于Ⅱ、Ⅲ、Ⅳ、Ⅴ、Ⅵ和Ⅶ点

③ 用曲线板顺次光滑连点，即得表面的展开图

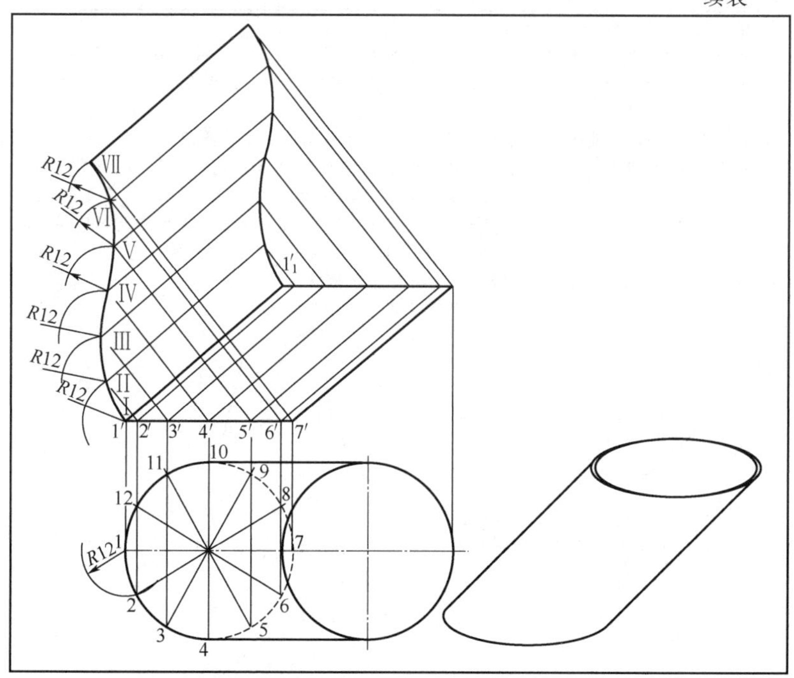

【例 3. 1-9】 斜椭圆柱管

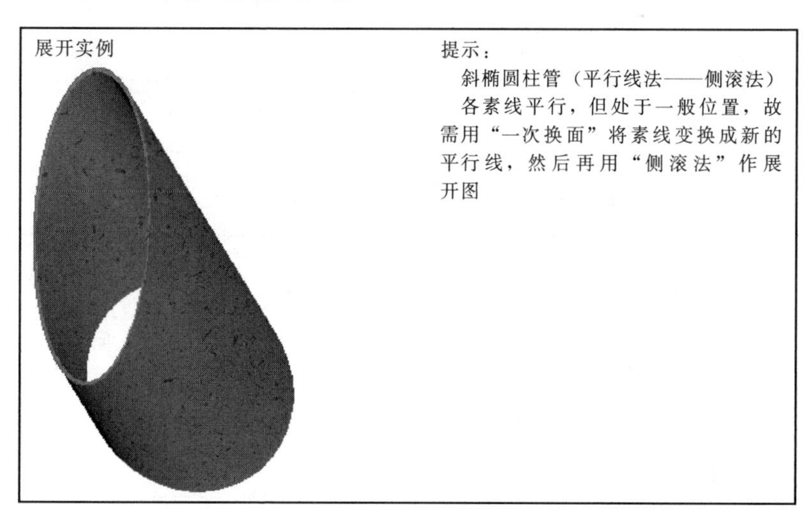

提示：

斜椭圆柱管（平行线法——侧滚法）

各素线平行，但处于一般位置，故需用“一次换面”将素线变换成新的平行线，然后再用“侧滚法”作展开图

展开作图：（平行线法——侧滚法）

（1）分析构件主、俯视图：斜圆柱管各素线平行，但处于一般位置，故需用“一次换面”将素线变换成新的平行线，然后再用“侧滚法”作展开图

（2）展开划线

① 如图所示，一般将底圆分为 8 等份，作出 8 条素线的主、俯视图

② 作新投影轴 X_1 平行于素线的水平投影，将各等分点（a、b、c、d、e 等）向 X_1 轴作垂线，量取相应长度（如 $A_1\text{Ⅰ}=a_1'1'$），获得各素线的新投影——反映实长

③ 将各素线绕对应的平行轴旋转到同一平面（如素线 BⅡ绕 AⅠ轴旋转：以 A 为圆心，以 ab 弦长为半径，画圆弧与自 B 点向 AⅠ轴线所作的垂线相交于 B_1 点，再作 AⅠ轴线的平行线，得到素线 BⅡ的展开图；依次类推）

④ 用曲线板顺次光滑连点，即得整个表面的展开图

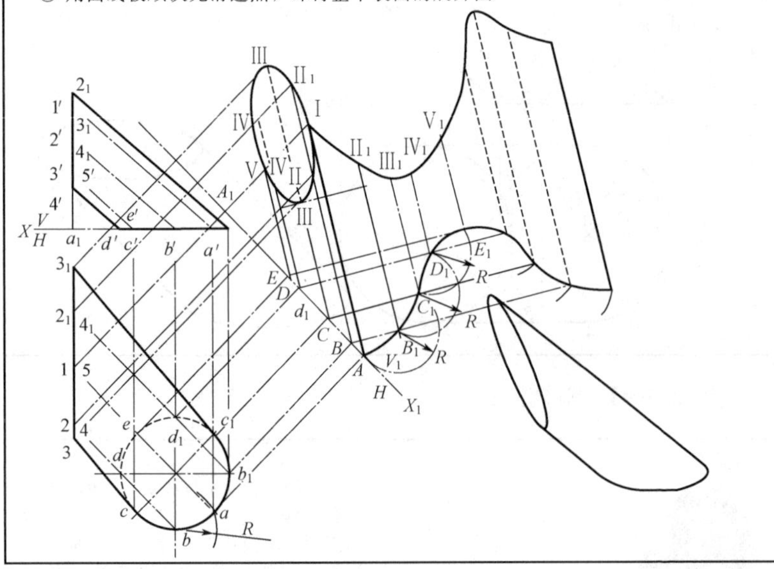

【例 3.1-10】 等径圆管直角弯头

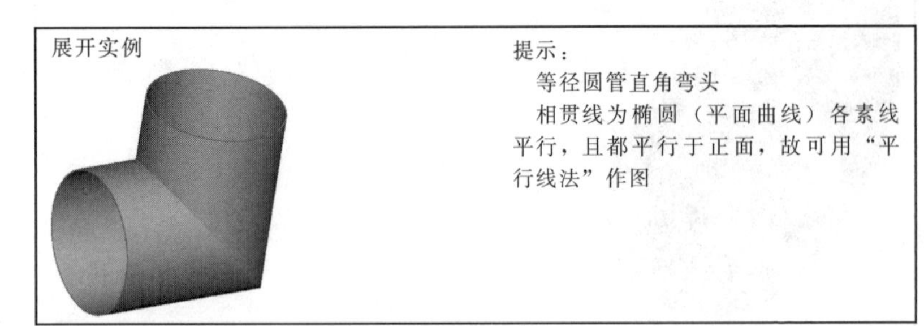

展开实例

提示：

等径圆管直角弯头

相贯线为椭圆（平面曲线）各素线平行，且都平行于正面，故可用“平行线法”作图

展开作图：（平行线法）

（1）分析构件主、俯视图

等径圆管直角弯头上下两节相同，可只画出一节圆管的展开图

以竖圆管为例：其主视图反映各素线实长，俯视图反映顶面圆的实形

（2）展开划线

① 画出完整圆管的展开图——矩形（长$=\pi D$）

② 将圆管的顶圆采取适当等份（图中，采取 12 等份，简化作图——直接在主视图上画半圆，6 等分）

③ 将矩形也划分 12 等份，并截取各素线的实长

④ 用曲线板顺次光滑连点，即得表面的展开图（图中，仅画出了对称的一半展开图）

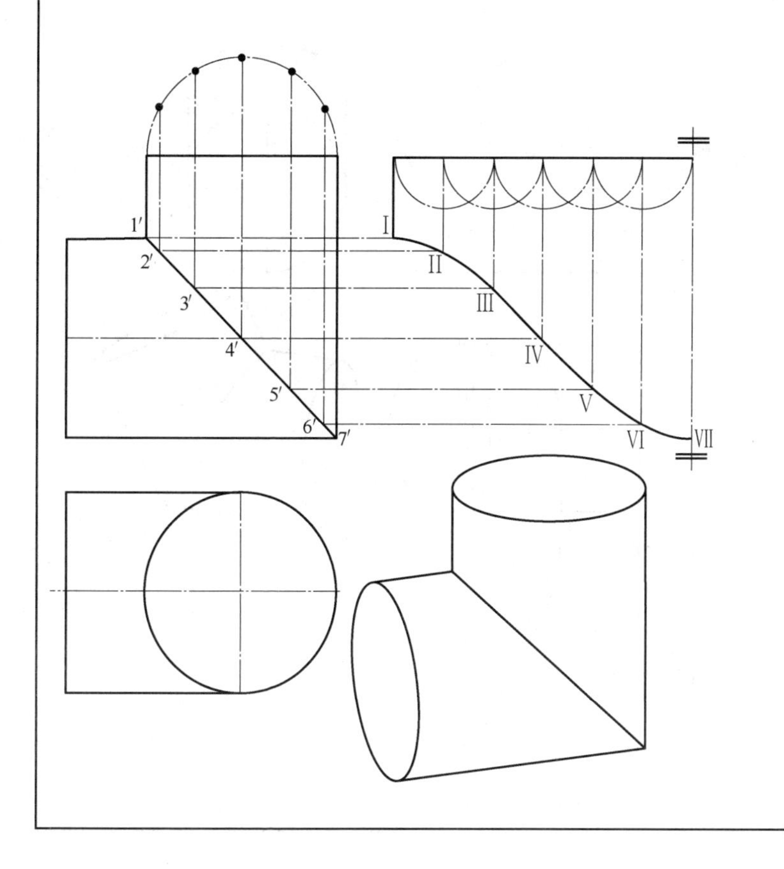

【例 3. 1-11】 等径圆管非直角弯头

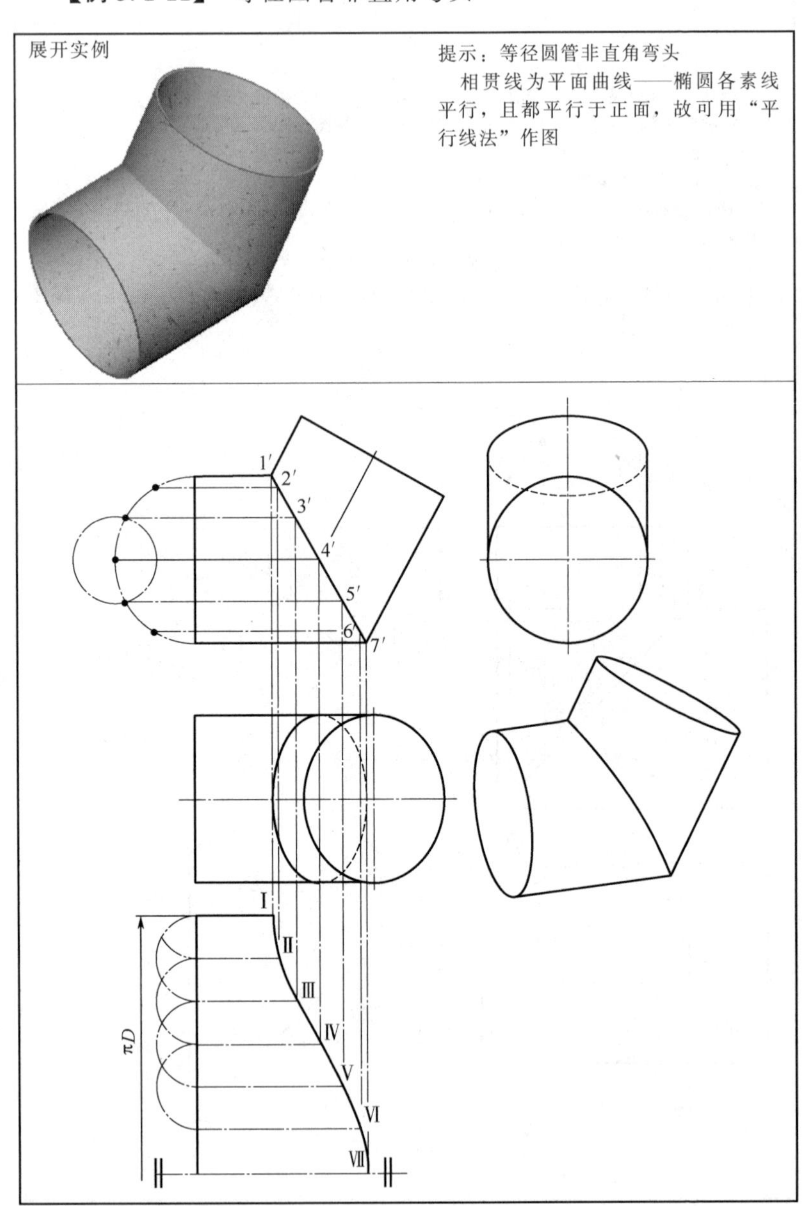

续表

展开作图：（平行线法）

（1）分析构件主、俯、左视图：上下两节相同，可只画出一节圆管的展开图。以水平圆管为例：其主视图反映各素线实长，左视图反映侧面圆的实形

（2）展开划线

① 画出完整圆管的展开图——矩形（长＝πD）

② 将圆管的侧圆采取适当等份（图中，采取 12 等份，简化作图——直接在主视图上画半圆，6 等分）

③ 将矩形也划分 12 等份，并截取各素线的实长

④ 用曲线板顺次光滑连点，即得表面的展开图（图中，仅画出了对称的一半展开图）

【例 3.1-12】 等径圆管二直角弯头

展开实例

提示：等径圆管二直角弯头

相贯线为平面曲线——椭圆各素线平行，故可用“平行线法”作图

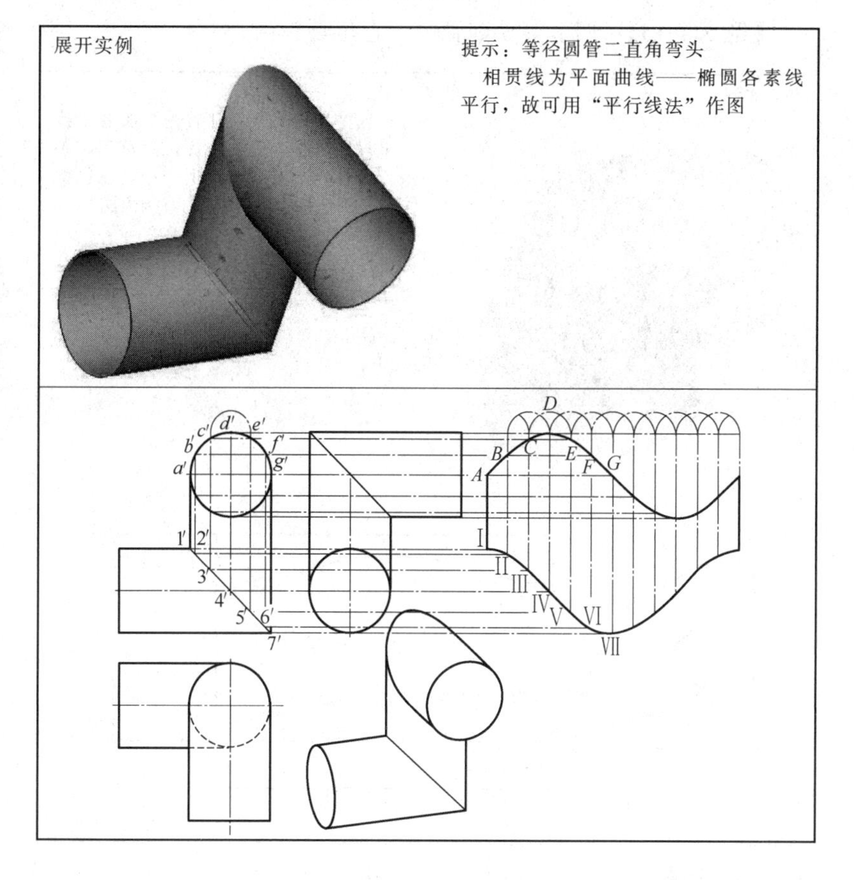

展开作图：（平行线法） （1）分析构件主、俯、左视图：等径圆管二直角弯头以竖圆管为例：其主视图反映各素线实长，还反映上节，前面圆的实形 （2）展开划线 ① 画出完整圆管的展开图——矩形（长＝πD） ② 将圆管的顶圆采取适当等份（图中，采取12等份） ③ 将矩形也划分12等份，并截取各素线的实长（如：AⅠ＝a′1′、BⅡ＝b′2′、CⅢ＝c′3′、DⅣ＝d′4′…） ④ 用曲线板顺次光滑连点，即得竖圆管的表面展开图 ⑤ 同理，依次画出其余两节圆管的展开图

【例3.1-13】 四节等径圆管——直角弯头

展开实例

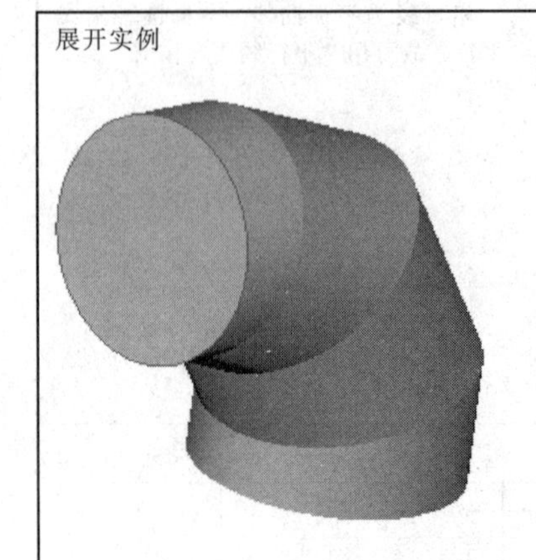

提示：

四节等径圆管——直角弯头各素线平行，且都平行于正面，故可用“平行线法”作图。实践生产中，往往把整段圆筒按15°截切后，对接焊成

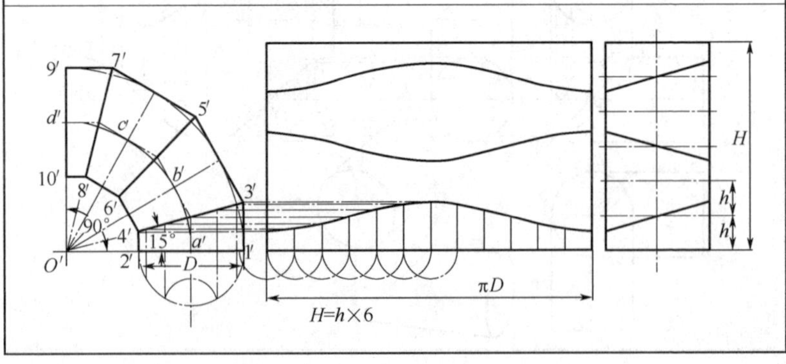

续表

展开作图：(平行线法) (1) 分析构件主视图：四节等径圆管——直角弯头各素线平行，且都平行于正面，故可用“平行线法”作图（俯视图不必画出，仅在主视图中画一半圆体现） (2) 展开划线 ① 一般将底圆分为12等份（图中采用简化画法，画一半圆6等分）作出12条素线的主视图，求得各素线与相贯线的交点。 ② 画一水平线长$=\pi D$；也进行12等分，画出12条素线，求得相应交点 ③ 用曲线板顺次光滑连点，即得表面展开的样板图 ④ 实际展开画线时，是将四节圆管相互错开180°，拼接为整张矩形板，对称划线，交错开缝

【例3.1-14】 五节等径圆管——直角弯头

展开实例	提示： 五节等径圆管——直角弯头各素线平行，且都平行于正面，故可用“平行线法”作图
展开作图：(平行线法) (1) 分析构件主视图：五节等径圆管——直角弯头各素线平行，且都平行于正面，故可用“平行线法”作图（俯视图不必画出，仅在主视图中画一半圆体现） (2) 展开划线 ① 一般将侧圆分为12等份（图中采用简化画法，画一半圆6等分），作出12条素线的主视图，求得各素线与相贯线的交点 ② 画一垂线，长$=\pi D$；也进行12等分，画出12条素线；求得相应的交点 ③ 用曲线板顺次光滑连点，即得表面展开的份样板图（图示仅画出对称的一半） ④ 实际展开画线时，是将五节圆管相互错开180°，拼接为整张矩形板，对称划线，交错开缝	

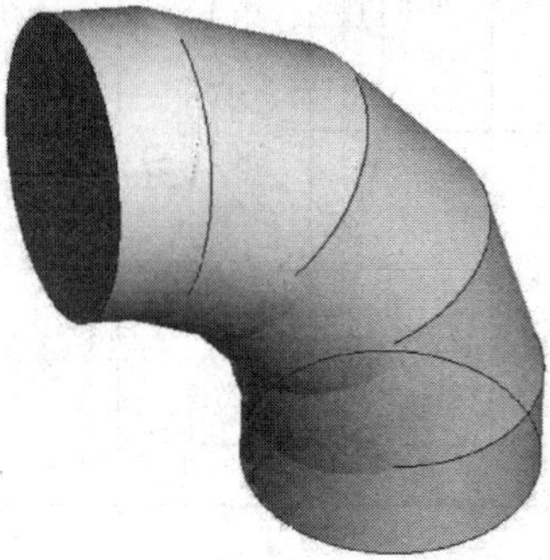

续表

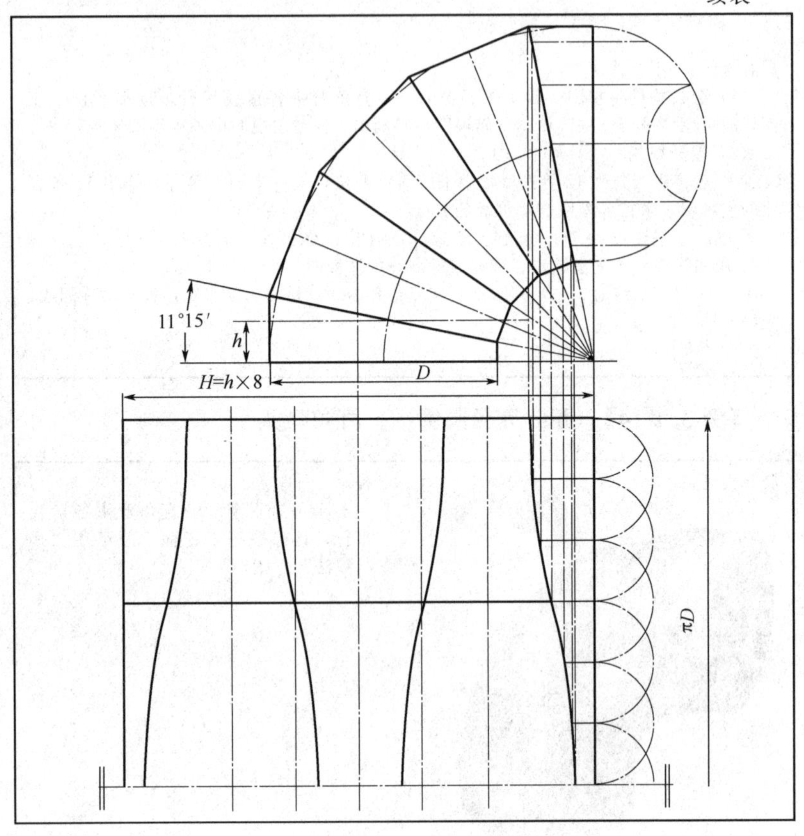

【例 3.1-15】 六节等径圆管——直角弯头

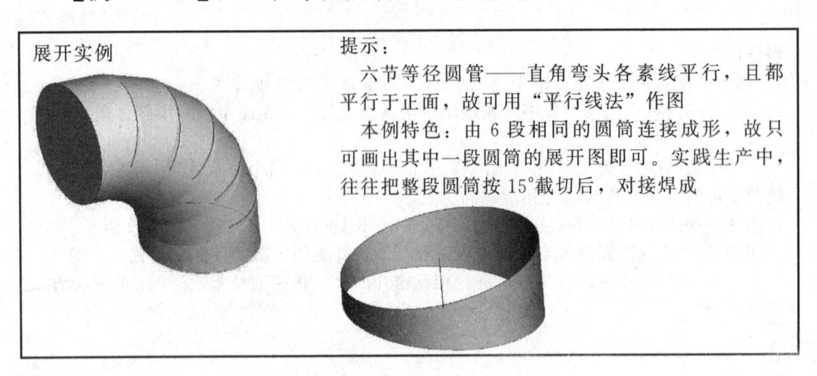

提示：

六节等径圆管——直角弯头各素线平行，且都平行于正面，故可用“平行线法”作图

本例特色：由 6 段相同的圆筒连接成形，故只可画出其中一段圆筒的展开图即可。实践生产中，往往把整段圆筒按 15°截切后，对接焊成

续表

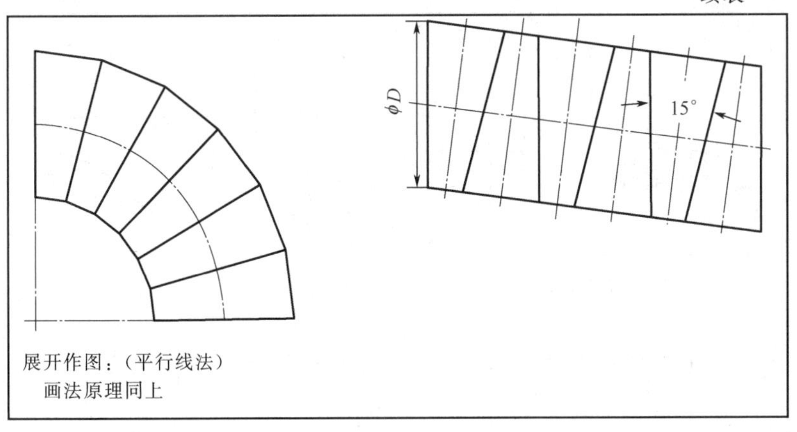

展开作图：(平行线法)

画法原理同上

【例 3.1-16】 等径直交三通管

展开实例

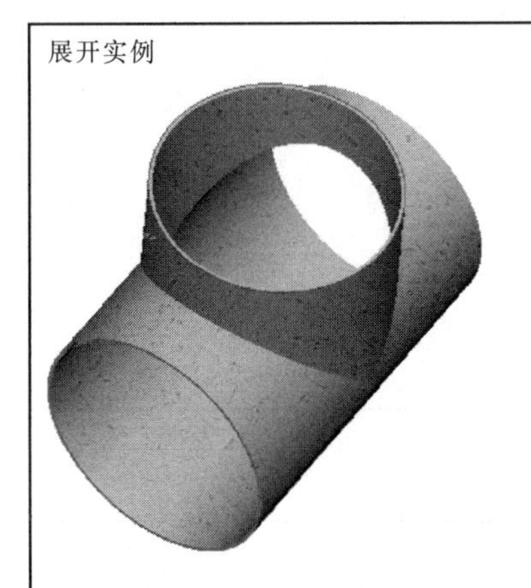

提示：

等径直交三通管——平行线法

相贯线为平面曲线——两个“半椭圆”。由于两圆筒的各素线平行，且在主视图中反映实长，故采用“平行线法”

展开作图：(平行线法)

① 画出等径直交三通管的主、俯、左视图，求得相贯线的投影（作图：在主视图上，将水平圆筒和直立圆筒中，反映直径的轮廓线上各画半圆并12等分，然后求得各素线与相贯线的交点）

② 画出直立圆管上端面圆周的展开线$=\pi D$，并12等分，再从各等分点作垂线，然后在各垂线上分别量取其对应素线的长度，得Ⅰ、Ⅱ、Ⅲ、Ⅳ、…点，最后依次连成光滑曲线即得竖圆管的展开图

③ 实际生产中，常竖直圆管放样，弯成圆管后，放在水平圆管上划线开口，然后把两圆管焊接制成

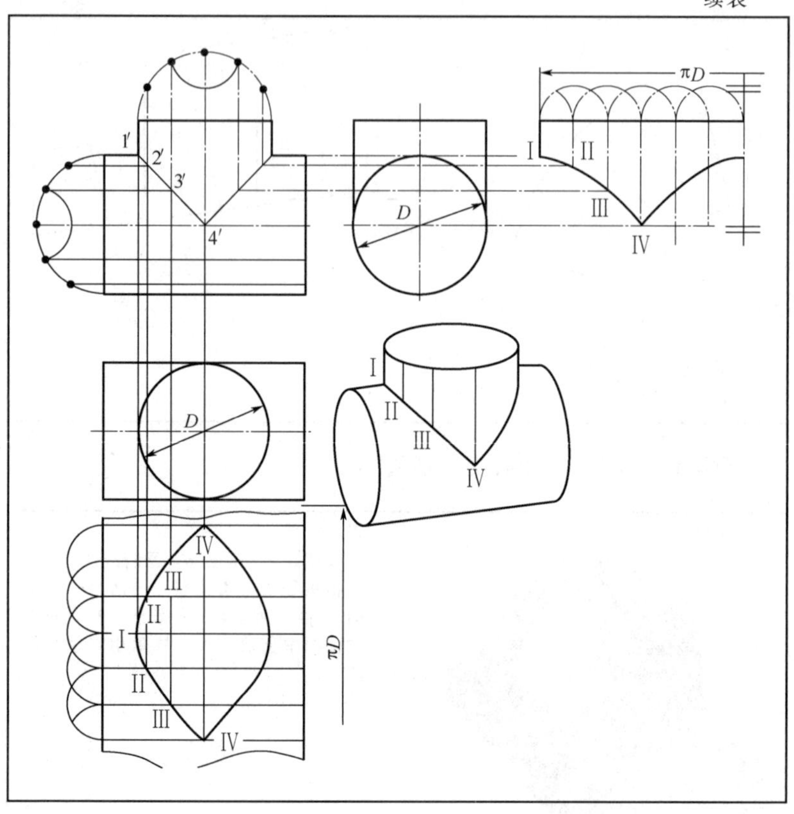

【例 3. 1-17】 异径直交三通管

展开实例

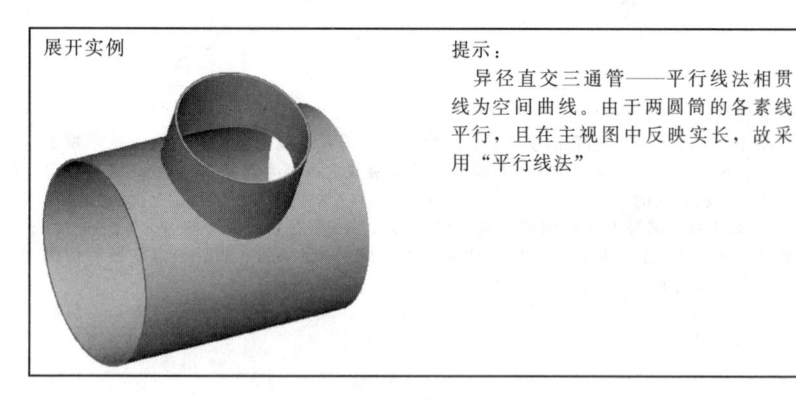

提示：

异径直交三通管——平行线法相贯线为空间曲线。由于两圆筒的各素线平行，且在主视图中反映实长，故采用“平行线法”

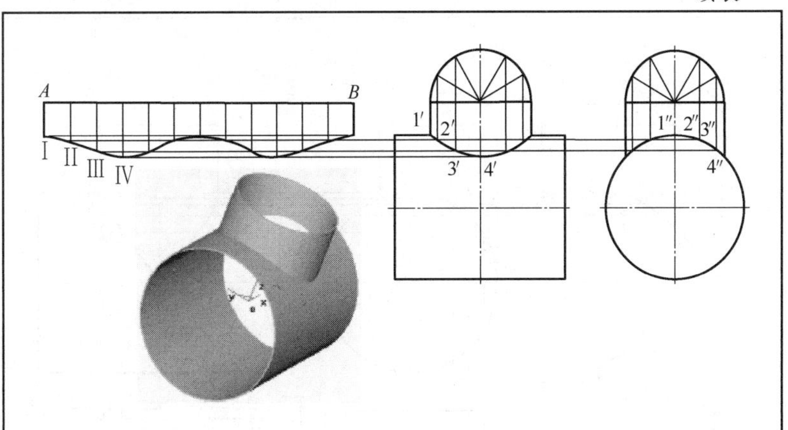

展开作图：

① 画出异径三通管的主、左视图，求得相贯线的投影（作图：在主、左视图上在直立小圆筒的上方画半圆并 12 等分，然后求得相贯线）

② 画出直立小圆管上端面圆周的展开线 $AB=\pi d$，并 12 等分，再从各等分点作垂线，然后在各垂线上分别量取其对应素线的长度，得Ⅰ、Ⅱ、Ⅲ、Ⅳ、…点，最后依次连成光滑曲线即得小圆管的展开图

③ 实际生产中，常将小圆管放样，弯成圆管后，放在大圆管上划线开口，然后把两圆管焊接制成

【例 3.1-18】 异径交叉三通管

展开实例

提示：

异径交叉三通管——平行线法相贯线为空间曲线。由于两圆筒的各素线平行，且在主视图中反映实长，故采用“平行线法”

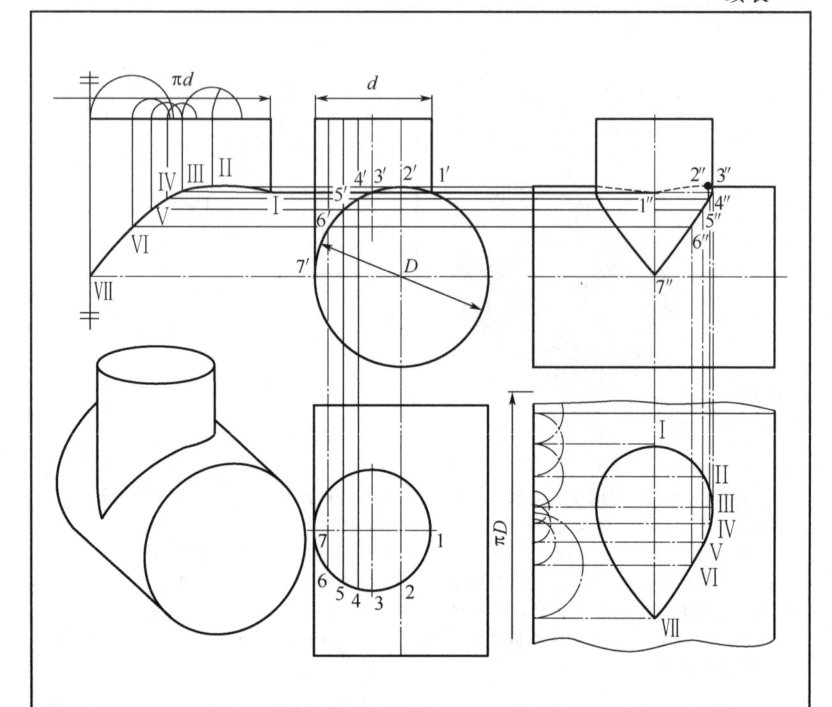

展开作图：(平行线法)

① 画出异径交叉三通管的主、左、俯视图，求得相贯线的投影（作图：在主、左视图上，将偏交直立小圆筒的圆周采取适当等分（为作图精确，图中将1′-3′平分得到2′；将3′-7′四等分，得到4′、5′、6′），然后画出平行素线，求得相贯点1′、2′、3′、4′、5′、6′、7′）

② 画出偏交直立小圆管上端面圆周的展开线（长＝πd），并量取各素线的距离，画出相应素线的展开图，再从各相贯点的主视图引水平线，截取对应素线的长度，得Ⅰ、Ⅱ、Ⅲ、Ⅳ、…点，最后依次连成光滑曲线即得小圆管的展开图

③ 画出水平大圆管的展开图：画出大圆管圆周的展开线（长＝πD），并量取各素线的距离，画出相应素线的展开图，再从各相贯点的左视图引垂线，截取对应素线的长度，得Ⅰ、Ⅱ、Ⅲ、Ⅳ、…点，最后依次连成光滑曲线即得大圆管开口的展开图

实际生产中，常将小圆管放样，弯成圆管后，放在大圆管上划线开口，然后把两圆管焊接制成

【例 3. 1-19】 异径斜交三通管

展开实例

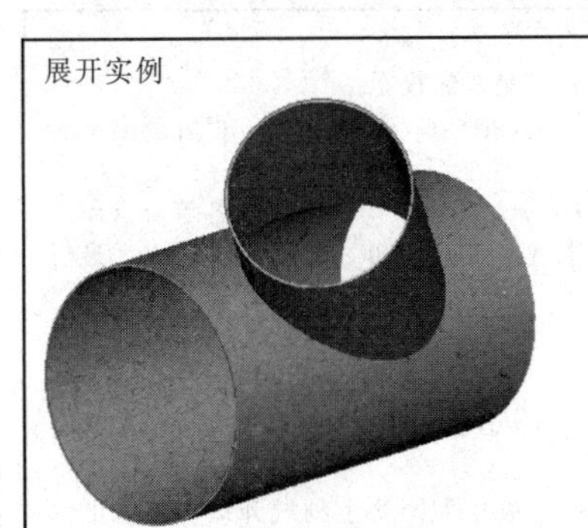

提示：

异径斜交三通管——平行线法相贯线为空间曲线。由于两圆筒的各素线平行，且在主视图中反映实长，故采用“平行线法”

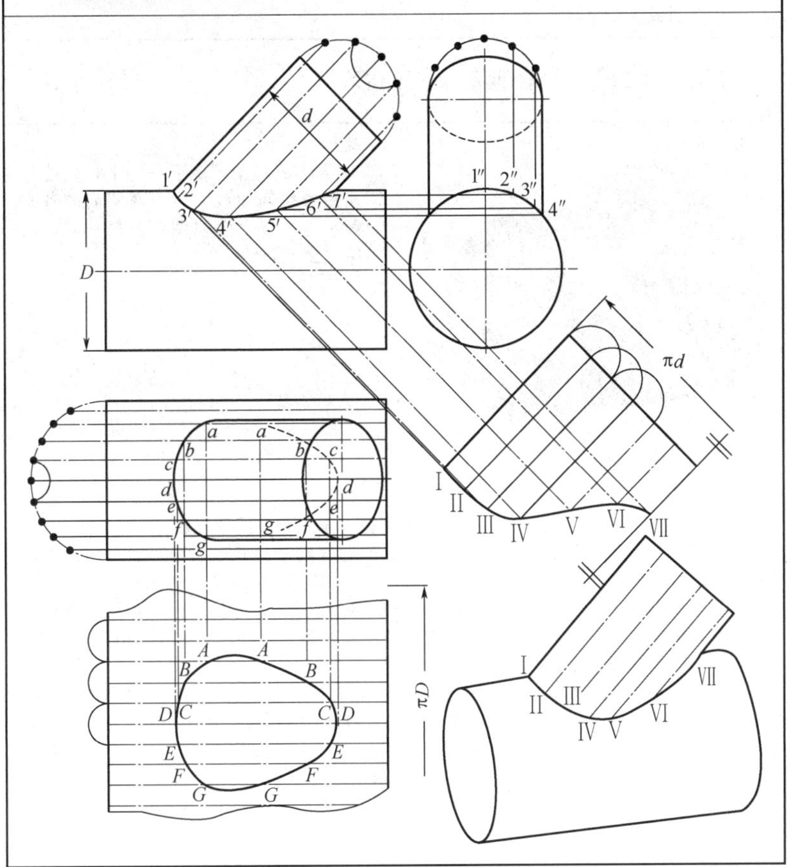

展开作图：(平行线法)

① 画出异径三通管的主、俯、左视图，求得相贯线的投影

(作图：在主、左视图上，将斜立小圆筒的上方画半圆并 6 等分，然后画出平行素线，求得相贯点 1′、2′、3′、4′、5′、6′、7′)

② 画出斜立小圆管上端面圆周的展开线 $AB=\pi d$，并 12 等分，再从各等分点作垂线，然后在各垂线上分别量取其对应素线的长度，得Ⅰ、Ⅱ、Ⅲ、Ⅳ、…点，最后依次连成光滑曲线，即得小圆管的展开图

③ 画出水平大圆管的展开图：由于大圆管只有部分素线参与相贯，为精确作图，可将大圆管圆周长进行 24 等分，作出 24 条素线与相贯线相交，得到 a、b、c、d、e、f、g 等交点；在展开图中找到相应的交点 A、B、C、D、E、F、G；依次光滑连点

实际生产中，常将小圆管放样，弯成圆管后，放在大圆管上划线开口，然后把两圆管焊接制成

【例 3.1-20】 异径偏斜交三通管

展开实例

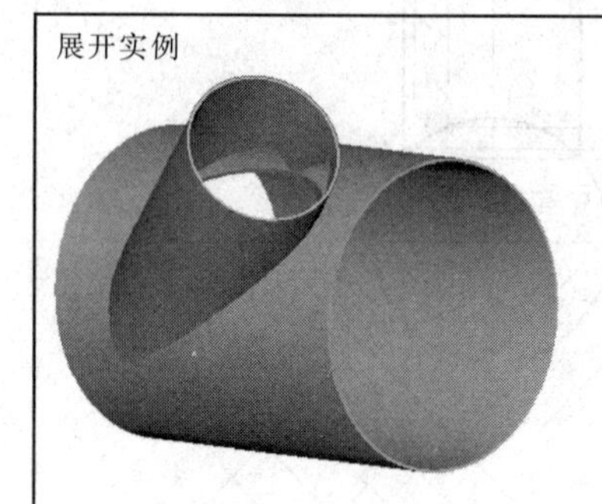

提示：

异径偏斜交三通管——平行线法相贯线为空间曲线。由于两圆筒的各素线平行，且在主视图中反映实长，故采用“平行线法”

展开作图：(平行线法)

① 画出异径偏斜交三通管的主、俯、左视图，求得相贯线的投影

(作图：在主、左视图上，将斜立小圆筒的上方画半圆并 6 等分，然后画出平行素线，求得 12 个相贯点 1′、2′、3′、4′、5′、6′、7′、…、12′)

② 画出斜立小圆管上端面圆周的展开线长＝πd，并 12 等分，再从各等分点作垂线，然后在各垂线上分别量取其对应素线的长度，得Ⅰ、Ⅱ、Ⅲ、Ⅳ、…、Ⅻ等点，最后依次连成光滑曲线即得小圆管的展开图

③ 画出水平大圆管的展开图：由于大圆管只有部分素线参与相贯，为精确作图，可先画出完整大圆管的展开图——矩形（长＝πD）；以接缝ⅠⅦ素线为中心，对称画出对应的素线（注意，为使相贯点对应，各素线间距＝$\pi d/12$）；在展开图中找到相应的交点Ⅰ、Ⅱ、Ⅲ、Ⅳ、…、Ⅻ；依次光滑连点

实际生产中，常将小圆管放样，弯成圆管后，放在大圆管上划线开口，然后把两圆管焊接制成

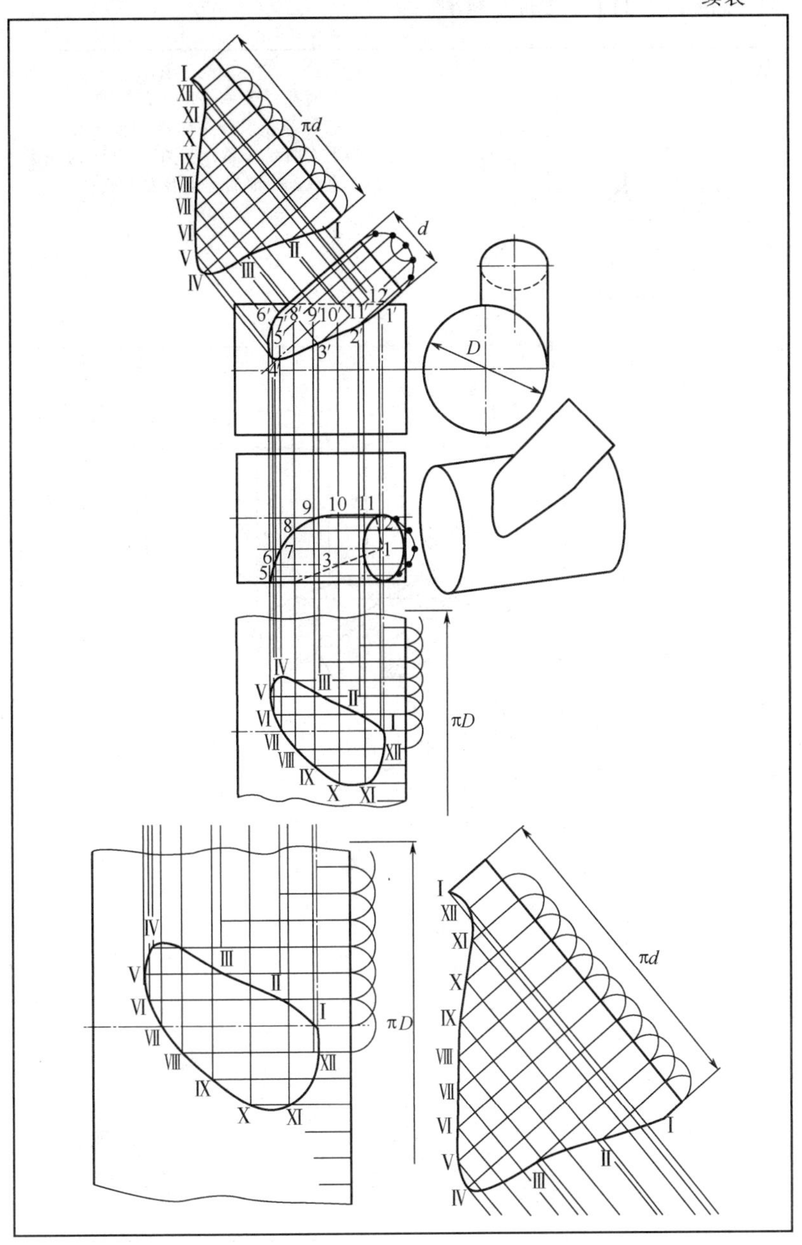
I
XII
XI
X
IX
VIII
VII
VI
V
IV
πd
I
II
III
d
6′
7′
8′
9′
10′
11′
12
1′
5′
2′
3′
4′
D
9
10
11
8
2
7
1
6
3
5
IV
III
V
II
VI
I
VII
XII
VIII
IX
X
XI
πD

【例 3.1-21】 三通补料管

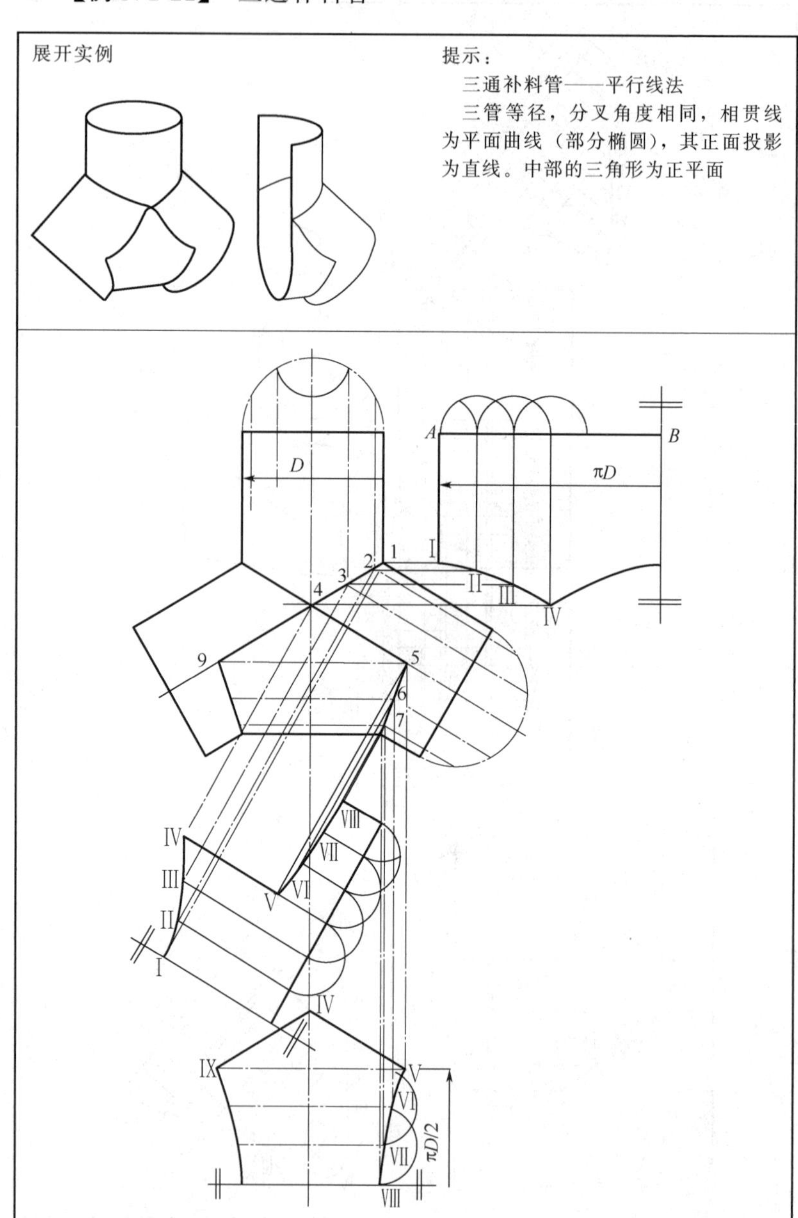

提示：

三通补料管——平行线法

三管等径，分叉角度相同，相贯线为平面曲线（部分椭圆），其正面投影为直线。中部的三角形为正平面

续表

展开作图：(平行线法)

① 三通补料管——平行线法

三管等径，分叉角度相同，相贯线为平面曲线（部分椭圆），其正面投影为直线。中部的三角形为正平面（正面投影△459反映实形）。

相贯线分为两部分；将圆采取适当等分（图中采取12等分），求出各素线的相贯点：上面1—2—3—4和下面5—6—7—8

② 画竖圆管的展开图：引水平线$AB=\pi D$，并12等分，再从各等分点作垂线，然后在各垂线上分别量取其对应素线的长度，得Ⅰ、Ⅱ、Ⅲ、Ⅳ、…点，最后依次连成光滑曲线即得竖圆管的展开图

③ 画出两侧圆管的展开图：由于大圆管只有部分素线参与相贯，为精确作图，可将大圆管圆周长进行24等分，作出24条素线与相贯线相交，得到a、b、c、d、e、f、g等交点；在展开图中找到相应的交点A、B、C、D、E、F、G；依次光滑连点

实际生产中，常将小圆管放样，弯成圆管后，放在大圆管上划线开口，然后把两圆管焊接制成

【例3.1-22】 等径圆柱管斜交圆管

展开实例

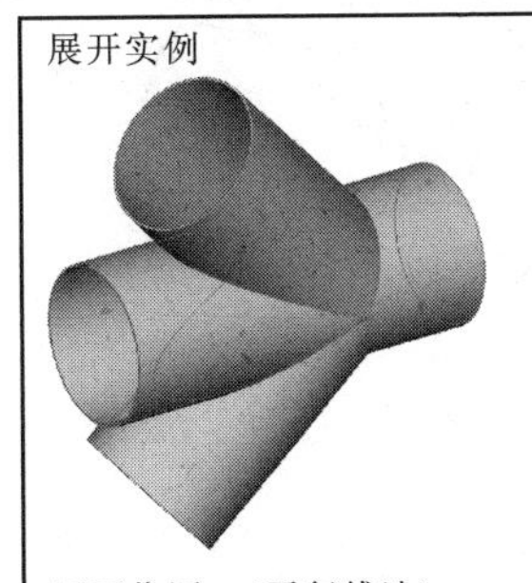

提示：

等径圆柱管斜交圆管——平行线法

等径圆柱管斜交圆管四通管，各素线均平行于正面投影面，运用“平行线法”绘制展开图较好。等径圆柱相贯，其相贯线为平面曲线——椭圆，其正面投影为直线

展开作图：(平行线法)

等径圆柱管斜交圆管四通管，各素线均平行于正面投影面，运用“平行线法”绘制展开图较好。等径圆柱相贯，其相贯线为平面曲线——椭圆，其正面投影为直线

① 画出等径圆柱管斜交圆管四通管的主、俯、左视图，求得相贯线的投影

（作图：如图所示，相贯线的主视图为四段直线段、左视图为圆、俯视图为封闭曲线。将斜圆筒的主视图上方画半圆并6等分，然后画出平行素线，求得相贯点1′、2′、3′、4′、5′、6′、7′）

② 画出斜圆管上端面圆周的展开线（长$=\pi D$），并12等分，再从各等分点作出12条素线；然后在各素线上分别量取其对应素线的长度，得Ⅰ、Ⅱ、Ⅲ、Ⅳ、…点，最后依次连成光滑曲线即得斜圆管的展开图

③ 画出水平圆管的展开图：同理，作出水平圆管的12条素线与相贯线相交，得到相贯点1′、2′、3′、4′、5′、6′、7′；画出水平圆管左端面圆周的展开线（长$=\pi D$），并12等分，再从各等分点作出12条素线；然后在各素线上分别量取其对应素线的长度，得Ⅰ、Ⅱ、Ⅲ、Ⅳ、…点，最后依次连成光滑曲线即得水平圆管开口的展开图

实际生产中，常将斜圆管放样，弯成圆管后，放在水平圆管上划线开口，然后把三圆管焊接制成

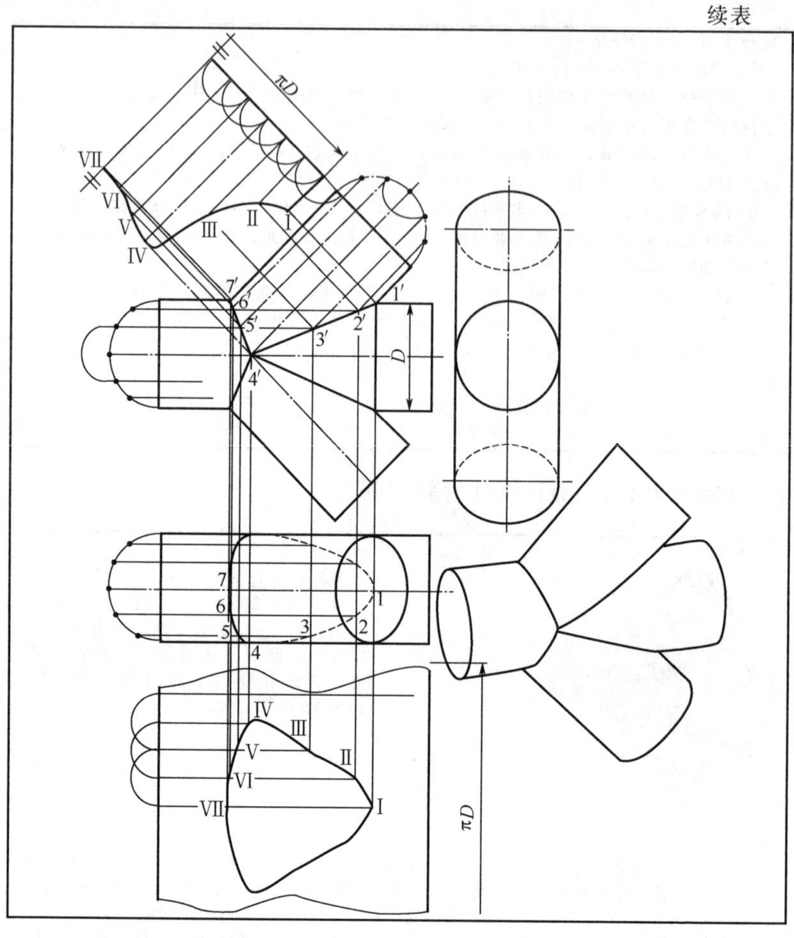

【例 3. 1-23】 异径分叉四通管

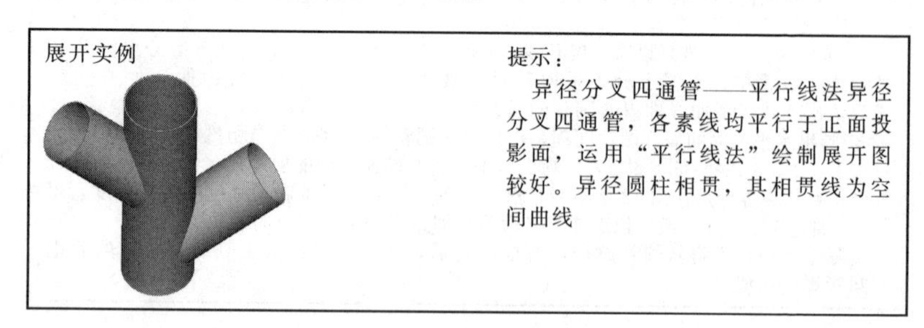

展开实例

提示：

异径分叉四通管——平行线法异径分叉四通管，各素线均平行于正面投影面，运用“平行线法”绘制展开图较好。异径圆柱相贯，其相贯线为空间曲线

续表

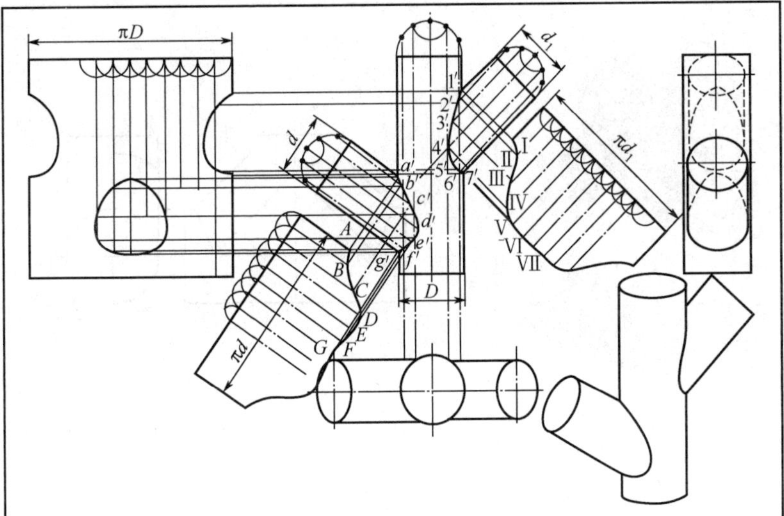

展开作图：（平行线法）

异径分叉四通管，各素线均平行于正面投影面，运用“平行线法”绘制展开图较好。异径圆柱相贯，其相贯线为空间曲线。

① 画出异径分叉四通管的主、俯、左视图，求得相贯线的投影

（作图：如图所示，将三个圆筒的主视图上方画半圆并 6 等分，然后画出平行素线，求得相贯点 1′、2′、3′、4′、5′、6′、7′及 a'、b'、c'、d'、e'、f'、g'。为清楚起见，竖直大圆管的相贯点未标出，读者可自行标明）

② 画出三个圆管的展开线（长＝πD、πd、πd_1），并 12 等分，再从各等分点各作出 12 条素线；然后在各素线上分别量取其对应素线的长度，得Ⅰ、Ⅱ、Ⅲ、Ⅳ、…；A、B、C、D、E、F、G 等点，最后依次连成光滑曲线即得三圆管的展开图

实际生产中，常将斜圆管放样，弯成圆管后，放在竖直大圆管上划线开口，然后把三圆管焊接制成

【例 3.1-24】 补料等径正三通管

展开实例

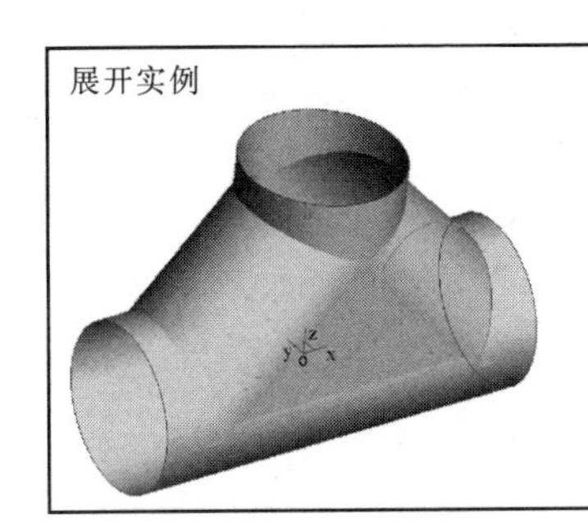

提示：

补料等径正三通管——平行线法

补料等径正三通管，各素线均平行于正面投影面，运用“平行线法”绘制展开图较好

续表

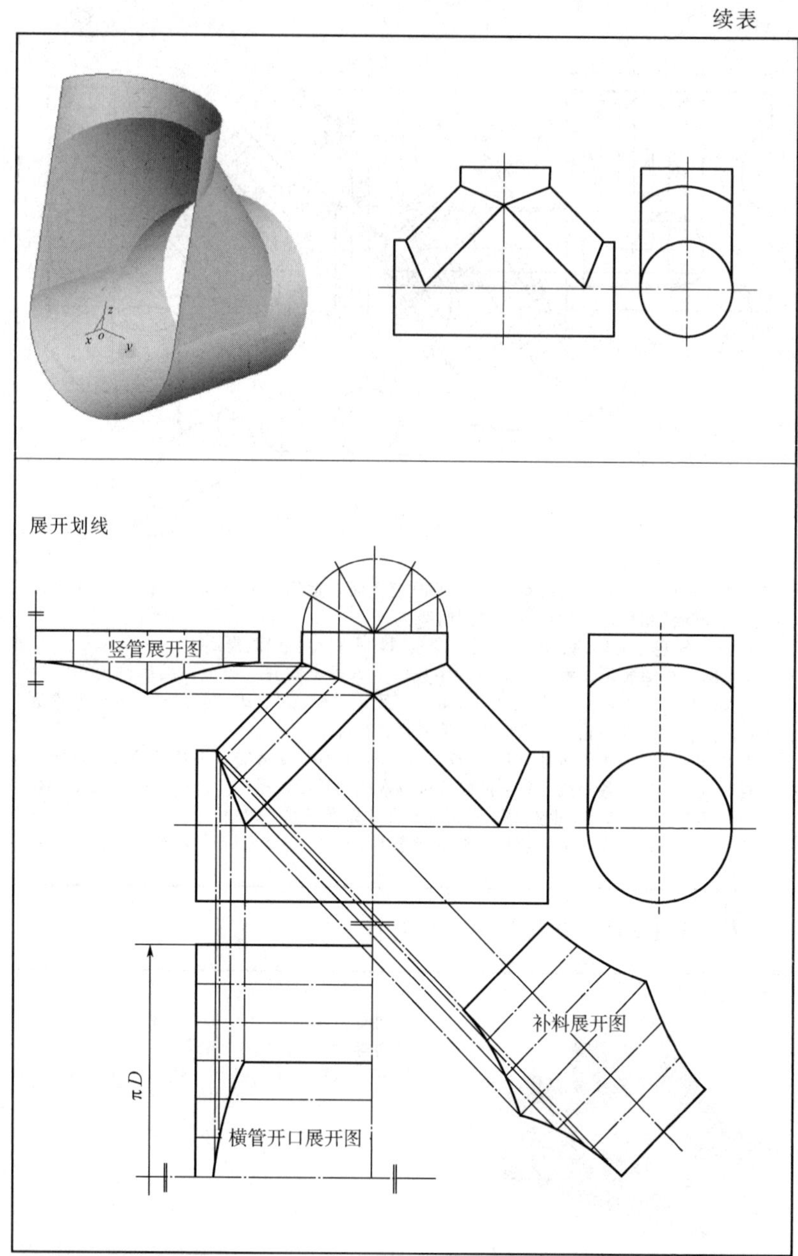

续表

展开作图：（平行线法） ① 画出补料等径正三通管的主、左视图，求得相贯线的投影 （作图：在竖圆筒的主视图上方画半圆并 6 等分，然后画出平行素线，求得相贯点，如图所示） ② 画出等径圆管的展开线（长$=\pi D$），并 12 等分，再从各等分点各作出 12 条素线；然后在各素线上分别量取其对应素线的截断点，最后依次连成光滑曲线即得横、竖及补料圆管的展开图

二、放射线展开法及实训

原理：圆锥曲表面各素线汇交于锥顶成放射线，展开后为扇形，扇形的圆弧长＝圆锥底圆的圆周长，扇形的半径＝圆锥的素线长。

适用范围：棱锥和圆锥类型的平面、曲面的展开。

画法：将实体表面划分成若干曲面三角形，求出各素线的实长，间接获得各曲面三角形的实形，再逐次画出展开图。

【例 3.2-1】 正圆锥台——表面展开

展开实例 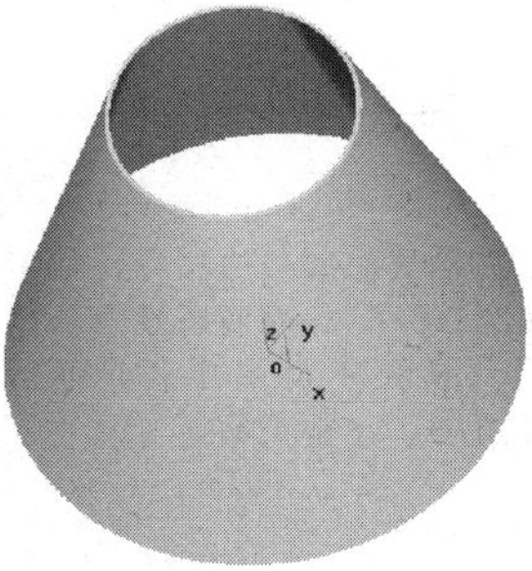	提示："放射线法"适用于棱锥和圆锥类型的制件展开，由于该类立体表面的棱线和素线汇交于锥顶成放射线状，故采用放射线法画展开图较方便，展开后的图形如扇形图所示

续表

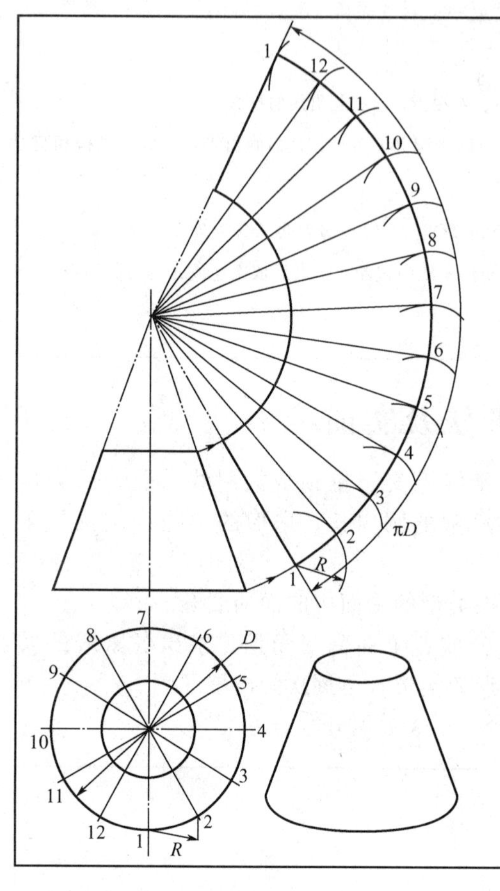	视图分析：正圆锥台的主、俯视图中，最左、最右两条素线在主视图中反映实长，但所有素线相等。顶、底圆在俯视图中反映实形 方法：① 按放射线展开法原理，画一扇形 ② 可用计算法算出扇形周长为 πD 展开划线： 方法1：计算法 ① 以锥顶为圆心画两圆弧，在大圆弧上截取弧长 $=\pi D$ ② 通过锥顶画两射线，长度等于素线实长 方法2：图解法 ① 以锥顶为圆心画两圆弧 ② 通过锥顶画两射线，长度等于素线实长。 ③ 将俯视图中的大圆分成适当等份（根据精度要求确定，一般采取12等分） ④ 以1、2弦长为半径，在大圆弧上截取12份，近似确定大圆弧实长 ⑤ 由锥顶画射线段，完成展开图

【例 3.2-2】 正四棱锥罩

展开实例 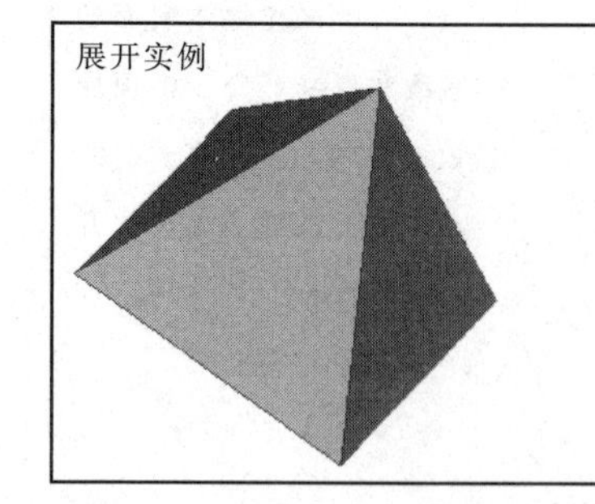	提示： 正四棱锥罩——（放射线法） 正四棱锥罩底面四条边相等，且俯视图反映实长（L）；而四条棱线虽然相等，但其投影不反映实长，可用“直角三角形法”求得实长

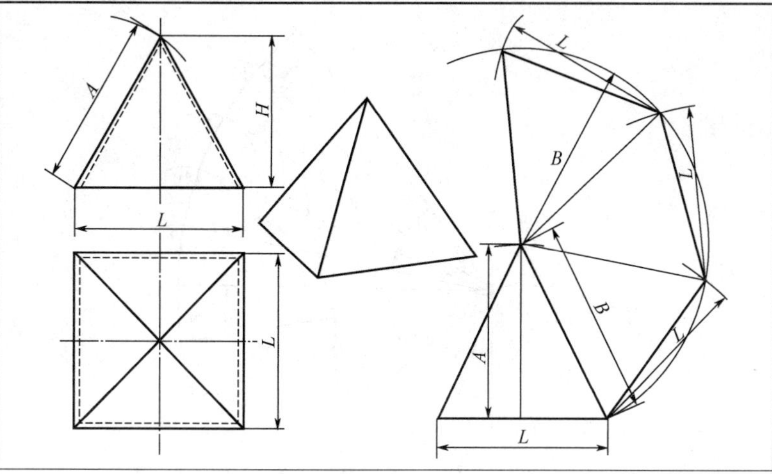

展开作图：（放射线法）

分析构件主、俯视图：正四棱锥罩底面四条边相等，且俯视图反映实长（L）；而四条棱线虽然相等，但其投影不反映实长，可用“直角三角形法”求得实长（作法：以一棱线的正面投影长度 A 为一直角边，以 $L/2$ 为另一直角边，则斜边 B 即为棱线的实长，等腰三角形即为一个棱面的实形）

展开划线

① 画水平线，长度等于 L

② 过该线中点作垂线，A，则斜边 B 为棱线的实长，该等腰三角形即为一个棱面的实形

③ 以棱线的实长 B 为半径画圆弧

④ 再以 L 为半径量取另三个棱面的实形，顺次连线

【例 3. 2-3】 斜切正圆锥管

展开实例

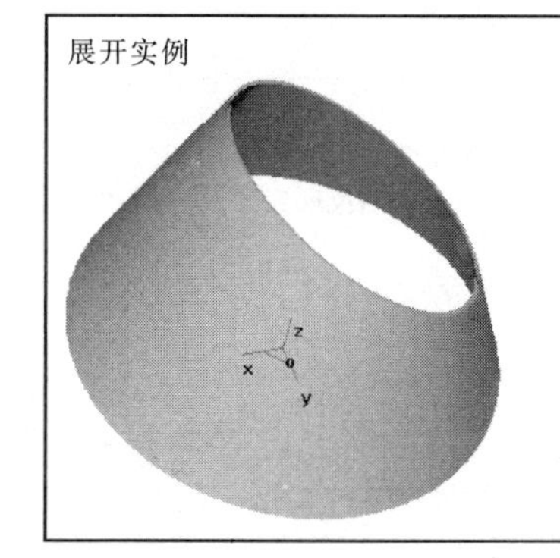

提示：

斜切正圆锥管——放射线法

斜切正圆锥的底面反映实形，但顶面不反映实形；主视图中，最左、最右两条素线反映实长，但其他素线不反映实长（可用“旋转法”求得实长）

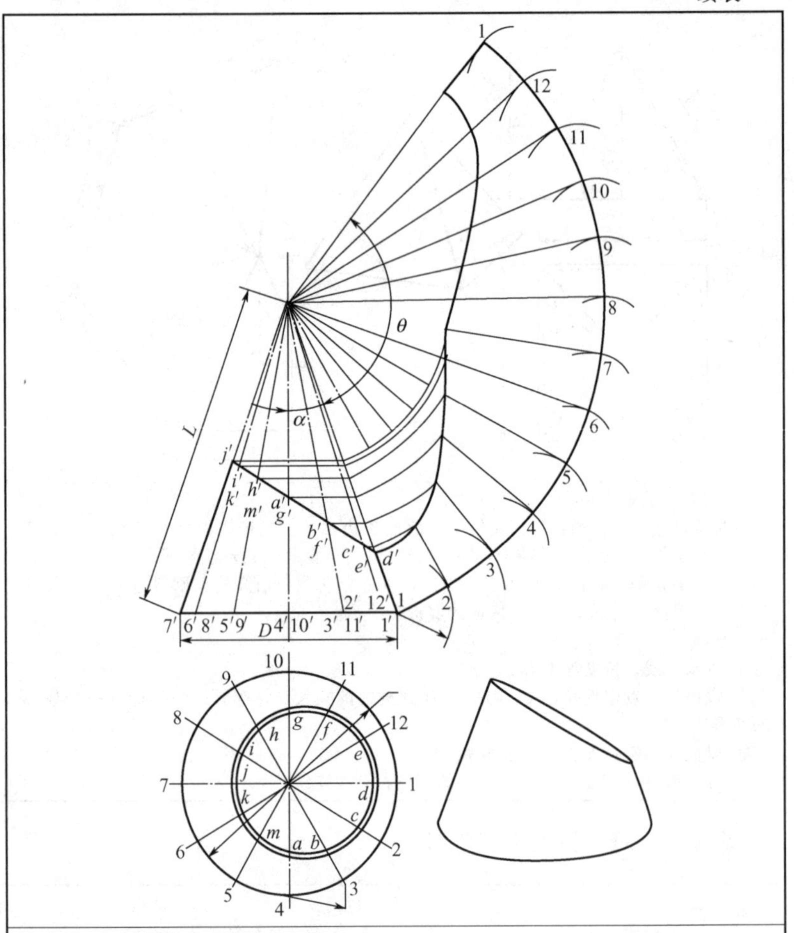

展开作图：（放射线法）

分析构件主、俯视图：俯视图中，斜切正圆锥的底面反映实形，但顶面不反映实形；主视图中，最左、最右两条素线反映实长，但其他素线不反映实长（可用“旋转法”求得实长）

展开划线：

方法 1：计算法

① 以锥顶为圆心，以圆锥素线实长 L 为半径画一扇形，圆心角 $\theta=D/L\times180°$，一般将圆心角 12 等分，画出 12 条射线（即素线）

② 作出适当数量素线的投影（一般先把俯视图中的圆 12 等分，由 12 个等分点投影到主视图上，画出 12 条素线的正面投影，如 $1'd'/2'b'/3'c'\cdots$）

续表

③ 运用“旋转法”求出各素线被截断后线段的实长（可过 $c'/b'/a'$…作水平线与最右素线，相交即得） ④ 以锥顶为圆心，以各素线被截掉的那段实长为半径画圆弧，与扇形中相应的射线相交 ⑤ 把各交点依次连成光滑曲线。 方法 2：图解法 ① 以锥顶为圆心，以圆锥素线实长 L 为半径画一弧 ② 把俯视图中的圆 12 等分，由 12 个等分点投影到主视图上，画出 12 条素线的正面投影（如 1′d′/2′b′/3′c′…） ③ 将俯视图中的大圆分成适当等份（根据精度要求确定，一般采取 12 等分） ④ 以 12 弦长为半径，在大圆弧上截取 12 份，近似确定大圆弧周长 ⑤ 由锥顶画射线段，完成扇形图 ⑥ 运用旋转法求出各素线被截断后线段的实长（可过 $c'/b'/a'$…作水平线与最右素线，相交即得；因为最右素线反映了各素线的实长） ⑦ 以锥顶为圆心，以各素线被截断后，线段实长为半径画圆弧，与扇形中相应的射线相交 ⑧ 把各交点依次连成光滑曲线

【例 3.2-4】 斜圆锥

展开实例 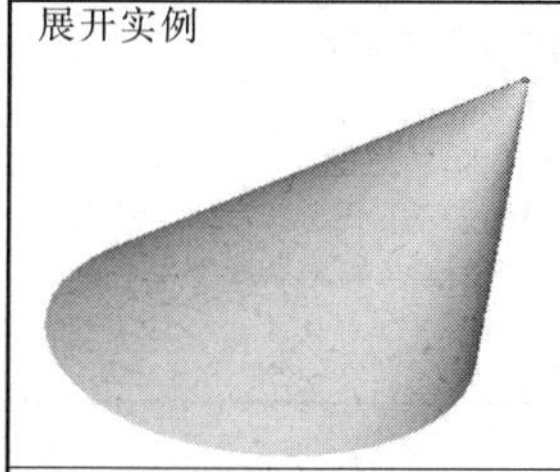	提示： 斜椭圆锥——放射线法 其底面反映实形，主视图中，最左、最右两条素线反映实长，但其他素线不反映实长（可用“旋转法”求得实长）
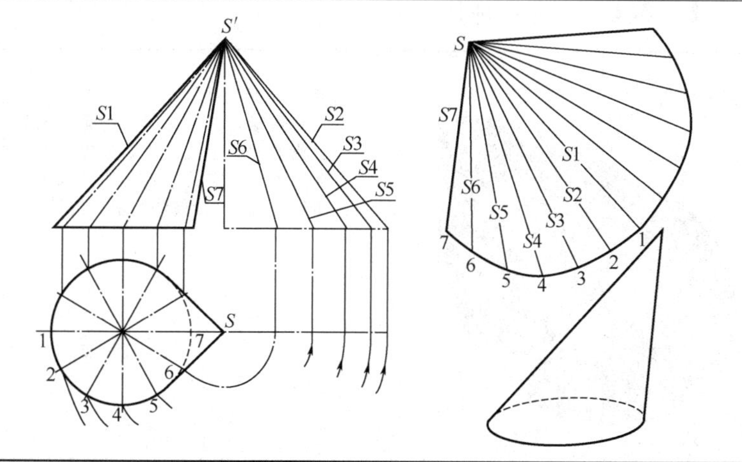 	

续表

展开作图：(放射线法)

分析构件主、俯视图：俯视图中，斜圆锥的底面反映实形，主视图中，最左、最右两条素线反映实长，但其他素线不反映实长（可用“旋转法”求得实长）

展开划线：

方法 1：计算法

① 以锥顶为圆心，以圆锥素线实长 L 为半径画一扇形，圆心角 $\theta=D/L\times180°$，一般将圆心角 12 等分，画出 12 条射线（即素线）

② 作出适当数量素线的投影（一般先把俯视图中的圆 12 等分，由 12 个等分点投影到主视图上，画出 12 条素线的正面投影）

③ 运用“旋转法”求出各素线的实长（可在俯视图中，以 s 为圆心，分别以 $s6/s5/s4/s3/s2$ 为半径，画圆弧，与主视图“长对正”，求得实长 $S6/S5/S4/S3/S2$）

④ 以锥顶为圆心，以各素线实长为半径画圆弧，与扇形中相应的射线相交

⑤ 把各交点依次连成光滑曲线。

方法 2：图解法

① 以锥顶为圆心，以圆锥的最左素线实长 $S1$ 为半径画一扇形（圆弧）

② 把俯视图中的圆 12 等分，由 12 个等分点投影到主视图上，画出 12 条素线的正面投影（如 $1'd'/2'b'/3'c'\cdots$）

③ 将俯视图中的大圆分成适当等分（根据精度要求而定，一般采取 12 等分）

④ 以 12 弦长为半径，在大圆弧上截取 12 分，近似确定大圆弧周长

⑤ 由锥顶画射线段，完成扇形图

⑥ 运用“旋转法”求出各素线的实长（可在俯视图中，以 s 为圆心，分别以 $s6/s5/s4/s3/s2$ 为半径，画圆弧，与主视图“长对正”，求得实长 $S6/S5/S4/S3/S2$）。

⑦ 以锥顶 S 为圆心，以各素线实长截取扇形中相应射线长度（如图所示）

⑧ 把各交点依次连成光滑曲线。

【例 3.2-5】 斜圆锥台

展开实例

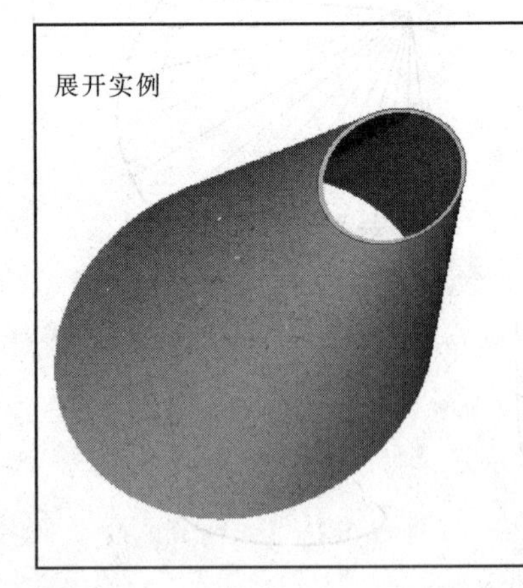

提示：(放射线法)

斜圆锥台——其顶、底面的俯视图反映实形，主视图中，最左、最右两条素线反映实长，但其他素线不反映实长（可用“旋转法”求得实长）

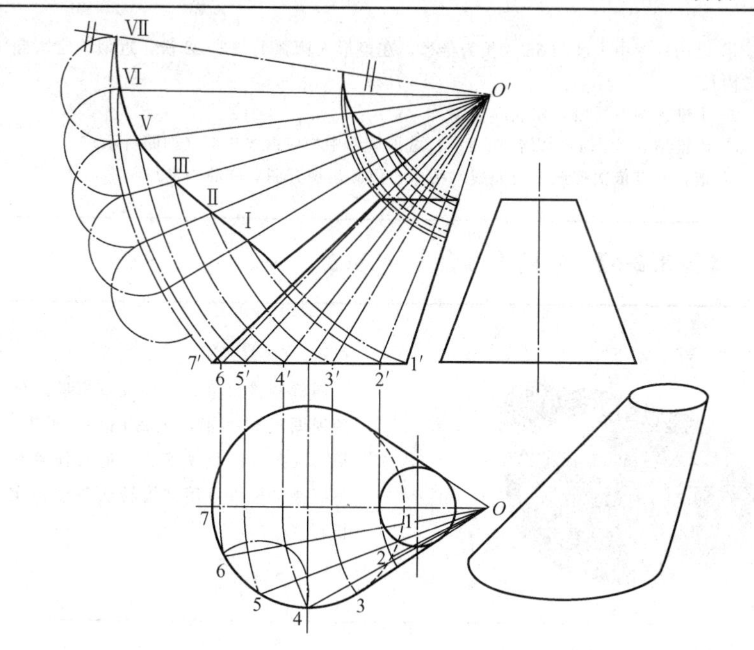

展开作图：(放射线法)

分析构件主、俯视图：俯视图中，其顶、底面反映实形，主视图中，最左、最右两条素线反映实长，但其他素线不反映实长（可用“旋转法”求得实长）

展开划线：

方法 1：计算法

① 以锥顶为圆心，以圆锥素线实长 L 为半径画一扇形，圆心角 $\theta=D/L\times180°$，一般将圆心角 12 等分，画出 12 条射线（即素线）

② 作出适当数量素线的投影（一般先把俯视图中的大圆 12 等分，作出 12 条素线的水平投影，如：$o6/o5/o4/o3/o2$）

③ 运用“旋转法”求出各素线的实长（可在俯视图中，以 o 为圆心，分别以 $o6/o5/o4/o3/o2$ 为半径，画圆弧，与主视图“长对正”，求得实长 $o'6'/o'5'/o'4'/o'3'/o'2'$）

④ 以锥顶 o'为圆心，以各素线实长为半径画圆弧，与扇形中相应的射线相交

⑤ 把各交点依次连成光滑曲线。

方法 2：图解法

① 以锥顶为圆心，以圆锥的最左素线实长 $o'7'$为半径画一扇形大圆弧

② 把俯视图中的大圆 12 等分，作出 12 条素线的水平投影（如：$o6/o5/o4/o3/o2$）

③ 运用“旋转法”求出各素线的实长（可在俯视图中，以 o 为圆心，分别以 $o6/o5/o4/o3/o2$ 为半径，画圆弧，与主视图“长对正”，求得实长 $o'6'/o'5'/o'4'/o'3'/o'2'$）

④ 以俯视图中大圆的56弦长为半径，在扇形大圆弧上截取12份，近似确定大圆弧周长 ⑤ 由锥顶画射线段，完成扇形图 ⑥ 以锥顶 o'为圆心，以各素线实长截取扇形中相应射线长度（如图所示） ⑦ 把各交点依次连成光滑曲线（图中，仅画出展开图对称的一半）

【例 3.2-6】 斜椭圆锥台

<table>
<tr><td>展开实例
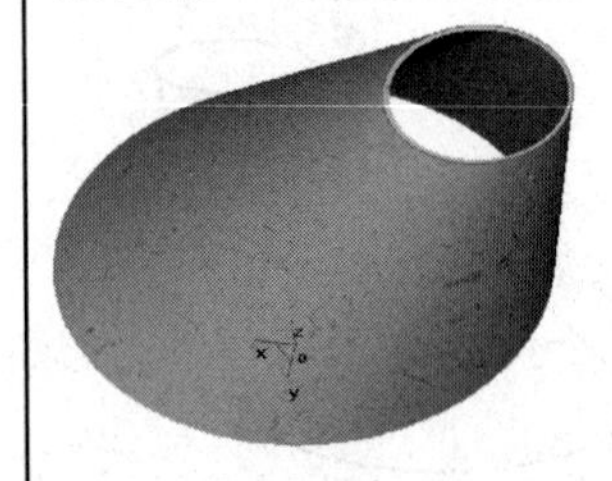</td><td>提示：（放射线法）
斜椭圆锥台其顶、底面（椭圆）的俯视图反映实形，主视图中，最左、最右两条素线反映实长，但其他素线不反映实长（可用“旋转法”求得实长）</td></tr>
<tr><td colspan="2">展开作图：（放射线法）
分析构件主、俯视图：俯视图中，其顶、底面反映实形（椭圆），主视图中，最左、最右两条素线反映实长，但其他素线不反映实长（可用“旋转法”求得实长）
展开划线：
① 以锥顶为圆心，以斜圆锥的最左素线实长 $s'7'_1$为半径画一扇形大圆弧。
② 如图所示，在主视图中，过 $1'$作斜圆锥的正截面投影（是垂直于轴线的线段=正截面圆的直径），进行适当等分（图中采取12等分——仅画出半圆，6等分），作出各条素线的正面投影（如：$s'6'/s'5'/s'4'/s'3'/s'2'$）
③ 运用“旋转法”求出各素线的实长（可在主视图中，分别过 $1'$、$2'$、$3'$、$4'$、$5'$、$6'$以及 $1'_1$、$2'_1$、$3'_1$、$4'_1$、$5'_1$、$6'_1$作垂直于轴线 $s'4'_1$的线段，与反映实长的最左素线 $s'7'$得到相应交点，从而求得各素线实长）
④ 以主视图中，正截面（图中仅画出半圆）的等分圆弧的弦长为半径，在扇形大圆弧上截取相应等分，近似确定扇形圆弧周长
⑤ 由锥顶画射线段，完成完整扇形图
⑥ 以锥顶 s'为圆心，以各素线实长截取扇形中相应射线长度（如图所示）
⑦ 把各交点依次连成光滑曲线（图中，仅画出展开图对称的一半）</td></tr>
</table>

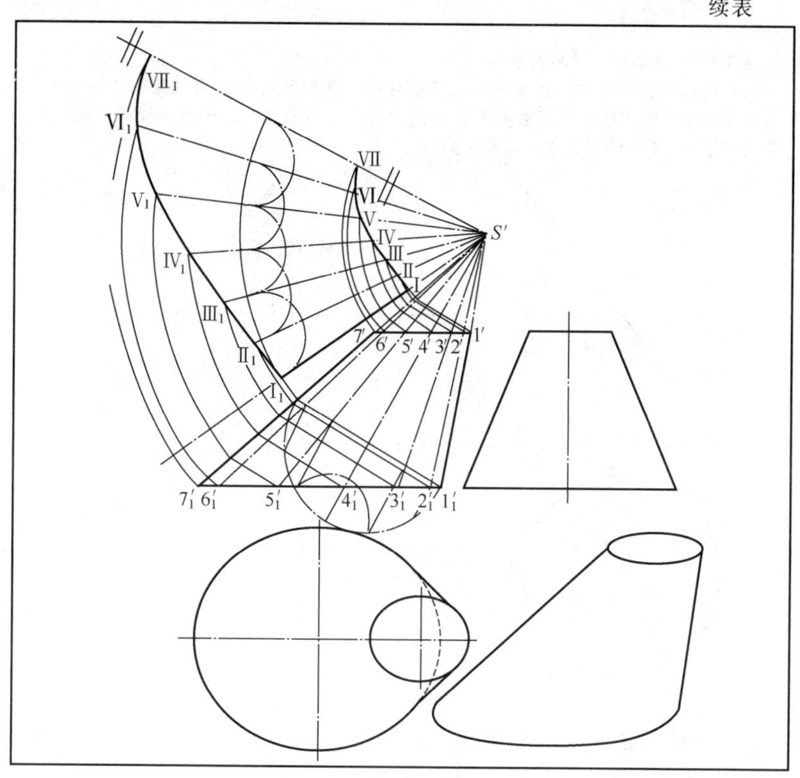

【例 3.2-7】 直角偏心锥管

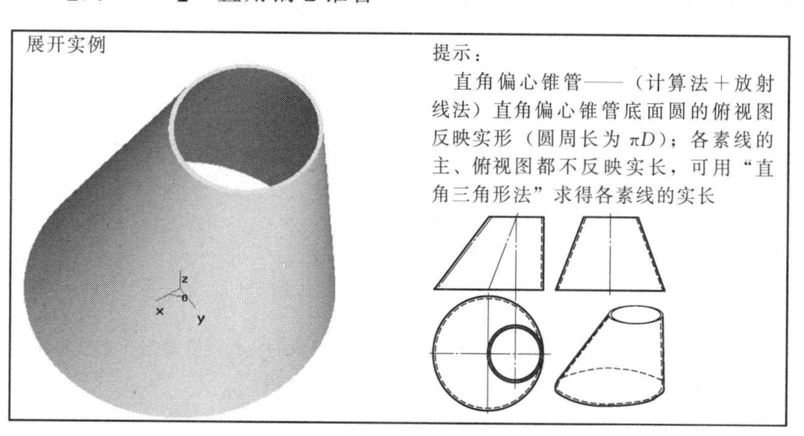

展开实例

提示：

直角偏心锥管——（计算法＋放射线法）直角偏心锥管底面圆的俯视图反映实形（圆周长为 πD）；各素线的主、俯视图都不反映实长，可用“直角三角形法”求得各素线的实长

展开作图：(计算法＋放射线法)

分析构件主、俯视图：直角偏心锥管底面圆的俯视图反映实形（圆周长为 πD）；各素线的主、俯视图都不反映实长，可用“直角三角形法”求得各素线的实长（图中凸显了 $S4$ 素线的实长求法，其余类推）

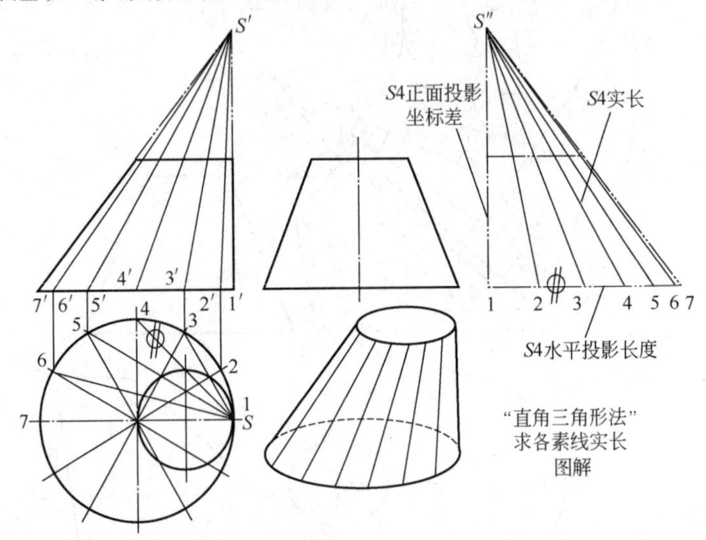

展开划线：

① 以素线 $S7$ 的实长为半径画一扇形，在大圆弧上截取弧长＝πD，进行适当等分（如：12 等分），画出 12 条素线，如图（a）所示

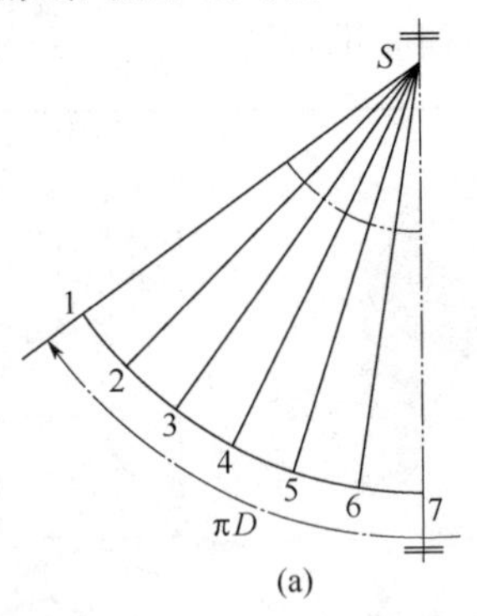

(a)

② 求得各素线的实长，并在展开图上截得相应素线的实长，依次连成光滑曲线，完成展开图。如图（b）所示

续表

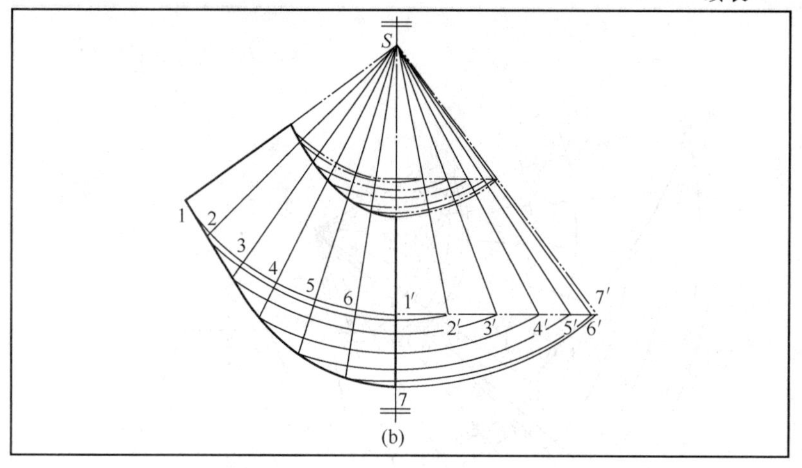

(b)

【例 3. 2-8】 斜椭圆锥台

展开实例

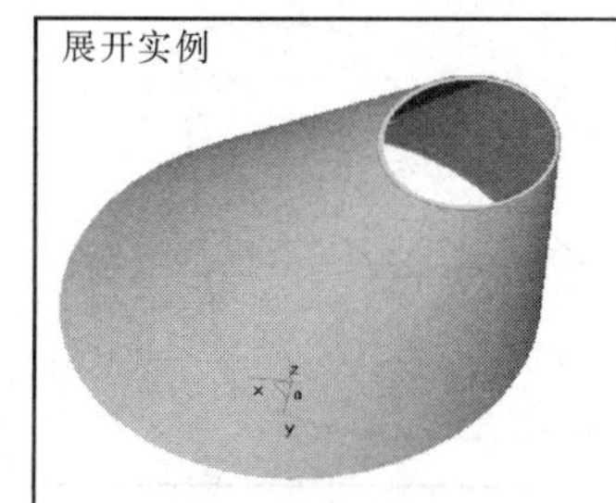

提示：(放射线法)

斜椭圆锥台其顶、底面（椭圆）的俯视图反映实形，主视图中，最左、最右两条素线反映实长，但其他素线不反映实长（可用"旋转法"求得实长）

展开作图：(放射线法)

分析构件主、俯视图：俯视图中，其顶、底面反映实形（椭圆），主视图中，最左、最右两条素线反映实长，但其他素线不反映实长（可用"旋转法"求得实长）

展开划线：

① 以锥顶为圆心，以斜圆锥的最左素线实长 $s'7_1'$为半径画一扇形大圆弧。

② 如图所示，在主视图中，过 1′作斜圆锥的正截面投影（是垂直于轴线的线段＝正截面圆的直径），进行适当等分（图中采取 12 等分——仅画出半圆，6 等分），作出各条素线的正面投影（如：$s'6'/s'5'/s'4'/s'3'/s'2'$）

③ 运用"旋转法"求出各素线的实长（可在主视图中，分别过 1′、2′、3′、4′、5′、6′以及 $1_1'$、$2_1'$、$3_1'$、$4_1'$、$5_1'$、$6_1'$作垂直于轴线 $s'4_1'$的线段，与反映实长的最左素线 $s'7'$得到相应交点，从而求得各素线实长）

④ 以主视图中，正截面（图中仅画出半圆）的等分圆弧的弦长为半径，在扇形大圆弧上截取相应等分，近似确定扇形圆弧周长

⑤ 由锥顶画射线段，完成完整扇形图

⑥ 以锥顶 s'为圆心，以各素线实长截取扇形中相应射线长度（如图所示）

⑦ 把各交点依次连成光滑曲线（图中，仅画出展开图对称的一半）

续表

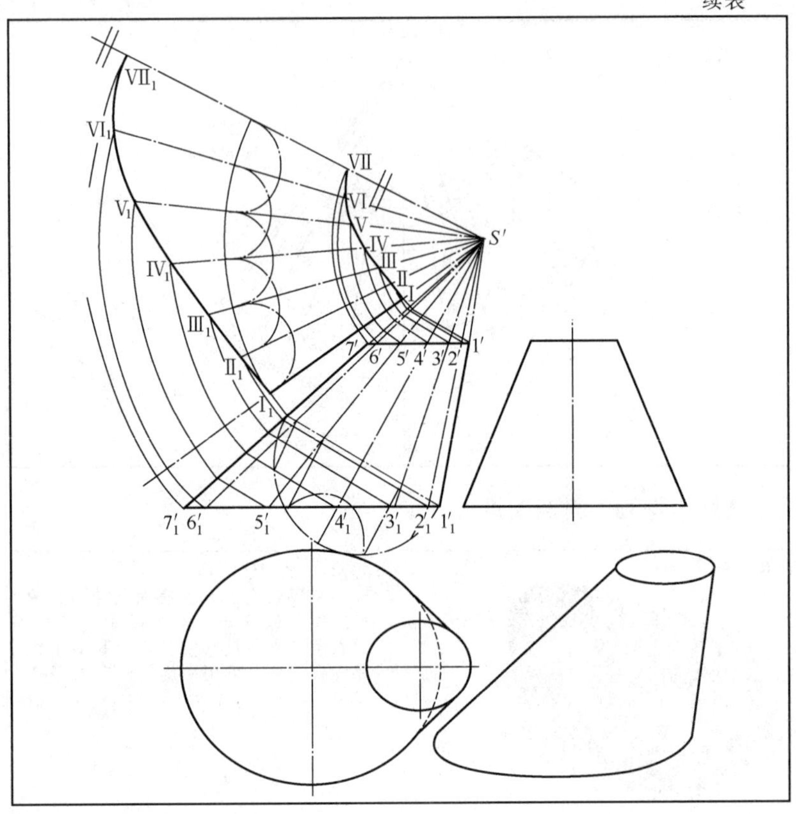

【例 3.2-9】 异径圆接管

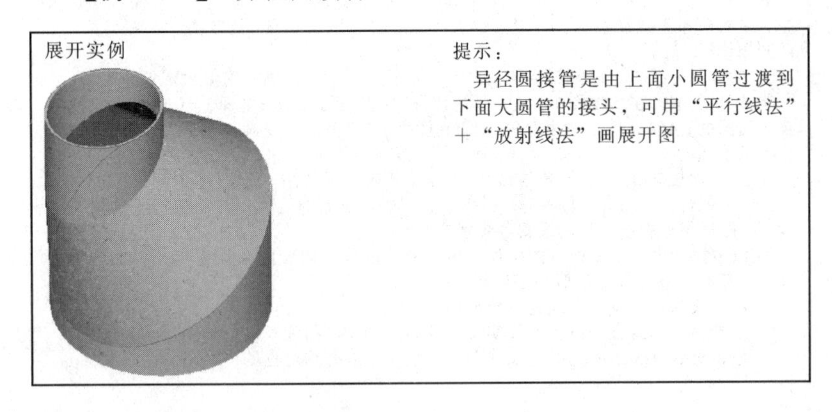

提示：

异径圆接管是由上面小圆管过渡到下面大圆管的接头，可用“平行线法”+“放射线法”画展开图

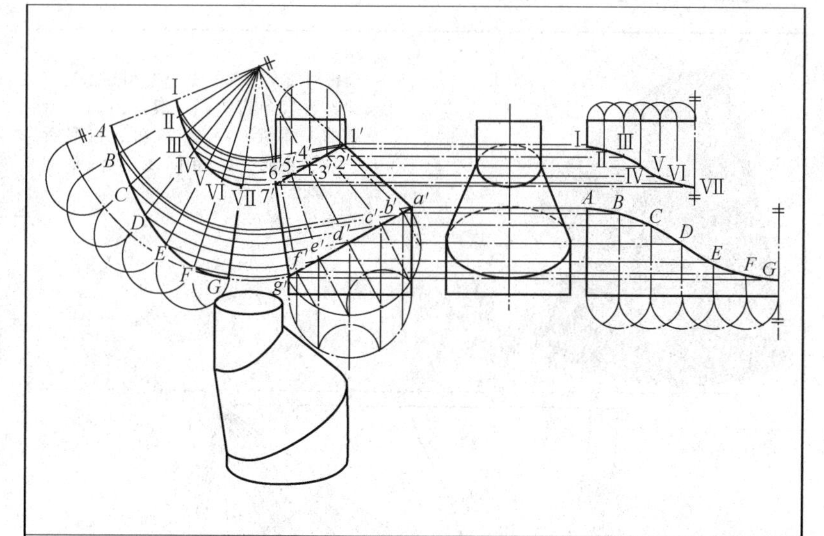

展开作图：(平行线法＋放射线法)

1. 分析构件主、左视图

异径圆接管是由三部分组成（上——小圆管、下——大圆管和中间——过渡圆锥管），大、小圆管被截断的各素线，在主视图中反映实长；中间过渡圆锥管被截断的各素线，可用“旋转法”求得实长

2. 展开划线

(1) 画出大、小圆管的展开图（平行线法）

① 分别画出完整大、小圆管的展开图——矩形（长＝πD、πd）

② 将大、小圆管的底圆采取适当等分（图中采取 12 等分，简化作图——直接在主视图上画半圆，6 等分）

③ 将矩形也划分 12 等份，并截取各素线的实长

④ 用曲线板顺次光滑连点，即得表面的展开图（图中，仅画出了对称的一半展开图）

(2) 画出中间过渡圆锥管的展开图（放射线法）

① 画一扇形（半径＝完整圆锥的素线长；扇形圆弧长＝圆锥底面的圆周长）

② 采用“旋转法”求得各截断素线的实长

③ 在扇形图相应素线上截取截断点

④ 用曲线板顺次光滑连点，即得表面的展开图（图中，仅画出了对称的一半展开图）

【例 3. 2-10】 圆锥管直角弯头

展开实例

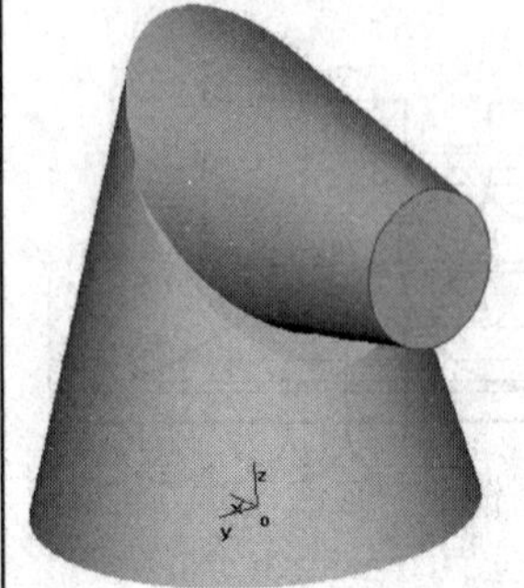

提示：

圆锥管直角弯头——（放射线法）

圆锥管直角弯头，一般是由圆锥台总高的一半处，经 45°斜切后再弯折 90°相贯组成。其相贯线为平面曲线——椭圆

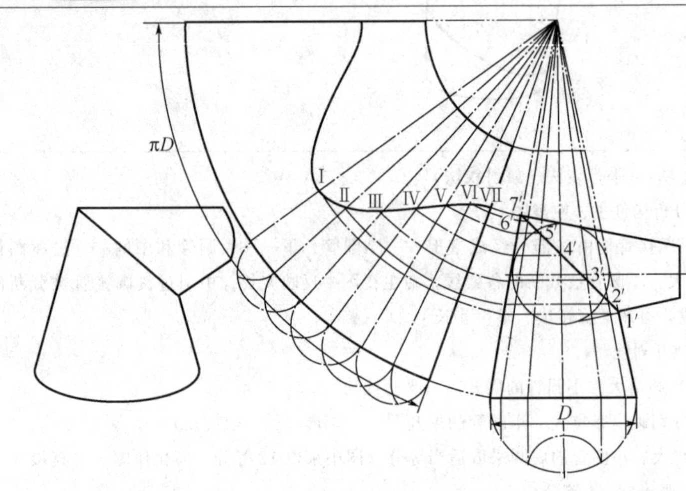

展开作图：（放射线法）

（1）分析构件主视图：圆锥管直角弯头的主视图反映两圆锥的外形投影，由于可作一内公切圆球，故相贯线为平面曲线——椭圆。俯视图不必画出。圆锥表面各素线相等，但只有最左、最右两条素线为正平线，其主视图才反映实长

（2）展开划线：

① 将圆锥左右素线延伸得到锥顶。以锥顶为圆心，以完整圆锥的素线长为半径，画一圆弧（长度$=\pi D$），划分为适当等份（图中，分为 12 等份）

② 同样，将圆锥底圆也划分为适当等份（见图示，简便作图，直接在主视图上画半圆，进行 6 等分），画出相应的素线。根据“旋转法”求得各素线被相贯线截断后的实长

③ 依次找出展开图中各截断点

④ 用曲线板顺次光滑连点，即得表面的展开图（可在同一块板料上画线，分成两节）

【例 3. 2-11】 圆锥管非直角弯头

展开实例

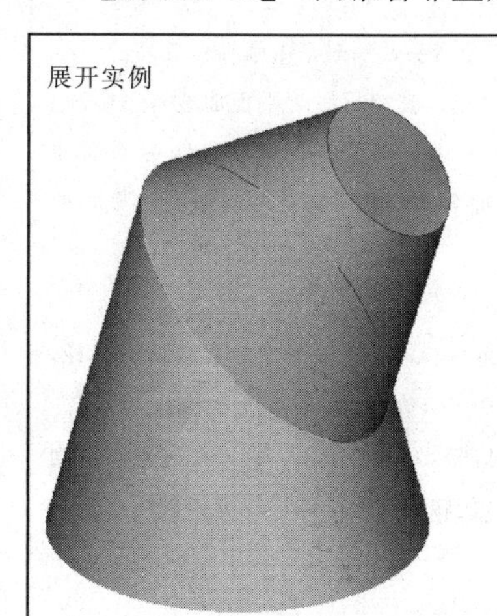

提示：

圆锥管非直角弯头——（放射线法）

圆锥管非直角弯头，一般是由圆锥台总高的一半处，经任意角度斜切后再弯折适当角度相贯组成。其相贯线为平面曲线——椭圆

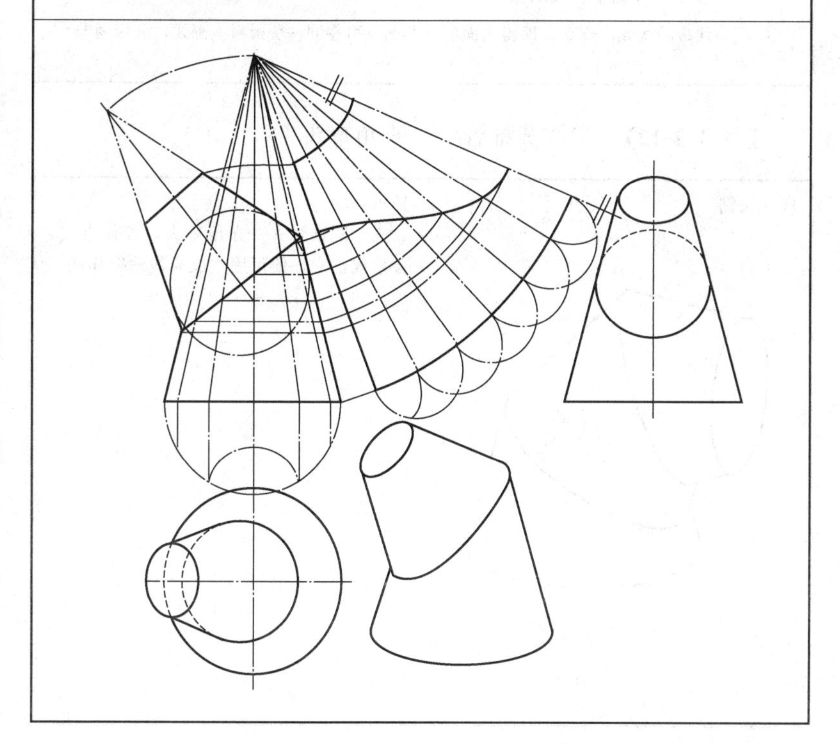

展开作图：(放射线法)

(1) 分析构件主、俯、左视图：圆锥管非直角弯头，一般是由圆锥台总高的一半处，经任意角度斜切后再弯折适当角度相贯组成。其相贯线为平面曲线——椭圆。其主视图反映两圆锥的外形投影，由于可作一内公切圆球，故相贯线为平面曲线——椭圆（俯、左视图不必画出）。圆锥表面各素线相等，但只有最左、最右两条素线为正平线，其主视图才反映实长

(2) 展开划线

① 将圆锥左右素线延伸得到锥顶。以锥顶为圆心，以完整圆锥的素线长为半径，画一圆弧（长度$=\pi D$）；划分为适当等份（图中，分为12等份）

② 同样，将圆锥底圆也划分为适当等份（见图示，简便作图，直接在主视图上画半圆，进行6等分），画出相应的素线。运用“旋转法”求得各素线被相贯线截断后的实长

③ 依次找出展开图中各截断点

④ 用曲线板顺次光滑连点，即得表面的展开图（可在同一块板料上画线，分成两节）

【例 3.2-12】 三节圆锥管——直角弯头

展开实例

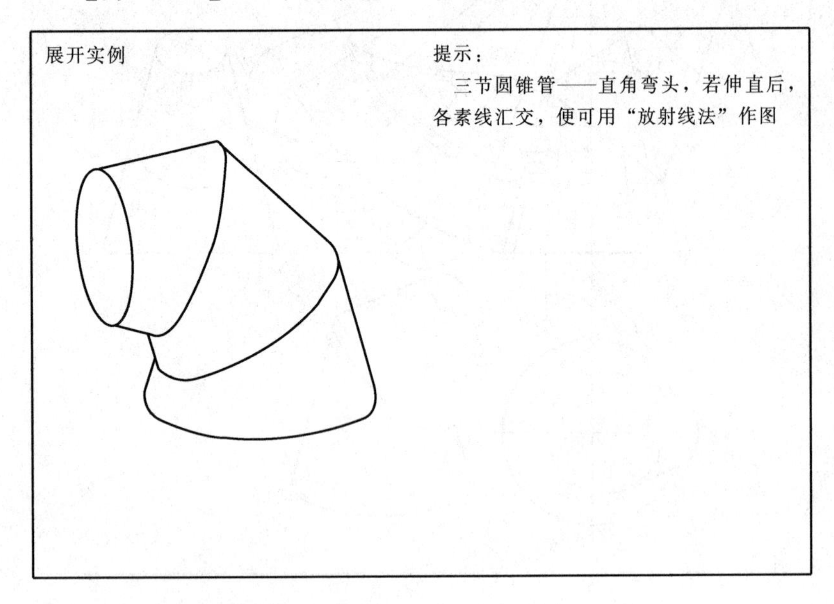

提示：

三节圆锥管——直角弯头，若伸直后，各素线汇交，便可用“放射线法”作图

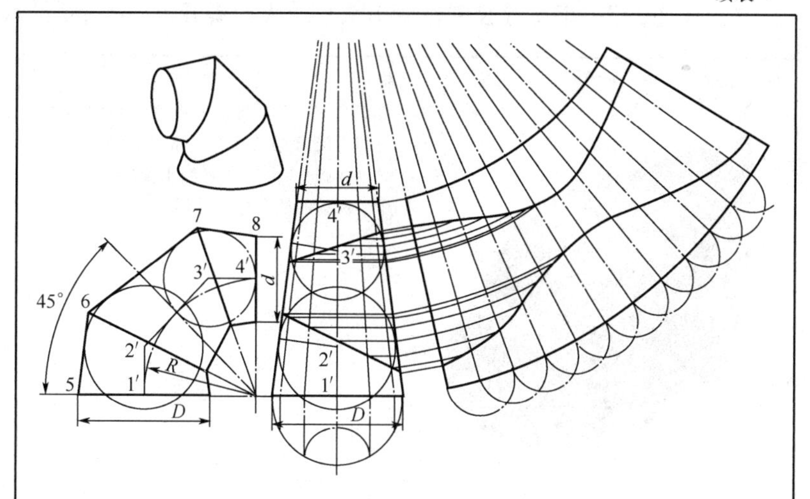

展开作图：(放射线法)

三节圆锥管——直角弯头，若伸直后，各素线汇交，便可用“放射线法”作图

(1) 主视图作图：已知弯头中心半径 R，大小锥口直径 D、d

① 以 R 为半径画 1/4 圆，交直角边于 1′和 4′；以此两点为中点，截得大小锥口直径 D 和 d，过 1′和 4′作 1/4 圆弧的切线 1′2′和 4′3′

② 将 1/4 圆平分找到中点（作直角的平分线），过中点作该圆弧的切线，与 1′2′和 4′3′相交

③ 另画一圆锥台，底圆直径＝D；顶圆直径＝d；圆锥台高度＝1′2′＋2′3′＋3′4′

④ 分别以 2′和 3′为圆心，画两个内切圆

⑤ 将两个内切圆平移到主视图中，作两圆的公切线；再分别过大小锥口的端点 5 和 8，作两圆的切线，得到交点 6 和 7

⑥ 连接 $O6$ 和 $O7$——将直角弯管分成三节

(2) 展开划线

① 一般将底圆分为 12 等份（图中采用简化画法，画一半圆 6 等分），作出 12 条素线的主视图，求得各素线与相贯线的交点。利用“旋转法”求得各素线被相贯线截断后的实长

② 画一圆弧使弧长＝πD；也进行 12 等分，画出 12 条素线；求得相应的交点

③ 用曲线板顺次光滑连点，即得表面展开的样板图

④ 实际展开画线时，是将三节圆锥管相互错开 180°，拼接为整张扇形板，划线下料

【例 3.2-13】 正交等径圆锥管节头——表面展开

展开实例

提示：

正交等径圆锥管节头由两个相同的 45°斜切圆锥管相贯组成。相贯线为平面曲线（椭圆）。由于各素线汇交于顶点，可用“放射线法”展开作图

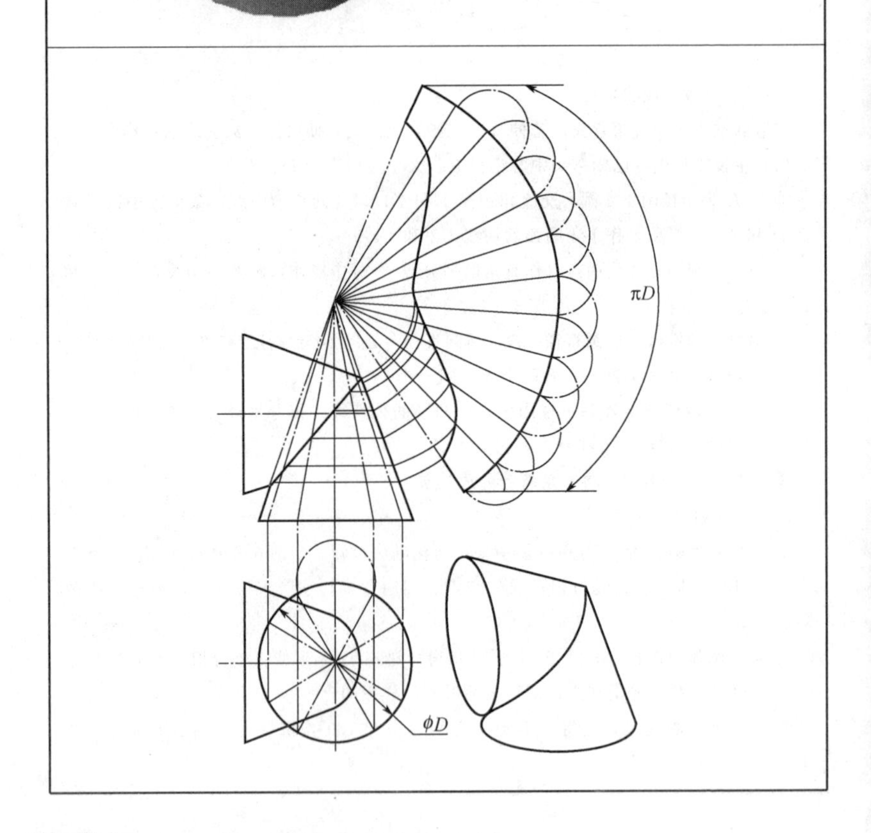

续表

展开作图： 视图分析：正交等径圆锥管接头由两个相同的斜切圆锥管相贯组成。其主视图反映各截断素线的实长。 展开划线：可只画出一个截切圆锥管的展开图 ① 将竖直圆锥管的底面（圆）分成适当等份（根据精度要求采定），一般采取 12 等分（图中，仅画出半个圆，采取 6 等分），对应主视图的 12 条素线 ② 画一扇形，圆周长$=\pi D$，也采取 12 等分，画出 12 条素线的展开图 ③ 截取各截断素线的实长 ④ 光滑连接各截断点，完成斜切圆锥管的展开图

【例 3.2-14】 斜交等径圆锥管节头——表面展开

展开实例	提示：
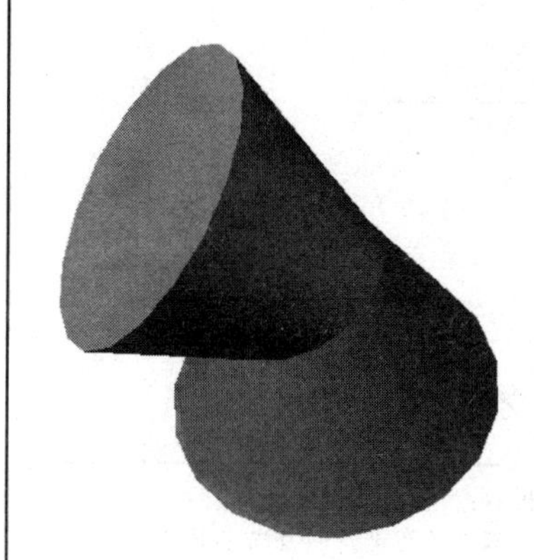	斜交等径圆锥管节头由两个相同的（非 45°）斜切圆锥管相贯组成。相贯线为平面曲线（椭圆）。由于各素线汇交于顶点，可用“放射线法”展开作图
展开作图： 视图分析：斜交等径圆锥管接头由两个相同的（非 45°）斜切圆锥管相贯组成。其主视图反映各截断素线的实长 展开划线：可只画出一个截切圆锥管的展开图 ① 将竖直圆锥管的底面（圆）分成适当等份（根据精度要求而定），一般采取 12 等分（图中，仅画出半个圆，采取 6 等分），对应主视图的 12 条素线 ② 画一扇形，圆周长$=\pi D$，也采取 12 等分，画出 12 条素线的展开图 ③ 截取各截断素线的实长 ④ 光滑连接各截断点，完成斜切圆锥管的展开图	

续表

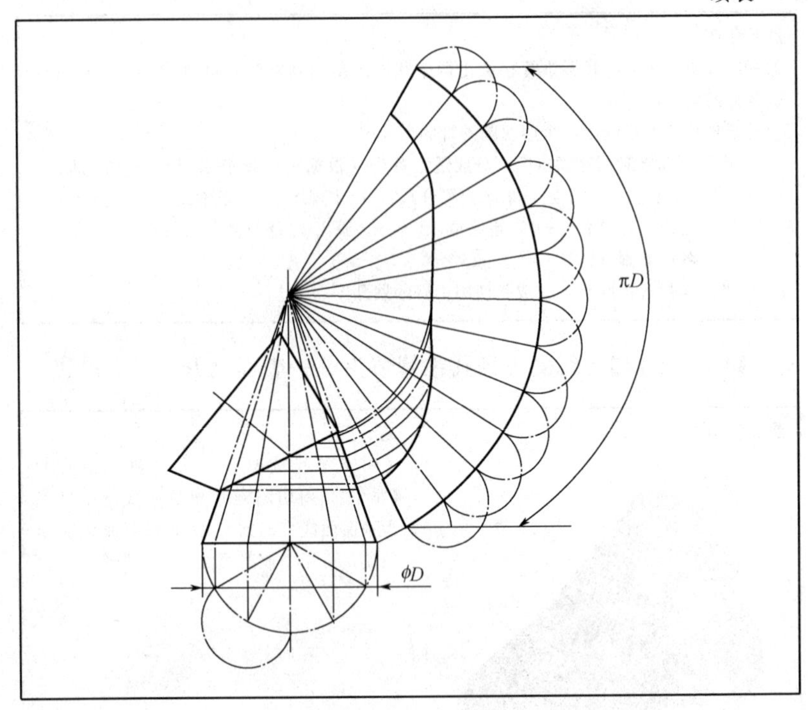

【例 3.2-15】 不等径圆锥管斜交节头——表面展开

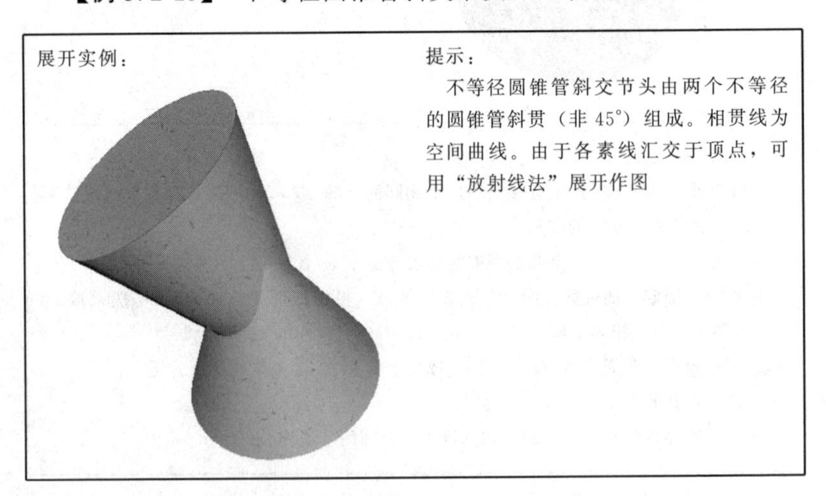

提示：

不等径圆锥管斜交节头由两个不等径的圆锥管斜贯（非 45°）组成。相贯线为空间曲线。由于各素线汇交于顶点，可用“放射线法”展开作图

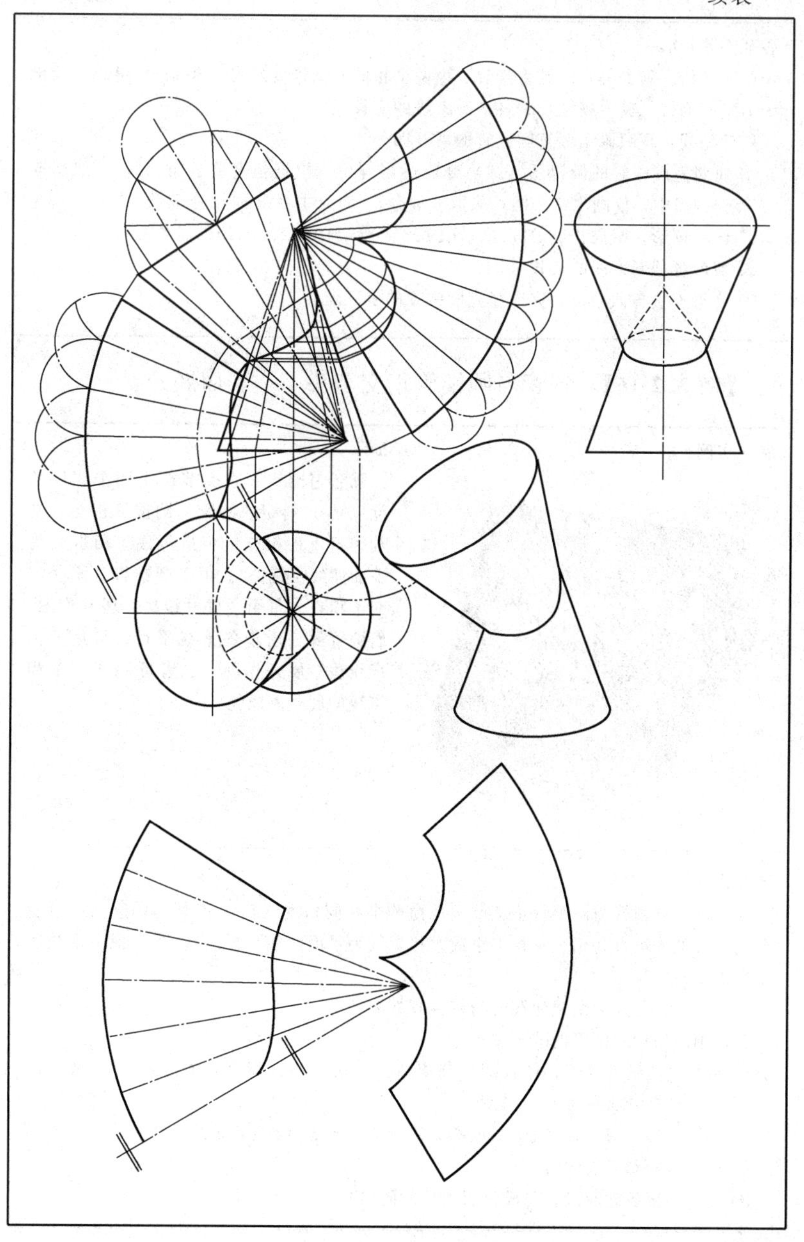

展开作图：

视图分析：斜交等径圆锥管接头，由两个相同的圆锥管斜贯（非 45°）组成。相贯线为空间曲线。其主视图反映各截断素线的实长

展开划线：现只画出竖直圆锥管的展开图

① 将竖直圆锥管的俯视图（圆）分成适当等份（根据精度要求而定），一般采取 12 等分（图中，仅画出半个圆，采取 6 等分），对应主视图的 12 条素线

② 画一扇形，圆周长$=\pi D$；也采取 12 等分，画出 12 条素线的展开图

③ 截取各截断素线的实长

④ 光滑连接各截断点，完成竖直圆锥管的展开图

【例 3.2-16】 圆管与圆锥管正交节头——表面展开

展开实例

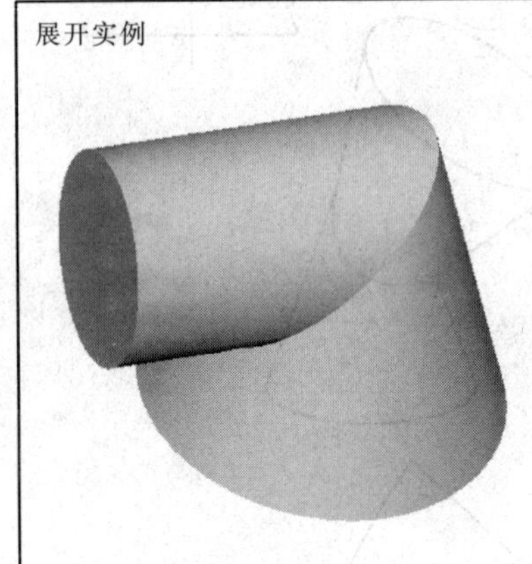

提示：

圆管与圆锥管正交节头由两个相同角度（45°）斜切的圆管与圆锥管正交（二轴线垂直并相交）相贯组成。相贯线为平面曲线（椭圆）。由于圆锥管各素线汇交于顶点，可用“放射线法”展开作图。而圆管部分由于各素线平行，可用“平行线法”展开作图。二者可用同一条相贯线的展开图线

展开作图：

视图分析：圆管与圆锥管正交节头是由两个相同角度（45°）斜切的圆管与圆锥管正交（二轴线垂直并相交）相贯组成。相贯线为平面曲线（椭圆）。其主视图反映各截断素线的实长

展开划线：分别画出截切圆管与圆锥管的展开图

(1) 画出截切圆锥管的展开图

① 将竖直圆锥管的俯视图（圆）分成适当等份（根据精度要求而定），一般采取 12 等分，对应主视图的 12 条素线

② 画一扇形，圆周长$=\pi D$；也采取 12 等分，画出 12 条素线的展开图

③ 截取各截断素线的实长

④ 光滑连接各截断点。完成斜切圆锥管的展开图

（2）画出截切圆管的展开图

同理，将圆管的左视图（圆）分成适当等份，图中采用简化画法（直接在主视图上画半圆——6等分），展开图亦仅画了对称的一半

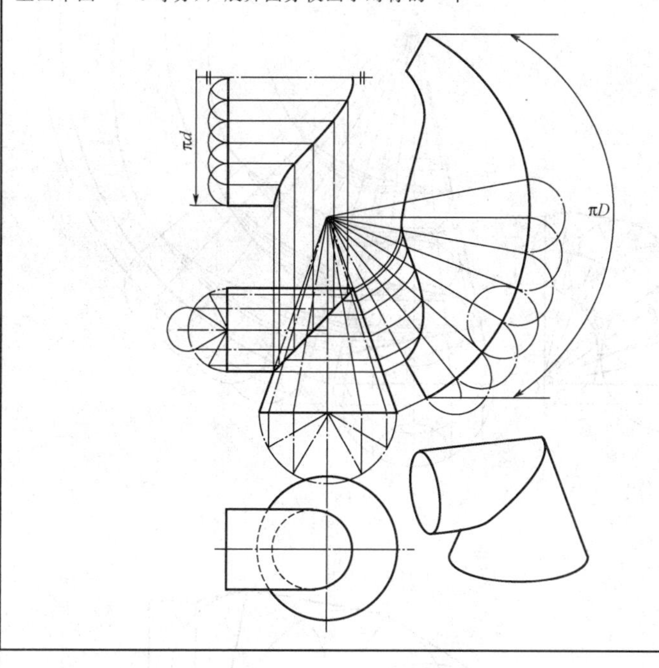

【例 3.2-17】 五节圆锥管——直角弯头（虾米弯）

展开实例

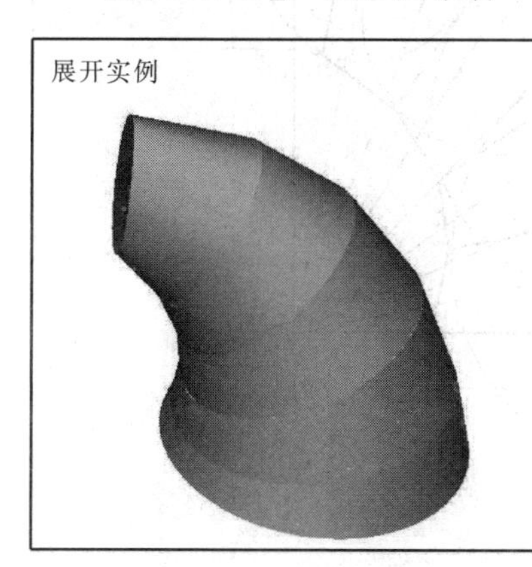

提示：

五节圆锥管——直角弯头（虾米弯）各素线汇交，故可用“放射线法”作图

实践生产中，往往把整段圆锥管按适当角度截切后，对接焊成

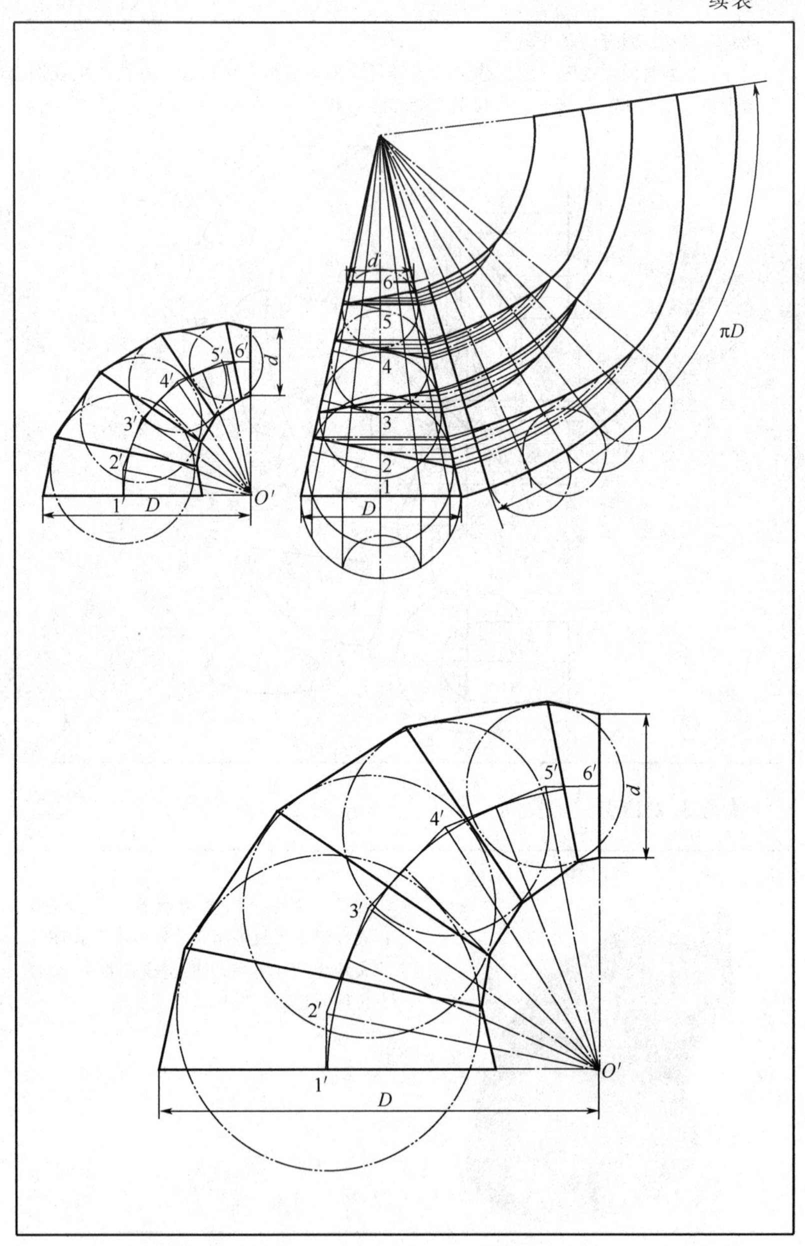
d
6
5
4
3
2
1
D
πD
5′
6′
4′
3′
2′
1′
O′
d
D
5′
6′
d
4′
3′
2′
1′
O′
D

续表

展开作图：（放射线法）

五节圆锥管——直角弯头各素线汇交，故可用“放射线法”作图（俯视图不必画出）

（1）主视图作图：已知弯头中心半径 R，大小锥口直径 D、d

① 以 R 为半径画 1/4 圆，交直角边于 $1'$ 和 $6'$；以此两点为中点，截得大小锥口直径 D 和 d，过 $1'$ 和 $6'$ 作 1/4 圆弧的切线 $1'2'$ 和 $5'6'$

② 将 1/4 圆进行 4 等分，得到四个等分点，分别过四个等分点作该 1/4 圆的切线，两两相交，得到四个交点：$2'$、$3'$、$4'$ 和 $5'$

③ 另画一圆锥台，底圆直径 $=D$；顶圆直径 $=d$；圆锥台高度 $=1'2'+2'3'+3'4'+4'5'+5'6'$

④ 分别以 $2'$、$3'$、$4'$ 和 $5'$ 为圆心，画四个内切圆

⑤ 将四个内切圆平移到主视图中，作相邻两圆的公切线；再分别过大小锥口的端点，作圆的切线，各切线两两相交，可把圆锥管分成五节

（2）展开划线

① 一般将底圆分为 12 等份（图中采用简化画法，画一半圆 6 等分），作出 12 条素线的主视图，求得各素线与相贯线的交点。利用“旋转法”求得各素线被相贯线截断后的实长

② 画一扇形，使弧长 $=\pi D$；也进行 12 等分，画出 12 条素线；求得相应的相贯点

③ 用曲线板顺次光滑连点，即得表面展开的样板图

④ 实际展开画线时，是将五节圆锥管相互错开 180°，拼接为整张扇形板，划线下料

【例 3.2-18】 圆管与正圆锥斜交

展开实例

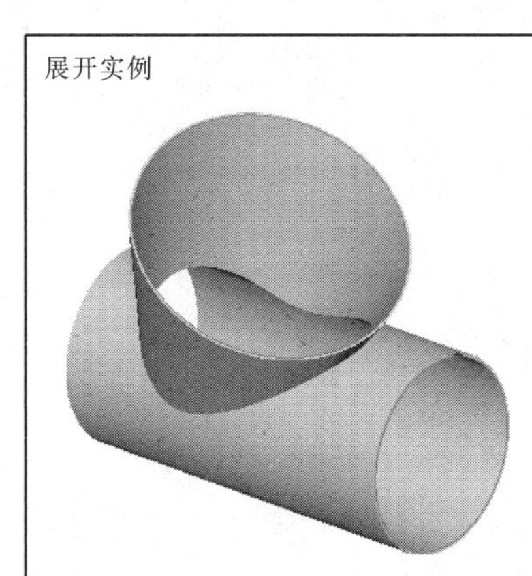

提示：

圆管与正圆锥斜交——平行线法＋放射线法

由于圆管与正圆锥斜贯（两轴线倾斜并相交），其相贯线为空间曲线

对于圆管部分的展开图，可用“平行线法”画出

对于圆锥部分的展开图，可用“放射线法”画出

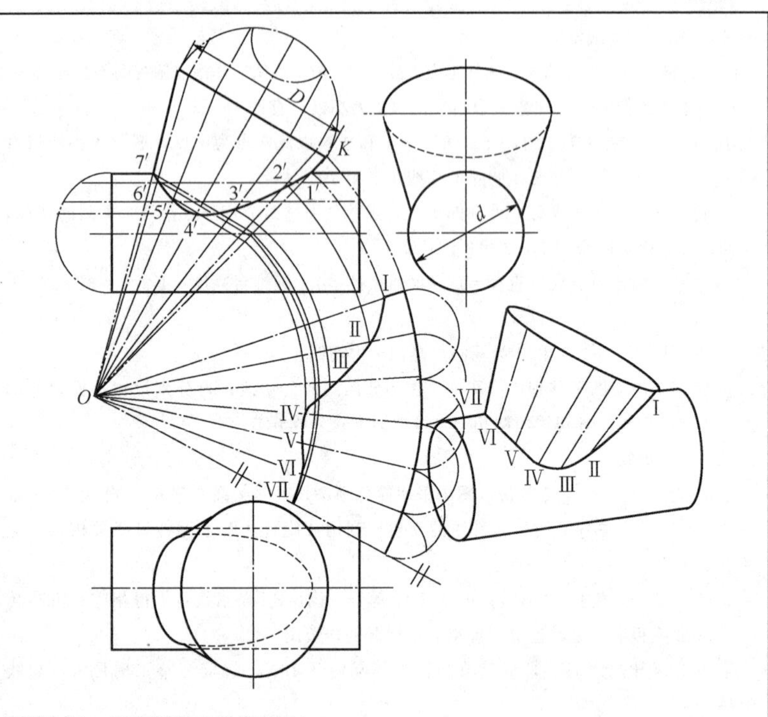

展开作图：（平行线法＋放射线法）

（1）画出圆管与正圆锥斜交的主、俯、左视图，求得相贯线的投影

作图：由于圆管与正圆锥斜贯（二轴线倾斜并相交），其相贯线为空间曲线

（2）对于圆锥部分的展开图，可用“放射线法”画出

① 在倒圆锥上端面画半圆，采取适当等分（图中，采取6等分），延长圆锥外形轮廓线找到锥顶O，画出相应素线的正面投影，求得各素线与相贯线的交点：$1'$、$2'$、$3'$、$4'$、$5'$、$6'$、$7'$

② 利用“旋转法”求得各素线被相贯线截断后的素线实长

③ 以O为圆心，以素线实长OK为半径，画一扇形，使扇形圆弧长$=\pi D$，并12等分，作出12条素线的展开图

④ 再分别量取其对应素线截断后的长度，得Ⅰ、Ⅱ、Ⅲ、Ⅳ、…点

⑤ 最后依次连成光滑曲线即得圆锥管的展开图

（3）对于圆管部分的展开图，可用“平行线法”画出

① 画出水平圆管的展开图（矩形长$=\pi d$）。同理，将圆管圆周长进行12等分（图中，画半圆采取6等分）

② 作出各素线与相贯线相交，得数交点（为清楚起见，图中未标明）

③ 在展开图中找到相应的交点，依次光滑连点

实际生产中，常将倒圆锥管放样，成形后，放在水平圆管上划线开口，然后焊接制成

【例 3. 2-19】 正圆锥与圆管直交

展开实例

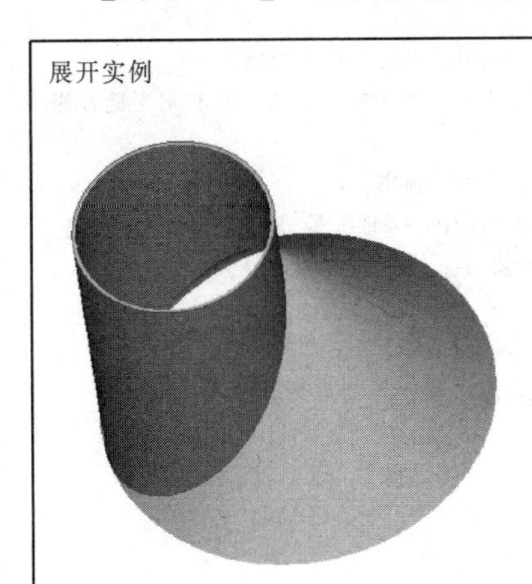

提示：

正圆锥与圆管直交——平行线法＋放射线法

正圆锥与圆管直交（二轴线平行），其相贯线为空间曲线，只有水平面投影积聚成圆线

对于圆管部分的展开图，可用“平行线法”画出

对于圆锥部分的展开图，可用“放射线法”画出

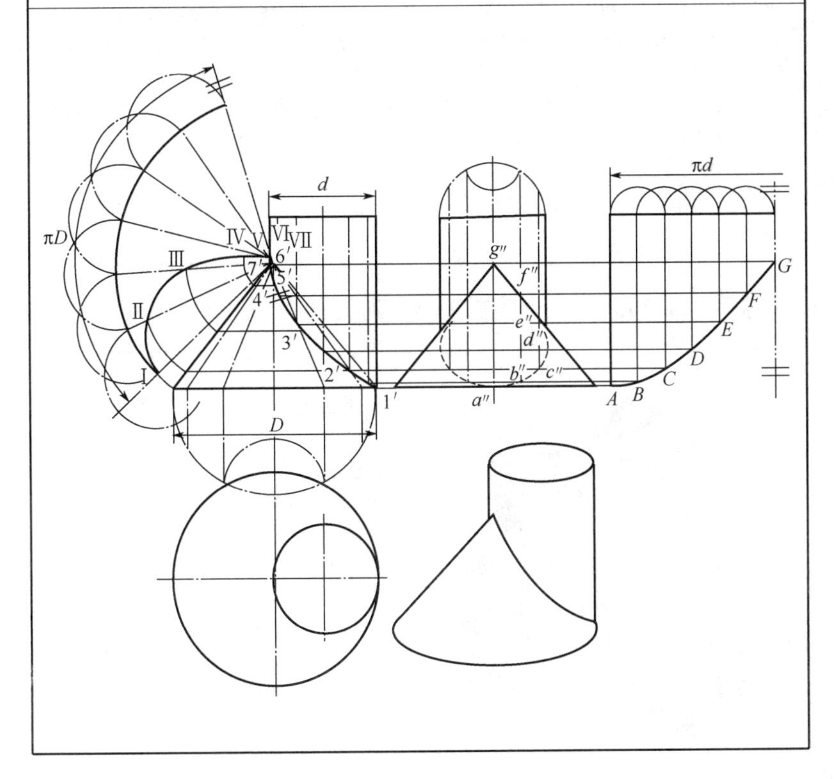

展开作图：(平行线法＋放射线法)

(1) 画出正圆锥与圆管直交的主、俯、左视图，求得相贯线的投影

作图：正圆锥与圆管直交（二轴线平行），其相贯线为空间曲线，只有水平面投影积聚成圆线。

(2) 对于圆锥部分的展开图，可用“放射线法”画出

① 在正圆锥下端面画半圆，采取适当等分（图中，采取6等分），延长圆锥外形轮廓线找到锥顶，画出相应素线的正面投影求得各素线与相贯线的交点：$1'$、$2'$、$3'$、$4'$、$5'$、$6'$、$7'$

② 利用“旋转法”求得各素线被相贯线截断后的素线实长

③ 以 O 为圆心，以素线实长 $O'1'$ 为半径，画一扇形，使扇形圆弧长＝πD，并12等分，作出12条素线的展开图

④ 再分别量取其对应素线被相贯线截断后的长度，得Ⅰ、Ⅱ、Ⅲ、Ⅳ、…点

⑤ 最后依次连成光滑曲线即得圆锥管的展开图

(3) 对于圆管部分的展开图，可用“平行线法”画出

① 画出水平圆管的展开图（矩形长＝πd）。在圆管上端面画半圆，采取适当等分（图中，是在左视图上，采取6等分），也在矩形展开图上采取相同等分，画出相应素线

② 通过相应素线与相贯线的交点的侧面面投影（正面投影线条太密）引水平线求得展开图中各素线交点：A、B、C、D、E、F、G

③ 依次光滑连点

实际生产中，常将正圆锥管放样，成形后，放在大圆锥管上划线开口，然后焊接制成

【例 3.2-20】 圆柱-圆锥Y形三通管

展开实例

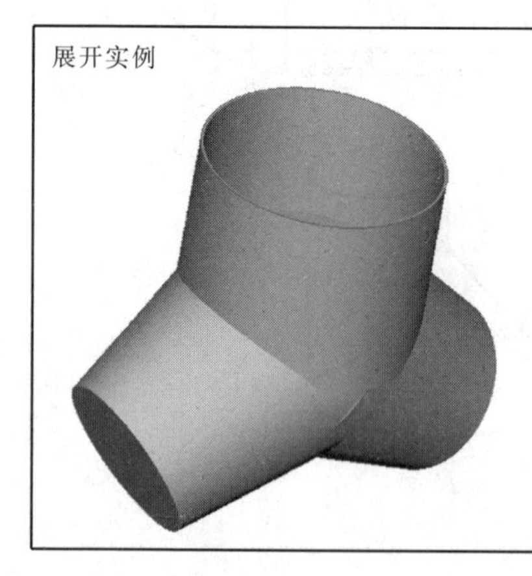

提示：

圆柱-圆锥Y形三通管——平行线法＋放射线法

圆柱-圆锥Y形三通管（三轴线倾斜相同角度——120°并相交），其相贯线为平面曲线

对于圆管部分的展开图，可用“平行线法”画出

对于下面圆锥部分的展开图，可用“放射线法”画出

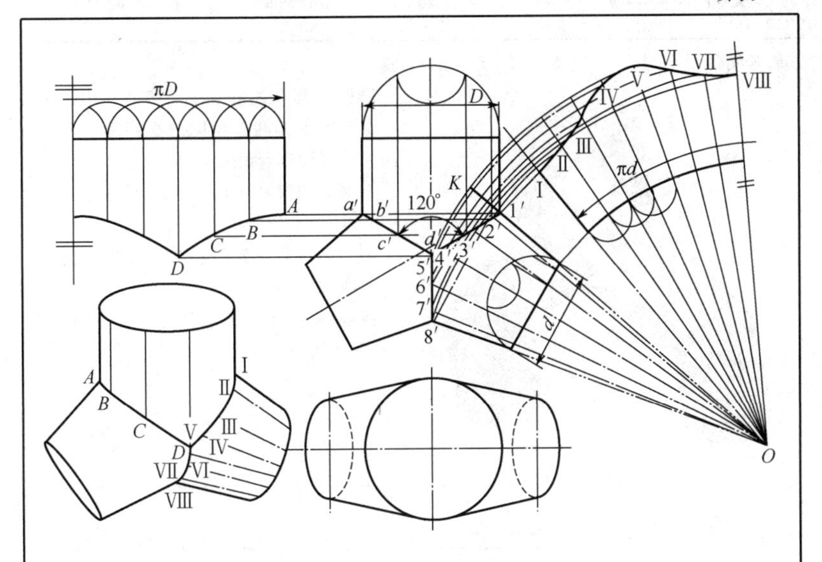

展开作图：（平行线法＋放射线法）

（1）画出圆柱-圆锥Y形三通管的主、俯视图，求得相贯线的投影

作图：圆柱-圆锥Y形三通管（三轴线倾斜相同角度——120°并相交），其相贯线为平面曲线

（2）对于圆锥部分的展开图，可用“放射线法”画出

① 在倒圆锥下端面，画半圆，采取适当等分（图中，采取6等分），延长圆锥外形轮廓线找到锥顶O，画出相应素线的正面投影，求得各素线与相贯线的交点：$1'$、$2'$、$3'$、$4'$、$5'$、$6'$、$7'$、$8'$

② 利用“旋转法”求得各素线被相贯线截断后的素线实长

③ 以O为圆心，以素线实长OK为半径，画一扇形，使扇形圆弧长＝πd，并12等分，作出12条素线的展开图

④ 再分别量取其对应素线截断后的长度，得Ⅰ、Ⅱ、Ⅲ、Ⅳ、…Ⅷ等点

⑤ 最后依次连成光滑曲线，即得圆锥管的展开图

（3）对于圆管部分的展开图，可用“平行线法”画出

① 画出水平圆管的展开图（矩形长＝πD）。同理，将圆管圆周长进行12等分（图中，画半圆取6等分）

② 在主视图中，求出各素线与相贯线的交点a'、b'、c'、d'

③ 在展开图中找到相应的交点A、B、C、D，依次光滑连点

【例 3. 2-21】 异径 Y 形三通管（平面接触）——表面展开

展开实例

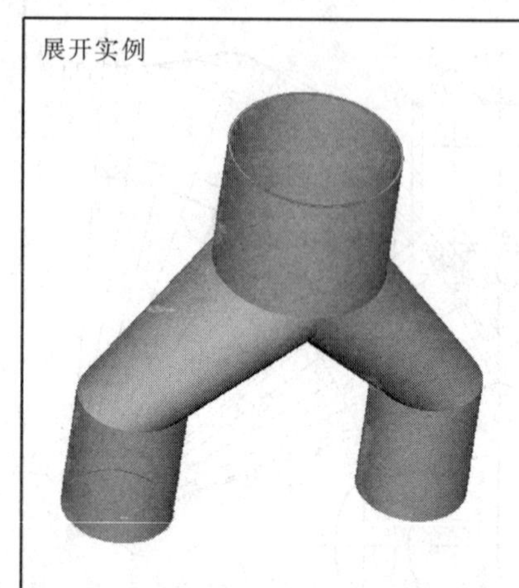

提示：

异径 Y 形三通管（平面接触）由上端大圆管和下端两个相同的小圆管以及中间两段斜圆锥管组成

上端大圆管和中间两段斜圆锥管相贯（相贯线为平面曲线——圆）

中间两段斜圆锥管相贯（相贯线为一平面曲线）

两斜圆锥管与下端两小椭圆管相贯（相贯线为两平面曲线——圆）

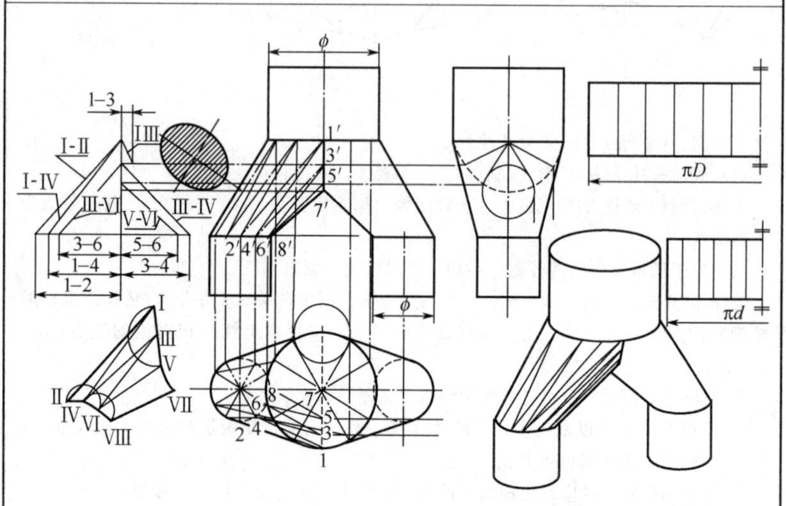

展开作图

视图分析：

异径 Y 形三通管（平面接触）顶端的大圆筒和下端两个相同的小圆管——为完整圆柱，其主视图反映各素线实长；中间两段斜椭圆锥管，可近似采用“三角形法”，将椭圆锥表面分成适当部分（一般分成 12 块曲线四边形），再把每块四边形分成两个三角形，求得各边的实长，组成展开图

续表

展开划线：

（1）上端大圆筒、下端两小圆筒展开：

由于三个圆筒都是完整圆柱，可展成长度$=\pi d(\pi D)$的矩形

（2）两斜圆锥管展开：

① 将大、小圆筒的俯视图（圆）分成适当等份（根据精度要求而定），一般采取12等分，对应主视图的12条素线（图中仅画出了几条）

② 将形成的曲线四边形再分成两个三角形（共计24个三角形）

③ 按“直角三角形法”求线段实长原理，分别求得各三角形的各边实长（图中，仅画出了最前面的素线Ⅰ-Ⅱ到最下面的素线Ⅶ-Ⅷ之间的三块四边形的各边实长）

④ 如图所示，利用求得的各边实长，依次画出斜椭圆锥管的展开图

【例 3.2-22】 异径Y形三通管（相贯）——表面展开

展开实例

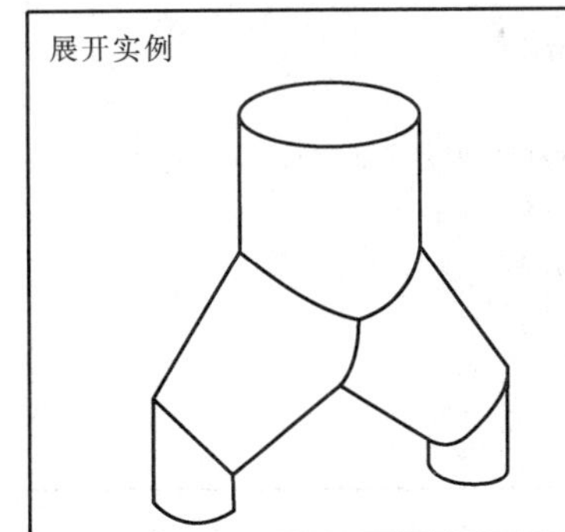

提示：

异径Y形三通管（相贯）由上端大圆管和下端两个相同的小椭圆管以及中间两段斜圆锥管组成

上端大圆管和中间两斜圆锥管相贯（相贯线为两平面曲线）

中间两段斜圆锥管相贯（相贯线为一平面曲线）

两斜圆锥管与下端两小椭圆管相贯（相贯线为两平面曲线）

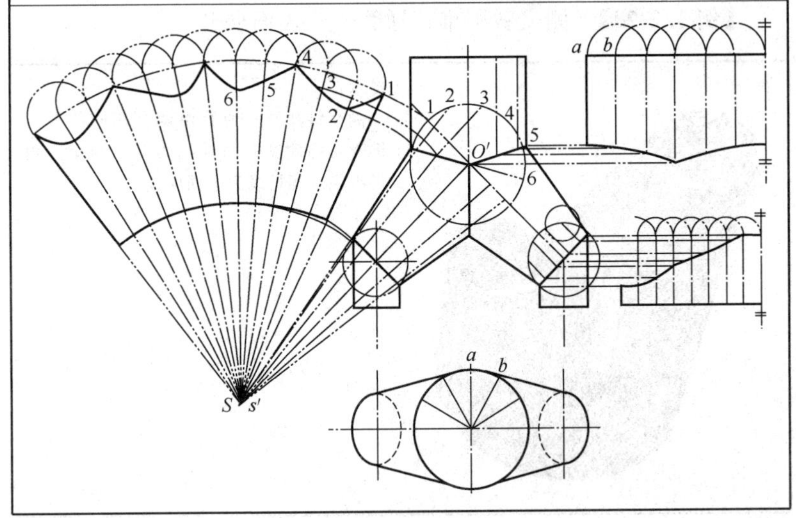

续表

展开作图： 视图分析：异径Y形三通管顶端的大圆筒，主视图反映各素线的实长，俯视图反映顶面圆的实形；下端两个相同的椭圆管，其主视图反映各素线实长；中间两段斜圆锥管，可用“旋转法”求得各截断素线的实长 展开划线： （1）斜圆锥展开 ① 延长斜圆锥两外形轮廓线交于 s'（锥顶）；以锥顶 S 为圆心，以 $s'o'$ 为半径画圆弧（扇形） ② 按放射线展开法原理，画一扇形。将圆锥底圆12等分，以弦长（ab）代替弧长，截取12份——确定扇形圆周长 ③ 利用“旋转法”求得各截断素线实长，光滑连线 （2）上端大圆筒展开 ① 将大圆筒的俯视图（圆）分成适当等份（根据精度要求而定），一般采取12等分，对应主视图的12条素线（图中仅画出了几条） ② 画一矩形，长＝弦长×12，宽＝最长素线实长 ③ 截取各截断素线实长，光滑连线 （3）下端两小椭圆筒展开 可近似采用圆筒展开法。参考大圆筒展开方法

【例 3.2-23】 侧交斜圆锥三通管——表面展开

展开实例	提示：
	侧交斜圆锥三通管由两个相同的斜圆锥管对称侧交（两轴线倾斜并相交）相贯组成。相贯线为平面曲线

旋转法

原理：旋转法求得倾斜位置线段的实长分析

① 倾斜直线 AB 的正面投影为 $a'b'$、水平投影为 ab

② 将空间直线 AB 绕 Aa 轴（过 A 点的铅垂线），旋转到与正面投影面平行位置（AB_0），则其正面投影 $a'b'_0=AB$ 实长

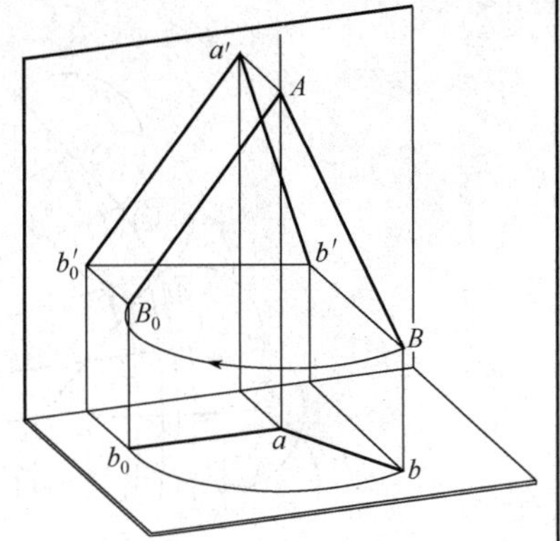

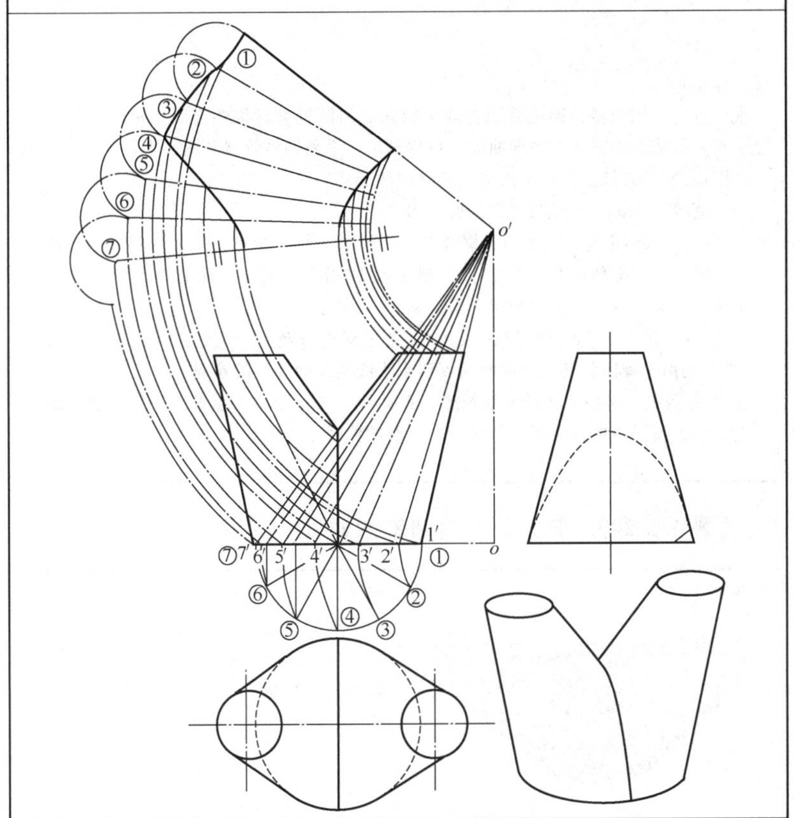

续表

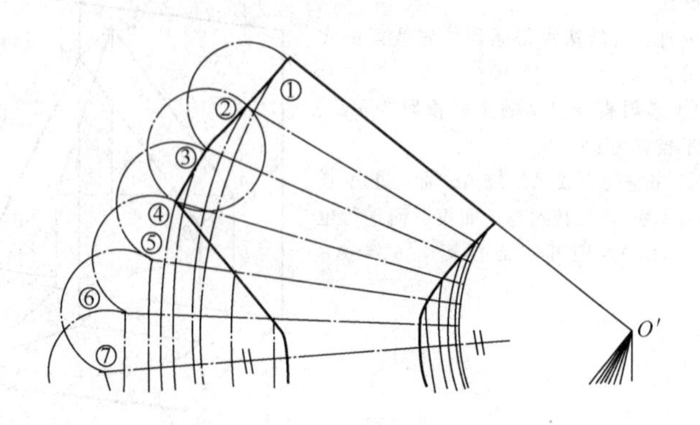

展开作图：

视图分析：侧交斜圆锥三通管由两个相同的斜圆锥管对称侧交（二轴线倾斜并相交）相贯组成。相贯线为平面曲线。可仅画出一个斜圆锥管展开图。

作图原理："旋转法"求一般线实长（如图所示）

展开划线：画出一个斜圆锥管的展开图

① 将一个斜圆锥管的主视图轮廓线延长，形成完整斜圆锥投影，将斜圆锥底圆分成适当等份（根据精度要求而定），一般采取 12 等分，对应主视图的 12 条素线。图中采用简化画法（直接在主视图上画半圆——6 等分）

② 按照"旋转法"原理，将圆锥的 12 条素线的截断点，旋转到反映实长素线上（图中，是由主视图的各素线的截断点引水平线到反映实长的素线上）

③ 画一圆弧，半径＝圆锥素线长度，圆弧长＝πD，将各个截断点旋转到相应的素线上，得到展开图中的位置，依次连成光滑的曲线

【例 3. 2-24】 圆锥侧交斜圆锥四通管——表面展开

展开实例

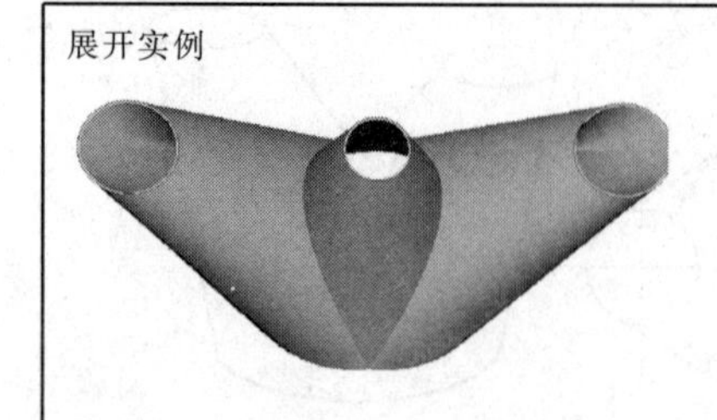

提示：

圆锥侧交斜圆锥四通管由一个正圆锥管与两个相同的斜圆锥管对称侧交（两轴线倾斜并相交）组成。相贯线为平面曲线

旋转法

原理：旋转法求得倾斜位置线段的实长分析

① 倾斜直线 AB 的正面投影为 $a'b'$、水平投影为 ab

② 将空间直线 AB 绕 Aa 轴（过 A 点的铅垂线），旋转到与正面投影面平行位置（AB_0），则其正面投影 $a'b'_0=AB$ 实长

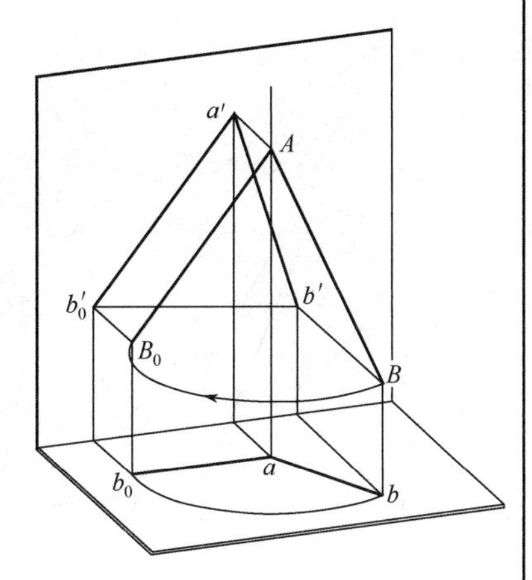

展开作图：

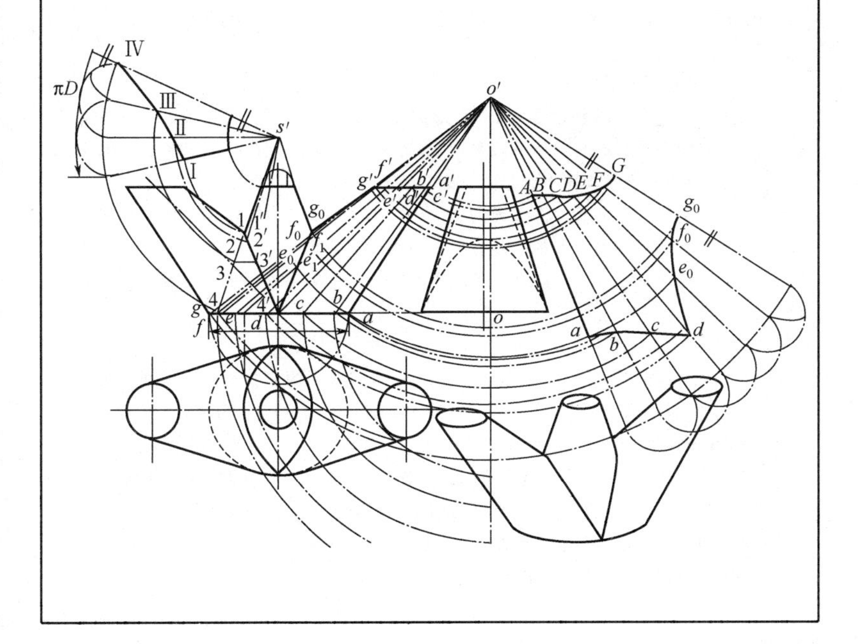

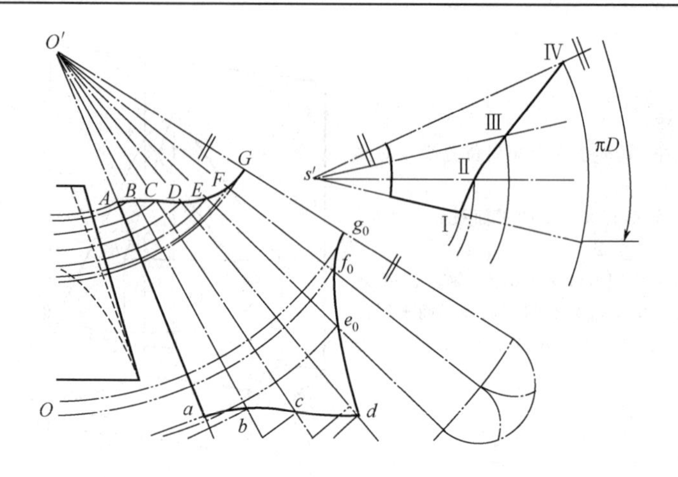

视图分析：

圆锥侧交斜圆锥四通管中间是正圆锥，两侧与两个相同的斜圆锥管对称侧交（两轴线倾斜并相交）相贯组成。相贯线为平面曲线。可仅画出中间正圆锥和一个斜圆锥管的展开图。作图原理——“旋转法”求一般线实长（如图所示）

展开划线：

（1）画中间正圆锥的展开图

① 将正圆锥管的主视图轮廓线延长，形成完整正圆锥投影，将正圆锥顶圆分成适当等份（根据精度要求而定），一般采取 12 等分，对应主视图的 12 条素线。图中采用简化画法（直接在主视图上画半圆——6 等分）

② 按照“旋转法”原理，将圆锥的 12 条素线的截断点，旋转到反映实长素线上（图中，是由主视图的各素线的截断点引水平线到反映实长的素线上）

③ 画一圆弧，半径＝圆锥素线长度，圆弧长＝πD，将各个截断点旋转到相应的素线上，得到展开图中的位置，依次连成光滑的曲线

（2）画出一个斜圆锥管的展开图

① 将一个斜圆锥管的主视图轮廓线延长，形成完整斜圆锥投影，将斜圆锥底圆分成适当等份（根据精度要求而定），一般采取 12 等分，对应主视图的 12 条素线。图中采用简化画法（直接在主视图上画半圆——6 等分）

② 按照“旋转法”原理，将圆锥的 12 条素线的截断点，旋转到反映实长素线上（图中，是由主视图的各素线的截断点引水平线到反映实长的素线上）

③ 画一圆弧，半径＝圆锥素线长度，圆弧长＝πD，将各个截断点旋转到相应的素线上，得到展开图中的位置，依次连成光滑的曲线

【例 3. 2-25】 两圆柱与圆锥正贯四通管——表面展开

展开实例

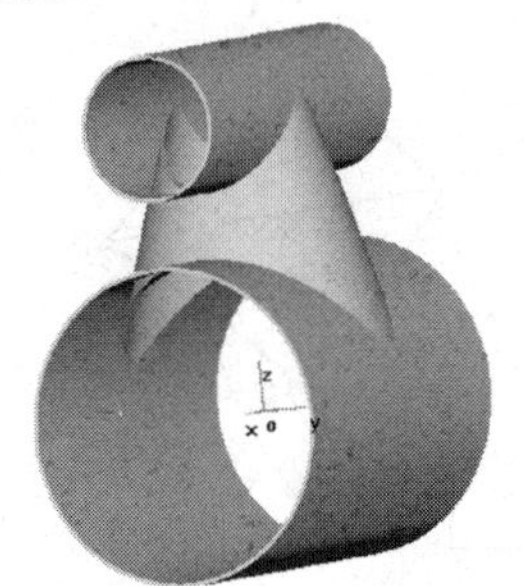

提示：

两圆柱与圆锥正贯四通管——中间是正圆锥，上下与两个直径不同的圆管正贯（圆锥轴线与圆管轴线垂直并相交）组成。相贯线为平面曲线

展开作图

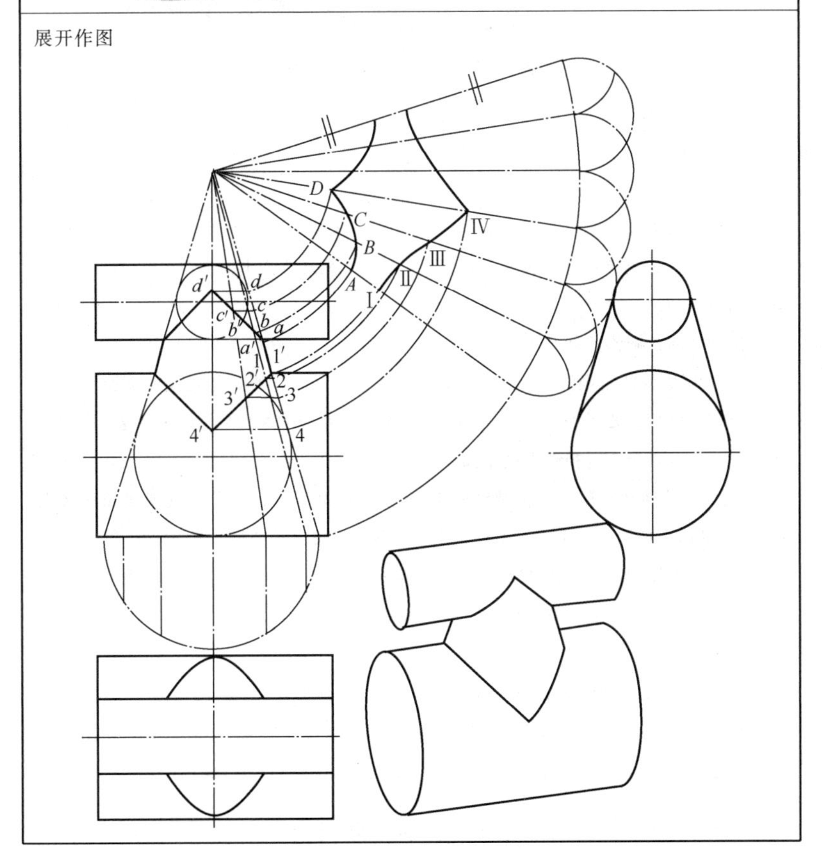

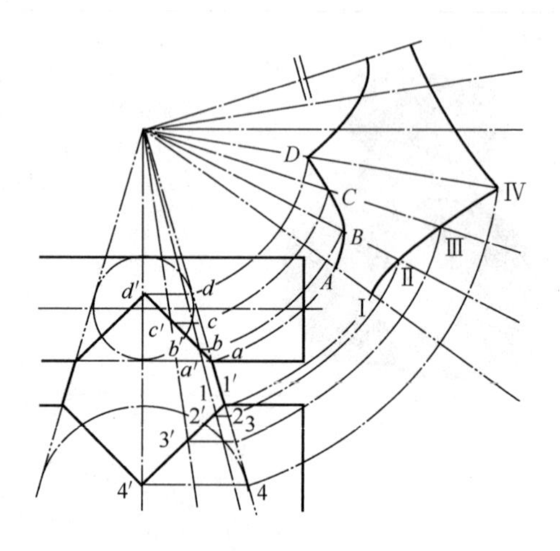

视图分析：两圆柱与圆锥正贯四通管——中间是正圆锥，上下与两个直径不同的圆管正贯（圆锥轴线与圆管轴线垂直并相交）组成。相贯线为平面曲线

展开划线：

（1）画中间正圆锥的展开图

① 将正圆锥管的主视图轮廓线延长，形成完整正圆锥投影，将正圆锥底圆分成适当等份（根据精度要求而定），一般采取 12 等分，对应主视图的 12 条素线。图中采用简化画法（直接在主视图上画半圆——6 等分）

② 按照“旋转法”原理，将圆锥的 12 条素线的截断点，旋转到反映实长素线上（图中，是由主视图的各素线的截断点引水平线到反映实长的最右素线上）

③ 画一圆弧，半径＝圆锥素线长度，圆弧长＝πD，将各个截断点旋转到相应的素线上，得到展开图中的位置，依次连成光滑的曲线

（2）画出两个圆管的展开图

① 做出两个完整圆管的展开图——矩形，并弯曲成形

② 采用“骑马式”，将中间相贯的正圆锥成形，骑在大小圆管上，画线，切割开口

【例 3.2-26】 两圆柱与斜圆锥斜贯四通管——表面展开

展开实例

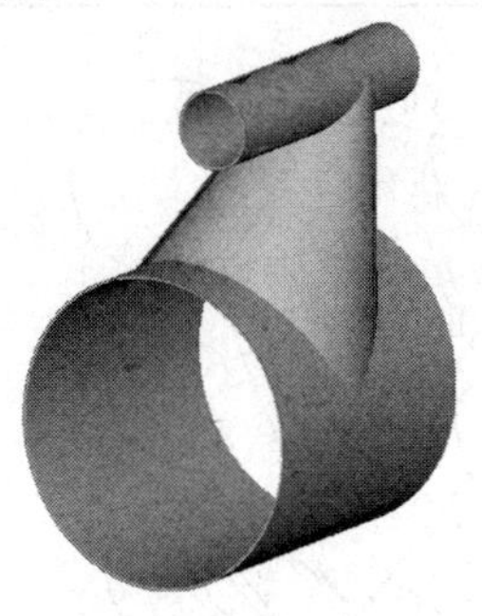

提示：

两圆柱与斜圆锥斜贯四通管——中间是斜圆锥，上下与两个直径不同的圆管斜贯（圆锥轴线与圆管轴线倾斜并相交）组成。相贯线为平面曲线

展开作图

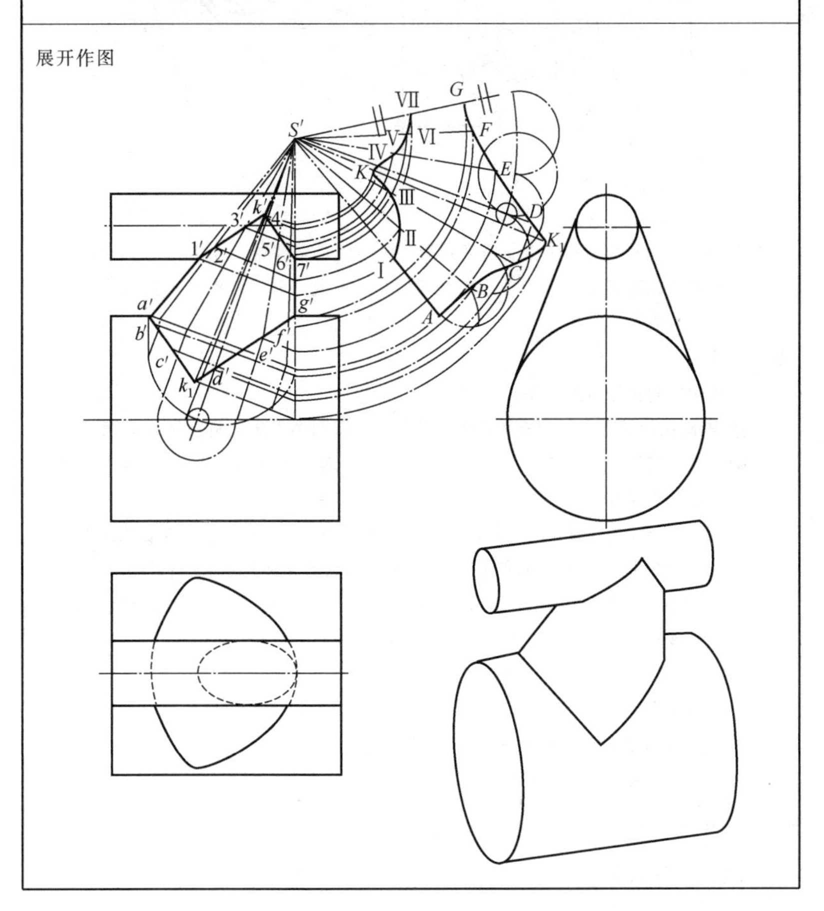

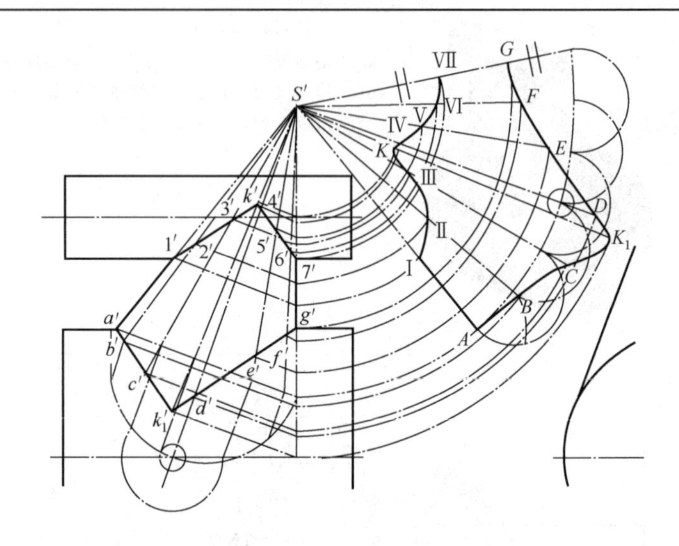

视图分析：两圆柱与斜圆锥斜贯四通管——中间是斜圆锥，上下与两个直径不同的圆管斜贯（圆锥轴线与圆管轴线倾斜并相交）组成。由于可作出内公切圆球，故相贯线为平面曲线

展开划线：

（1）画中间斜圆锥的展开图

① 将斜圆锥管的主视图轮廓线延长，形成完整斜圆锥投影，将斜圆锥底圆分成适当等份（根据精度要求而定），一般采取 12 等分，对应主视图的 12 条素线。图中采用简化画法（直接在主视图上画半圆——6 等分）

② 按照“旋转法”原理，将圆锥的 12 条素线的截断点，旋转到反映实长素线上（图中，是由主视图的各素线的截断点引斜圆锥轴线的垂线到反映实长的最右素线上）

③ 画一圆弧，半径＝圆锥素线长度，圆弧长＝πD，将各个截断点旋转到相应的素线上，得到展开图中的位置（应注意特殊点 K 的展开图位置）

④ 依次连成光滑的曲线

（2）画出两个圆管的展开图

① 做出两个完整圆管的展开图——矩形，并弯曲成形

② 采用“骑马式”，将中间相贯的斜圆锥成形，骑在大小圆管上，画线，切割开口

【例 3. 2-27】 壶

展开实例

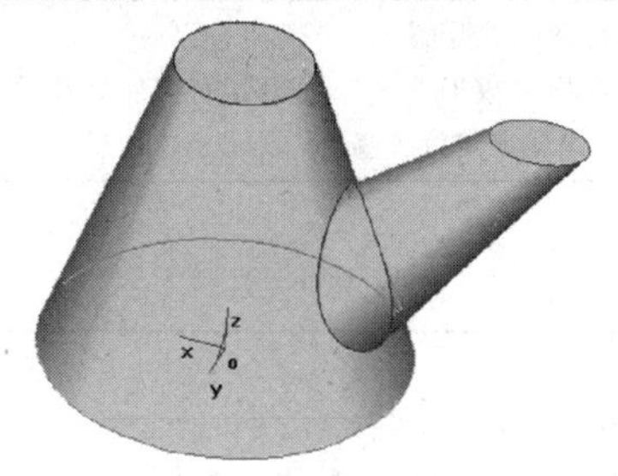

提示：

壶——放射线法

由于“壶体”与“壶嘴”斜贯（两轴线倾斜相交），其相贯线为空间曲线

对于“壶嘴”部分的展开图，可用“放射线法”画出

然后，将“壶嘴”吻合到“壶体”表面，划线，开口。“定位、吻合、划线”是考查“展开技工”精湛技艺的三项指标

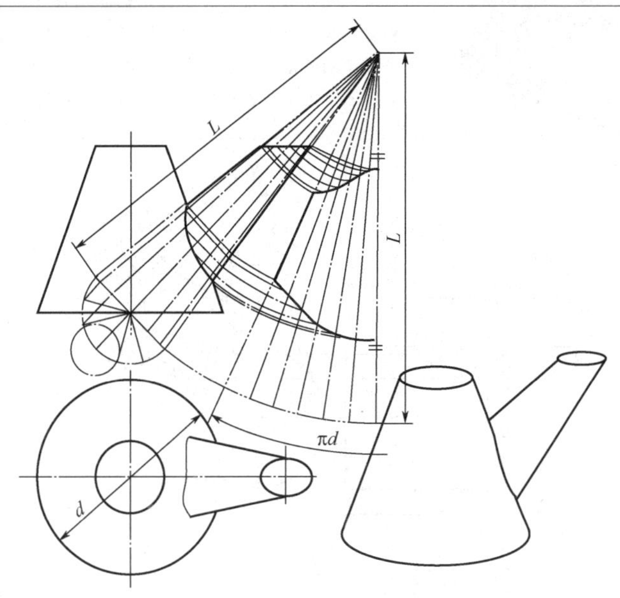

展开作图：（放射线法）

（1）画出壶的主、俯视图，求得相贯线的投影

（2）作图：由于“壶体”与“壶嘴”斜贯（二轴线倾斜相交），其相贯线为空间曲线

对于“壶嘴”部分的展开图，可用“放射线法”画出。然后，将“壶嘴”吻合到“壶体”表面，定位、划线、开口。对于“壶嘴”（圆锥）部分的展开图，可用“放射线法”画出。

① 延长“壶嘴”圆锥外形轮廓线找到锥顶及正端面，如图所示

② 画出“壶嘴”圆锥的正端面实形——“圆”的一半，进行适当等分（如：12 等分），画出各素线的投影。利用“旋转法”求得各素线被相贯线截断后的素线实长，如图所示

③ 以“壶嘴”圆锥的锥顶为圆心，以素线实长 L 为半径，画一扇形，使扇形圆弧长$=\pi d$，并 12 等分，作出 12 条素线的展开图（图中仅画出了对称的一半）

④ 在扇形展开图中的各素线上，分别量取其对应素线的长度，得诸截断点

续表

⑤ 最后依次连成光滑曲线即得“壶嘴”圆锥管的展开图

（3）对于“壶体”圆锥部分的展开图，也可用“放射线法”画出。而在实际生产中，常将“壶嘴”圆锥放样成形后，放在“壶体”上定位、吻合、划线开口

【例 3. 2-28】 圆管与正圆锥正交

展开实例

提示：

圆管与正圆锥直交——平行线法＋放射线法

由于圆管与正圆锥正贯（两轴线垂直并相交），其相贯线为空间曲线，其侧面投影积聚成圆弧线

对于圆管部分的展开图，可用“平行线法”画出

对于圆锥部分的展开图，可用“放射线法”画出

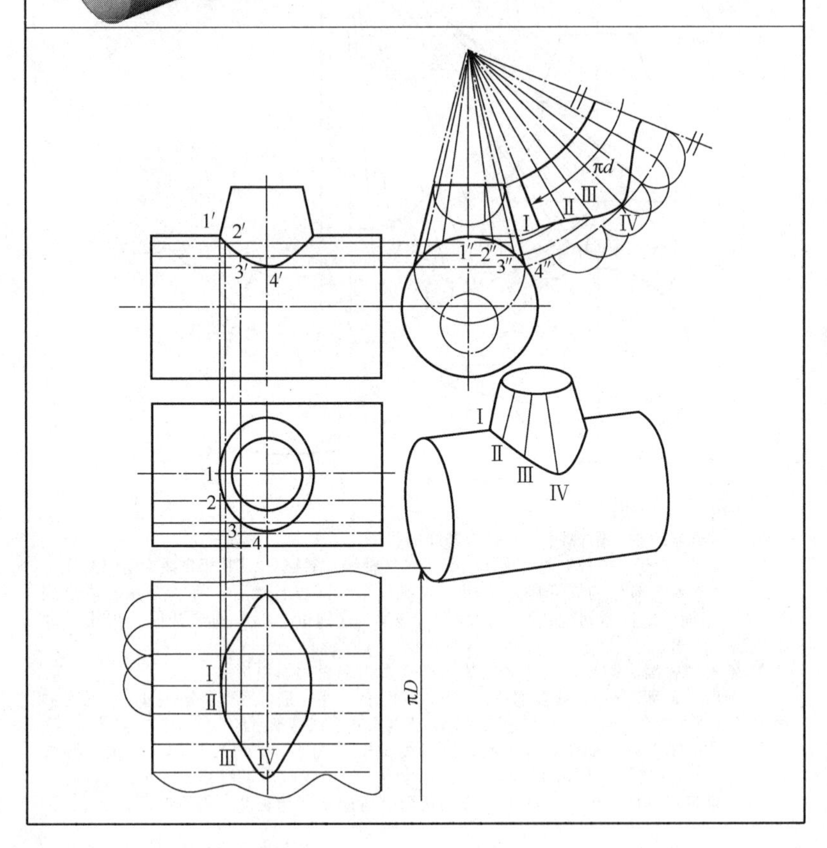

展开作图：（平行线法＋放射线法）
（1）画出圆管与正圆锥直交的主、俯、左视图，求得相贯线的投影 作图：由于圆管与正圆锥正贯（两轴线垂直并相交），其相贯线为空间曲线，其侧面投影积聚成圆弧线 （2）对于圆锥部分的展开图，可用“放射线法”画出 ① 在正圆锥上端面画半圆，采取适当等分（图中，采取6等分），延长圆锥外形轮廓线找到锥顶 O，画出相应素线的正面投影，求得各素线与相贯线的交点：$1'$、$2'$、$3'$、$4'$ ② 利用“旋转法”求得各素线被相贯线截断后的素线实长 ③ 以 O 为圆心，以素线实长 OK 为半径，画一扇形，使扇形圆弧长$=\pi d$，并12等分，作出12条素线的展开图 ④ 再分别量取其对应素线的长度，得Ⅰ、Ⅱ、Ⅲ、Ⅳ、…点 ⑤ 最后依次连成光滑曲线即得圆锥管的展开图 （3）对于圆管部分的展开图，可用“平行线法”画出 ① 画出水平圆管的展开图（矩形长$=\pi D$）。注意，将圆管圆周长，按照圆锥展开成扇形后，其素线之间的距离，在圆管展开图中画出相应的素线 ② 作出各素线与相贯线相交，得到相应的交点Ⅰ、Ⅱ、Ⅲ、Ⅳ ③ 依次光滑连点 实际生产中，常将正圆锥管放样，成形后，放在大圆管上划线开口，然后焊接制成

【例 3.2-29】 圆管与倒圆锥正交

展开实例	提示：
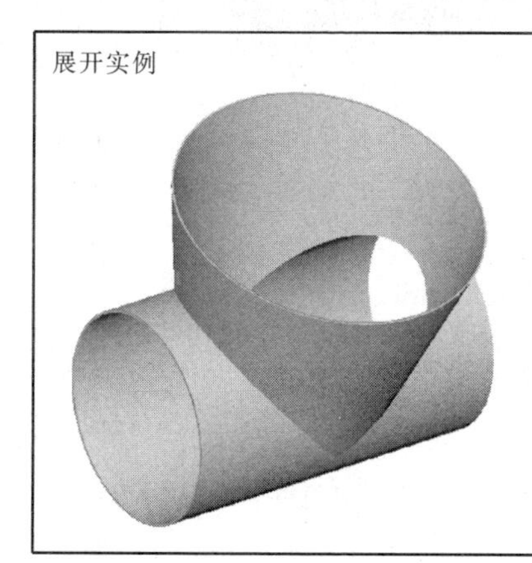	圆管与倒圆锥直交——平行线法＋放射线法 由于圆管与倒圆锥正贯（两轴线垂直并相交），且可作出内公切圆球，故，其相贯线为平面曲线——两个部分椭圆，其正面投影积聚成两直线 对于圆管部分的展开图，可用“平行线法”画出 对于倒圆锥部分的展开图，可用“放射线法”画出

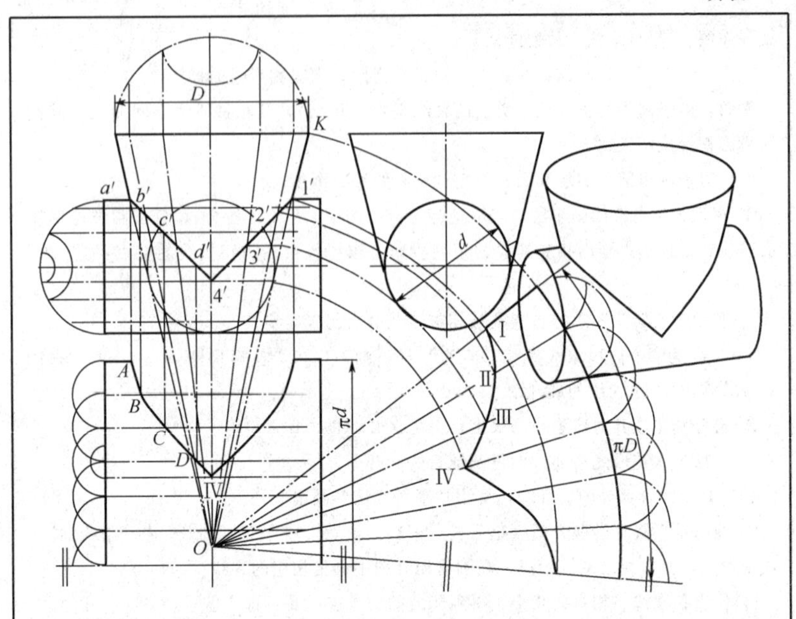

展开作图：(平行线法)

(1) 画出圆管与倒圆锥直交的主、左视图，求得相贯线的投影

作图：由于圆管与倒圆锥正贯（两轴线垂直并相交），且可作出内公切圆球，故其相贯线为平面曲线——两个部分椭圆，其正面投影积聚成两直线

(2) 对于倒圆锥部分的展开图，可用“放射线法”画出

① 在倒圆锥上端面画半圆，采取适当等分（图中，采取 6 等分），延长圆锥外形轮廓线找到锥顶 O，画出相应素线的正面投影，求得各素线与相贯线的交点：$1'$、$2'$、$3'$、$4'$

② 利用“旋转法”求得各素线被相贯线截断后的素线实长

③ 以 O 为圆心，以素线实长 OK 为半径，画一扇形，使扇形圆弧长 $=\pi D$，并 12 等分，作出 12 条素线的展开图

④ 再分别量取其对应素线的长度，得 Ⅰ、Ⅱ、Ⅲ、Ⅳ、…点

⑤ 最后依次连成光滑曲线，即得圆锥管的展开图

(3) 对于圆管部分的展开图，可用“平行线法”画出

① 画出水平圆管的展开图（矩形长 $=\pi d$）。同理，将圆管圆周长进行 12 等分（图中，画半圆采取 6 等分）

② 作出各素线与相贯线相交，得到 a、b、c、d 等交点

③ 在展开图中找到相应的交点 A、B、C、D，依次光滑连点

实际生产中，常将小圆管放样，弯成圆管后，放在大圆管上划线开口，然后把两圆管焊接制成

【例 3.2-30】 等径圆锥 Y 形三通管

展开实例

提示：

等径圆锥 Y 形三通管——放射线法

由于等径圆锥 Y 形三通管，是由中间的正圆锥管与两侧等径的斜圆锥管斜贯形成，其相贯线为平面曲线

可用“放射线法”画出展开图

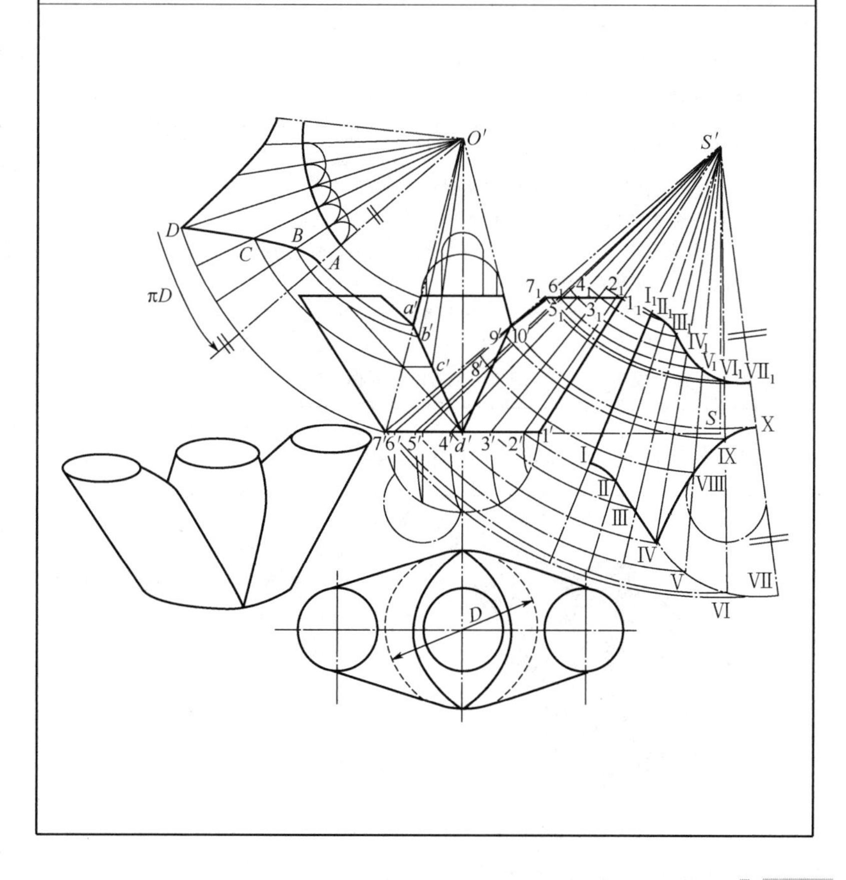

续表

展开作图：（放射线法） （1）画出等径圆锥Y形三通管的主、俯视图，求得相贯线的投影 作图：等径圆锥Y形三通管，是由中间的正圆锥管与两侧等径的斜圆锥管斜贯形成，由于可作出内公切圆球，故相贯线为平面曲线 （2）对于中间正圆锥部分的展开图，可用“放射线法”画出 ① 在正圆锥下端面，画半圆，采取适当等分（图中，采取6等分），延长圆锥外形轮廓线找到锥顶O，画出相应素线的正面投影，求得各素线与相贯线的交点：a'、b'、c'、d' ② 利用“旋转法”求得各素线被相贯线截断后的素线实长 ③ 以O'为圆心，以素线实长$O'7'$为半径，画一扇形，使扇形圆弧长$=\pi D$，并12等分，作出12条素线的展开图 ④ 再分别量取其对应素线截断后的长度，得A、B、C、D等点 ⑤ 最后依次连成光滑曲线，即得正圆锥管的展开图 （3）对于两侧斜圆锥管部分的展开图，也可用“放射线法”画出 ① 在斜圆锥下端面，画半圆，采取适当等分（图中，采取6等分），延长圆锥外形轮廓线找到锥顶S'，画出相应素线的正面投影，求得各素线与相贯线的交点：$8'$、$9'$、$10'$ ② 利用“旋转法”求得各素线被相贯线截断后的素线实长（图中，采用“旋转法”，绕铅垂轴$S'S$旋转各素线求得实长） ③ 以S'为圆心，以素线实长$S'7'$为半径，画一扇形，使扇形圆弧长$=\pi D$，并12等分，作出12条素线的展开图 ④ 再分别量取其对应素线截断后的长度（如：$S'8'$、$S'9'$、$S'10'$、$S'1'$、$S'2'$、$S'3'$、$S'4'$、$S'5'$、$S'6'$），得Ⅷ、Ⅸ、Ⅹ、Ⅰ、Ⅱ、Ⅲ、Ⅳ、Ⅴ、Ⅵ、Ⅶ等点 ⑤ 最后依次连成光滑曲线，即得圆锥管的展开图

【例3.2-31】 异径圆锥Y形三通管

展开实例	提示：
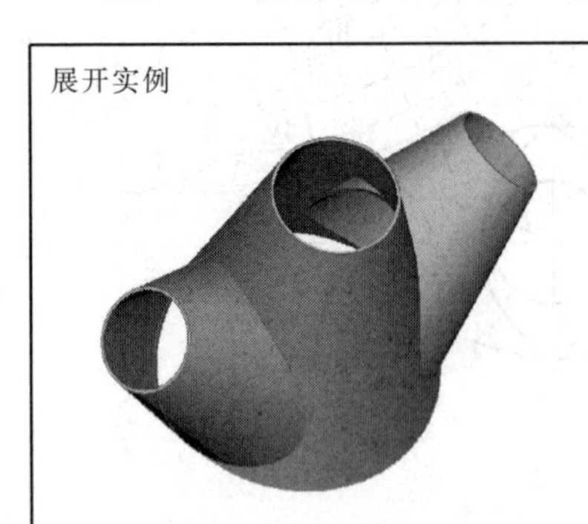	异径圆锥Y形三通管——放射线法 异径圆锥Y形三通管是由中间的正圆锥管与两侧相同的异径斜圆锥管斜贯形成，其相贯线为空间曲线 可用“放射线法”画出展开图

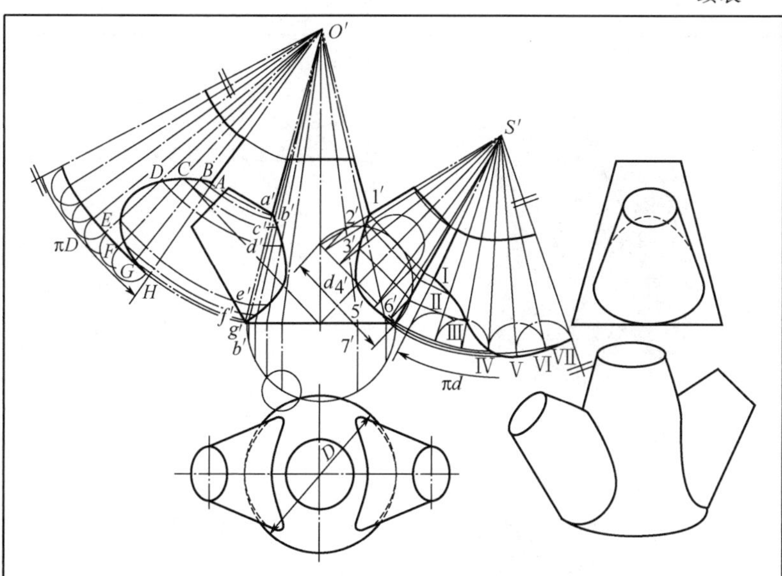

展开作图：（放射线法）

（1）画出异径圆锥Y形三通管的主、俯视图，求得相贯线的投影

作图：异径圆锥Y形三通管，是由中间的正圆锥管与两侧相同的异径斜圆锥管斜贯形成，其相贯线为空间曲线

（2）对于中间正圆锥部分的展开图，可用“放射线法”画出

① 在正圆锥下端面，画半圆，采取适当等分（图中，采取24等分），延长圆锥外形轮廓线找到锥顶O'，画出相应素线的正面投影，求得各素线与相贯线的交点：a'、b'、c'、d'等

② 利用“旋转法”求得各素线被相贯线截断后的素线实长

③ 以O'为圆心，以素线实长$O'7'$为半径，画一扇形，使扇形圆弧长$=\pi D$，并24等分，作出24条素线的展开图

④ 再分别量取其对应素线截断后的长度，得A、B、C、D、E、F、G、H以及Ⅰ、Ⅱ、Ⅲ、Ⅳ、Ⅴ、Ⅵ、Ⅶ等点

⑤ 最后依次连成光滑曲线，即得正圆锥管的展开图

（3）对于两侧斜圆锥管部分的展开图，也可用“放射线法”画出

① 在斜圆锥下端面，画半圆，采取适当等分（图中，采取6等分），延长圆锥外形轮廓线找到锥顶S'，画出相应素线的正面投影，求得各素线与相贯线的交点：$1'$、$2'$、$3'$、$4'$、$5'$、$6'$、$7'$

② 利用“旋转法”求得各素线被相贯线截断后的素线实长

③ 以S'为圆心，以素线实长$S'7'$为半径，画一扇形，使扇形圆弧长$=\pi d$，并12等分，作出12条素线的展开图

④ 再分别量取其对应素线截断后的长度，在展开图中找到相应交点Ⅰ、Ⅱ、Ⅲ、Ⅳ、Ⅴ、Ⅵ、Ⅶ等点

⑤ 最后依次连成光滑曲线，即得斜圆锥管的展开图

【例 3. 2-32】 Y形分叉圆锥三通管

展开实例

提示：

Y形分叉圆锥三通管——放射线法

Y形分叉圆锥三通管是由中间的正圆锥管与两侧相同的斜圆锥管斜贯形成，其相贯线为平面曲线

可用“放射线法”画出展开图

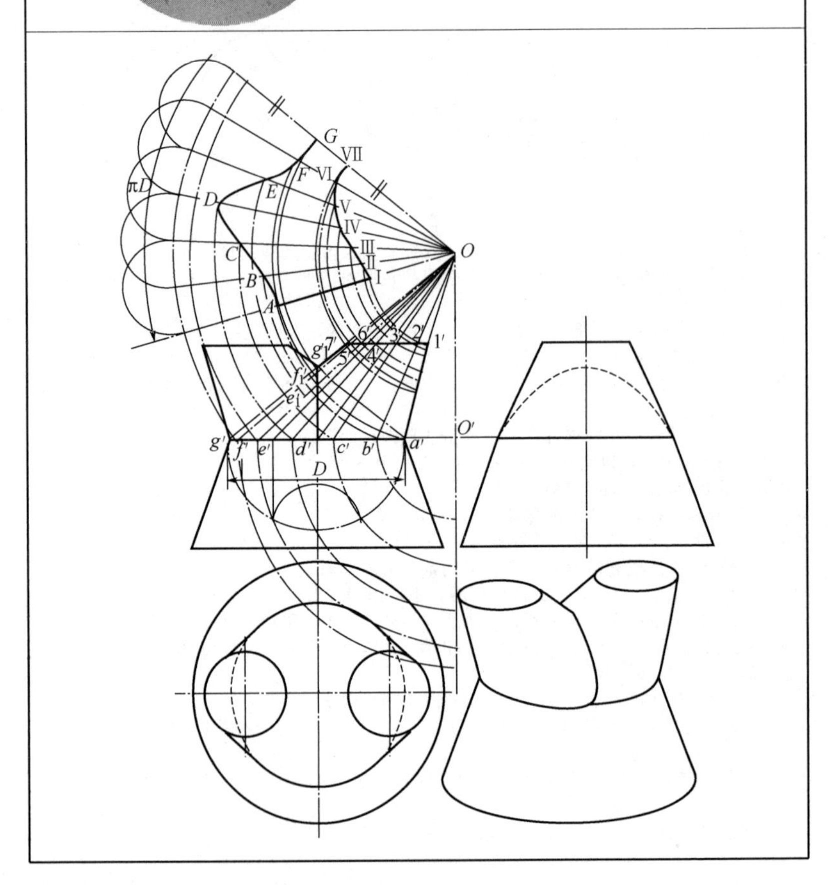

续表

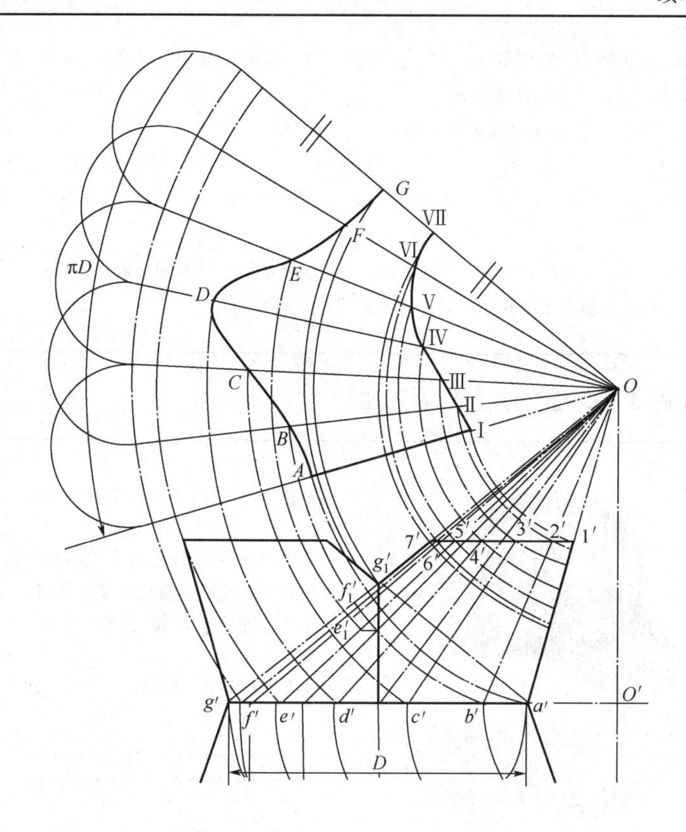

展开作图：（放射线法）

（1）画出 Y 形分叉圆锥三通管的主、俯、左视图，求得相贯线的投影

作图：由于正圆锥连接分叉小圆锥 Y 形三通管，是由中间的正圆锥管与两侧相同的斜圆锥管斜贯形成，其相贯线为平面曲线

（2）对于下方正圆锥主体部分的展开图，可用“放射线法”画出

（3）对于两侧斜圆锥管部分的展开图，也可用“放射线法”画出

① 在斜圆锥下端面，画半圆，采取适当等分（图中，采取 6 等分），延长圆锥外形轮廓线找到锥顶 O'，画出相应素线的正面投影，求得各素线与相贯线的交点：$8'$、$9'$、$10'$

② 利用“旋转法”求得各素线被相贯线截断后的素线实长（图中，是采用“旋转法”绕铅垂轴 $O'O$ 旋转各素线求得实长的）

③ 以 O'为圆心，以素线实长 $O'g'$为半径，画一扇形，使扇形圆弧长 $=\pi D$，并 12 等分，作出 12 条素线的展开图

④ 分别量取其对应素线截断后的长度（如：$O1'$、$O2'$、$O3'$、$O4'$、$O5'$、$O6'$、$O7'$），得Ⅰ、Ⅱ、Ⅲ、Ⅳ、Ⅴ、Ⅵ、Ⅶ等点，再分别量取下面对应素线截断后的长度（如：Oa'、Ob'、Oc'、Od'、Oe'_1、Of'_1、Og'_1），得 A、B、C、D、E、F、G 等点。

（注意，Oe'_1、Of'_1、Og'_1三条素线是利用“旋转法”求得的相应素线实长）

⑤ 最后依次连成光滑曲线，即得斜圆锥管的展开图

【例 3.2-33】 异径 Y 形三通管

展开实例

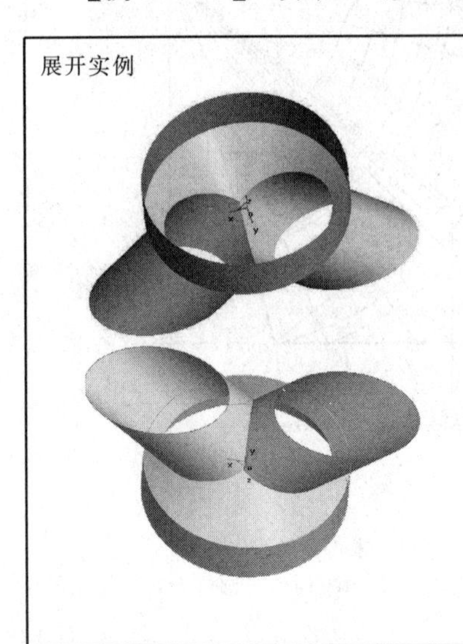

提示：

异径 Y 形三通管——平行线法＋放射线法

异径 Y 形三通管是由中部的倒圆锥与两个分叉圆管形成的相贯线（空间曲线）

分叉圆管部分的展开图，可用“平行线法”画出

中部倒圆锥的展开图，可用“放射线法”画出

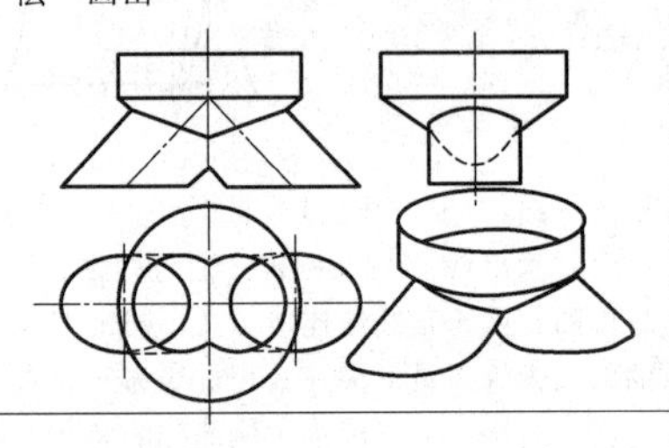

展开作图：（平行线法＋放射线法）

（1）画出异径 Y 形三通管的主、俯视图，求得相贯线的投影。其相贯线为空间曲线

（2）对于两斜圆管部分的展开图，可用“平行线法”画出

① 画出斜圆管的展开图（长 $=\pi d$）。将圆管圆周长进行 12 等分（图中，画半圆采取 6 等分）

② 在主视图中，求出各素线与相贯线的交点

③ 在展开图中找到相应的交点，依次光滑连点

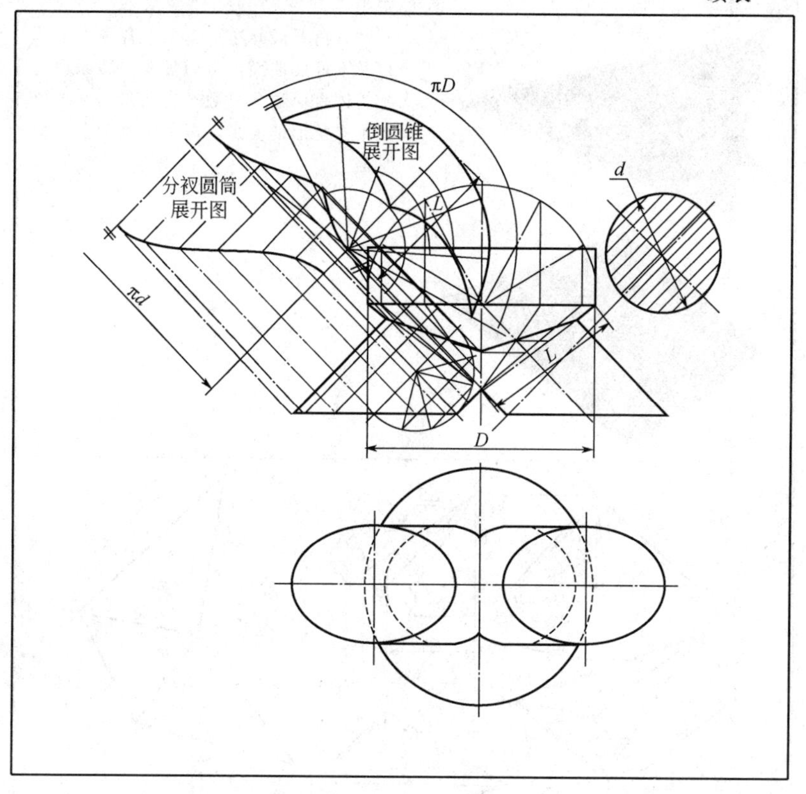

三、三角形展开法

原理：用三角形确定一平面。

适用范围：锥面和切线曲面的展开。

画法：将实体表面划分成若干三角形，求出各三角形的实形，再逐次画出展开图。

【例 3. 3-1】 三棱锥——表面展开

展开实例

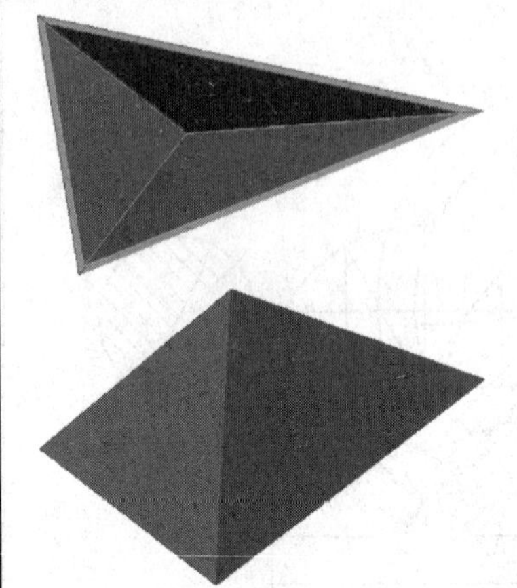

提示：

“三角形展开法”适用于各种平面体以及不可展曲面的近似展开。其原理是把立体表面划分成数个三角形，并求出各个三角形的实形，再依次摊平在一个平面上

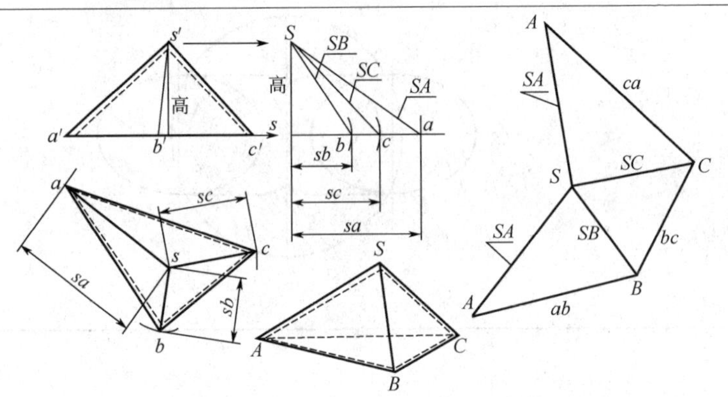

视图分析：三棱锥的底面三条边在俯视图中反映实长（$ab/bc/ca$），但三条棱边在主、俯视图中，均不反映实长，需求得实长（可运用“直角三角形法”）

方法：

① 作一辅助垂线，使之长度等于三棱锥的高

② 再画水平辅助线，并截取三点，使之长度分别等于三条棱线在俯视图中的投影长度（$ab/bc/ca$）

③ 连接 $sa/sb/sc$ 得到三条棱线的实长（$SA/SB/SC$）

展开划线：

①任意画一直线，长＝SA（一棱线实长），以 A 点为圆心，ab（底边实长）为半径画圆弧，再以 S 点为圆心，以 SB（相邻棱线实长）为半径画圆弧，两圆弧交于 B 点，顺次连线（完成了 SAB 棱面的实形图）

② 同理，依次完成另两棱面的实形图

【例 3.3-2】 长方锥台

展开实例

提示：

长方锥台罩——（三角形法）

长方锥台底面四条边相等，且俯视图反映实长（L）；而四条棱线虽然相等，但其投影不反映实长，可用“直角三角形法”求得实长

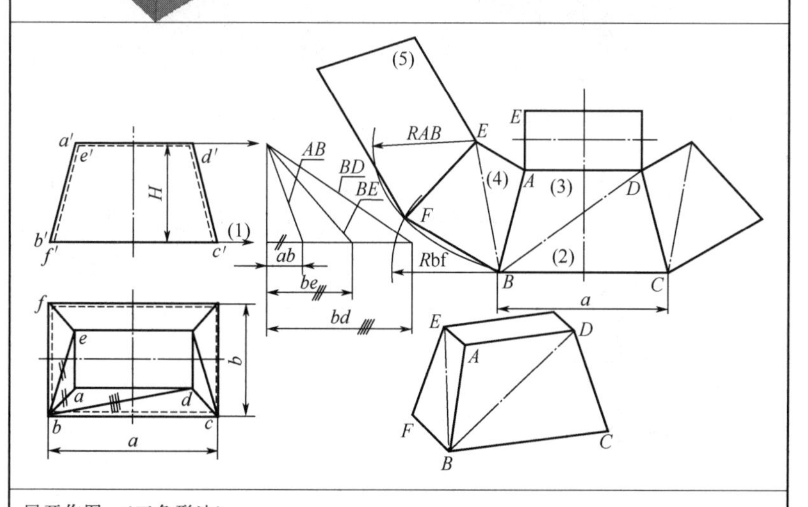

展开作图：（三角形法）

分析构件主、俯视图：长方锥台顶面、底面的俯视图反映实形；而四条棱线的主、俯视图都不反映实长（可用直角三角形法求得实长）；四个梯形棱面（两两相等），可分成两个三角形来求得实形

展开划线：① 直角三角形法求棱线实长（画水平线长＝ab、bd、be；作垂线＝高；则斜边为各线实长 AB、BE、BD）

② 可作一直线＝BC，再以 B 点为圆心以 BD 为半径画弧、以 C 点为圆心以 AB 为半径画弧——得交点 D，连成一△BCD

③ 再分别以 B、D 点为圆心，分别以 AB、ad 为半径画两圆弧——得交点 A，连成另一△ABD

④ 同理，把侧棱面分成两个三角形（△ABE 和△BEF），按各边实长作图——得到侧棱面的实形图

⑤ 依次摊平

【例 3.3-3】 上竖下横矩形管

展开实例

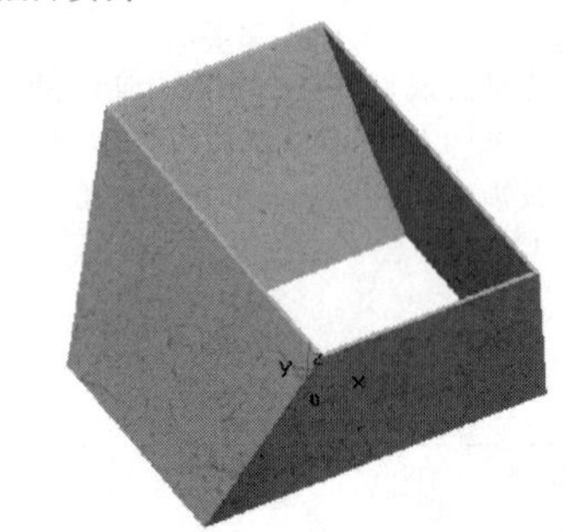

提示：

上竖下横矩形管——（三角形法）

上竖下横矩形管顶面、底面的俯视图反映实形；而四条棱线虽然相等，但其投影不反映实长，可用“直角三角形法”求得实长

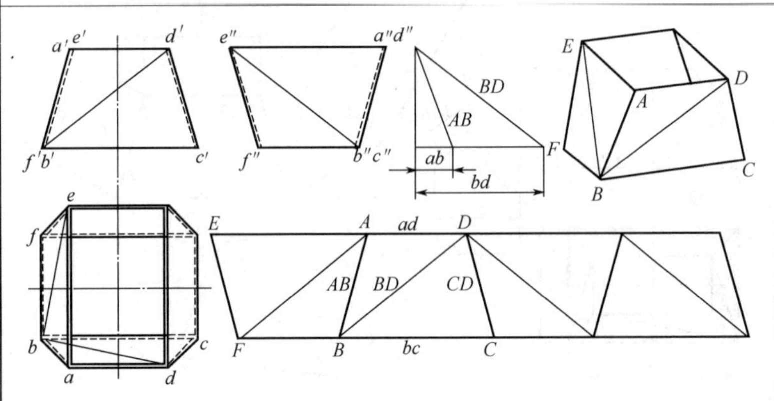

展开作图：（三角形法）

分析构件主、俯视图：上竖下横矩形管的顶面、底面的俯视图反映实形；而四条棱线的主、俯视图都不反映实长（可用直角三角形法求得实长）；四个梯形棱面（相等），可分成两个三角形来求得实形

展开划线：① 直角三角形法求棱线实长（画水平线长分别＝ab、bd；作垂线＝高；则斜边为各线实长 AB、BD）

② 绘出前（后）面的展开图：先作一直线 $BC=bc$，再以 B 点为圆心，以 BD 实长为半径画弧、以 C 点为圆心以 CD 实长为半径画弧——得交点 D，连成一△BCD

③ 再分别以 B、D 点为圆心，分别以 AB、ad 为半径画两圆弧——得交点 A，连成另一△ABD

④ 同理，把侧面分成两个三角形（△ABF 和△AEF），按各边实长作图——得到侧面的实形图

⑤ 依次排版

【例 3.3-4】 斜切四棱锥管

展开实例

提示：

斜切四棱锥管（“平行线”法＋“三角形”法）底面的俯视图反映实形；虽然顶面的主、俯视图都不反映实形，但左右两条边线为正垂线，其水平投影反映实长；前后两条边线为正平线，其正面投影反映实长；四条棱线（两两相等）的主、俯视图都不反映实长（可用直角三角形法求得实长）；四个梯形棱面（前后两个相等、左右两个不等），可分成两个三角形来求得实形

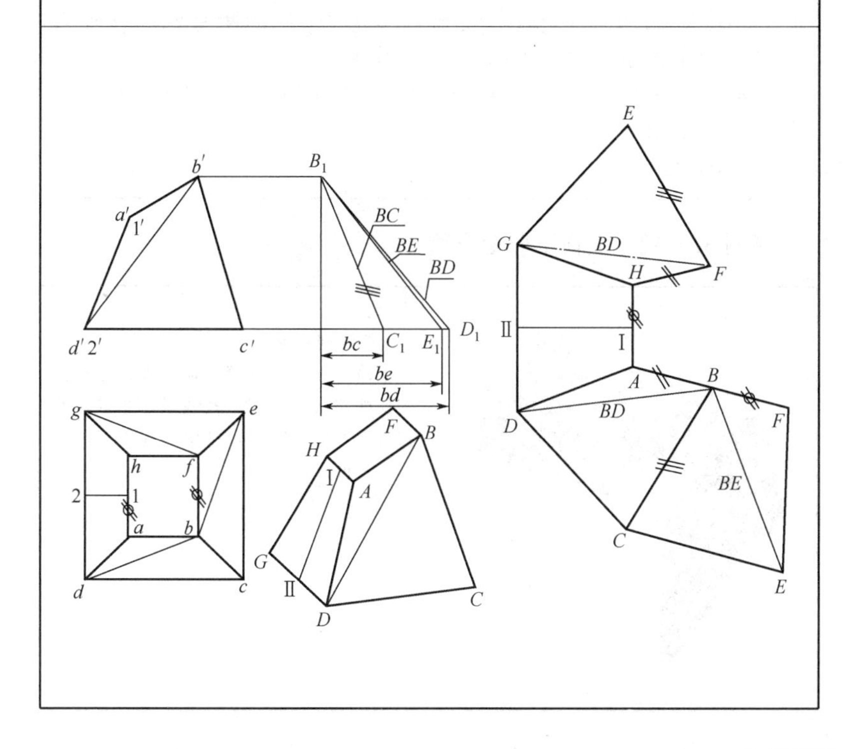

展开作图：（“平行线”法＋“三角形”法）

分析视图：斜切四棱锥管底面的俯视图反映实形；虽然顶面的主、俯视图都不反映实形，但左右两条边线为正垂线，其水平投影反映实长（$ah=bf=$实长）；前后两条边线为正平线，其正面投影反映实长（$a'b'=h'f'=$实长）；而四条棱线（两两相等）的主、俯视图都不反映实长（可用直角三角形法求得实长）；四个梯形棱面（前后两个相等、左右两个不等），可分成两个三角形来求得实形

展开划线：

①“直角三角形法”求棱线实长（画水平线长分别$=bc$、be、bd；作垂线＝高；则斜边为各线实长BC、BE、BD）；左侧面的高ⅠⅡ平行于正面，故正面投影$1'2'$反映实长

② 先用“平行线法”：画左侧面的实形图——任作一直线$DG=dg$，再作中垂线ⅡⅠ$=1'2'$，过Ⅰ点作$AH=ah$依次连点，完成梯形$ADGH$

③ 再用“三角形法”：画前（后）面的实形图——以D点为圆心、BD的实长为半径画圆弧与以A点为圆心、AB的实长（$a'b'$）为半径画圆弧相交——得交点B，连成$\triangle ABD$。同理，以D点为圆心、DC的实长$=dc$为半径画圆弧与以B点为圆心、BC的实长为半径画圆弧相交——得交点C，连成另一$\triangle BDC$

④ 同理，把右侧面分成两个三角形（$\triangle BCE$和$\triangle BEF$），按各边实长作图——完成右侧面的实形图

⑤ 依次排版

【例 3.3-5】 上横下竖矩形管

展开实例

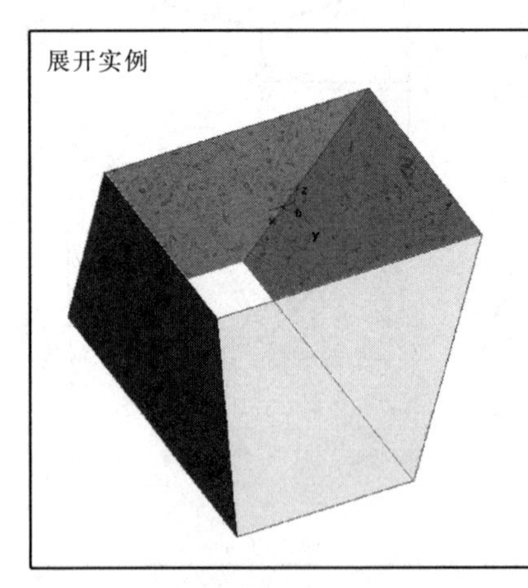

提示：

上横下竖矩形管——（三角形法）

上横下竖　矩形管顶面、底面的俯视图反映实形；而四条棱线虽然相等，但其投影不反映实长，可用“直角三角形法”求得实长

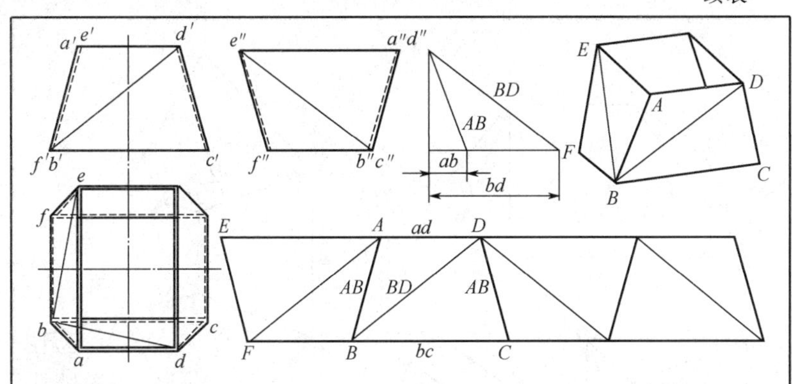

展开作图：（三角形法）

分析构件主、俯视图：上横下竖矩形管的顶面、底面的俯视图反映实形；而四条棱线的主、俯视图都不反映实长（可用直角三角形法求得实长）；四个梯形棱面（相等），可分成两个三角形来求得实形

展开划线：① 直角三角形法求棱线实长（画水平线长分别＝ab、bd；作垂线＝高；则斜边为各线实长 AB、BD）

② 绘出前（后）面的展开图：先作一直线 $BC=bc$，再以 B 点为圆心、BD 实长为半径画弧，以 C 点为圆心、CD 实长为半径画弧——得交点 D，连成一△BCD

③ 再分别以 B、D 点为圆心，分别以 ad、AB 为半径画两圆弧——得交点 A，连成另一△ABD

④ 同理，把侧面分成两个三角形（△ABF 和△AEF），按各边实长作图——得到侧面的实形图

⑤ 依次排版

【例 3.3-6】 斜切四棱锥管

展开实例

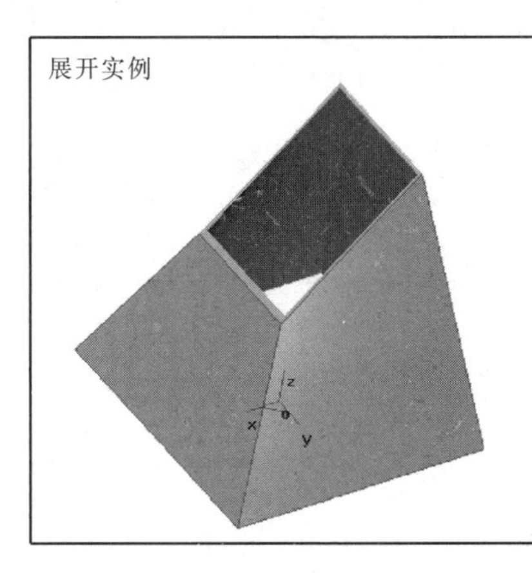

提示：

斜切四棱锥管（“平行线”＋“三角形”法）底面的俯视图反映实形；虽然顶面的主、俯视图都不反映实形，但左右两条边线为正垂线，其水平投影反映实长；前后两条边线为正平线，其正面投影反映实长；四条棱线（两两相等）的主、俯视图都不反映实长（可用直角三角形法求得实长）；四个梯形棱面（前后两个相等、左右两个不等），可分成两个三角形来求得实形

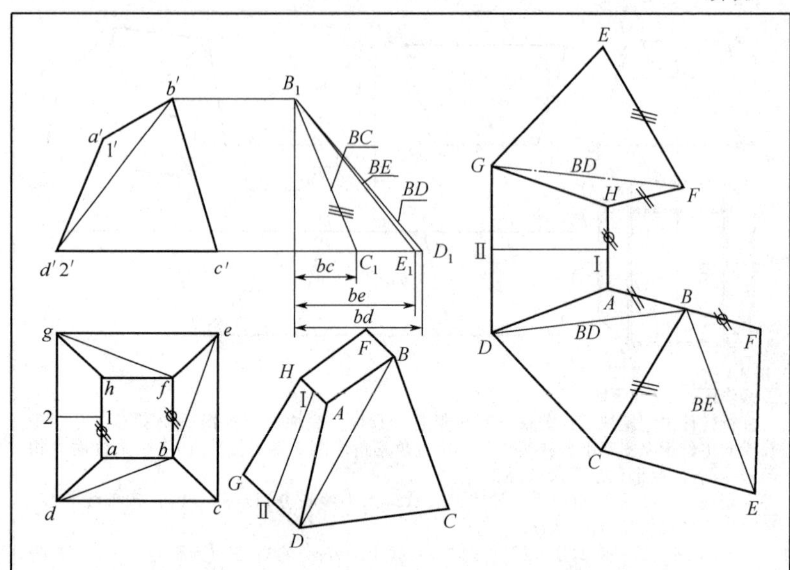

展开作图：（“平行线” ＋ “三角形” 法）

分析视图：斜切四棱锥管底面的俯视图反映实形；虽然顶面的主、俯视图都不反映实形，但左右两条边线为正垂线，其水平投影反映实长（$ah=bf=$实长）；前后两条边线为正平线，其正面投影反映实长（$a'b'=h'f'=$实长）；而四条棱线（两两相等）的主、俯视图都不反映实长（可用直角三角形法求得实长）；四个梯形棱面（前后两个相等、左右两个不等），可分成两个三角形来求得实形

展开划线：

①“直角三角形法”求棱线实长（画水平线长分别$=bc$、be、bd；作垂线＝高；则斜边为各线实长 BC、BE、BD）；左侧面的高ⅠⅡ平行于正面，故正面投影 $1'2'$反映实长

② 先用“平行线法”：画左侧面的实形图——任作一直线 $DG=dg$，再作中垂线ⅡⅠ$=1'2'$，过Ⅰ点作 $AH=ah$，依次连点完成梯形 $ADGH$

③ 再用“三角形法”：画前（后）面的实形图——以 D 点为圆心、BD 的实长为半径画圆弧与以 A 点为圆心、AB 的实长（$a'b'$）为半径画圆弧相交——得交点 B，连成△ABD。同理，以 D 点为圆心，DC 的实长$=dc$ 为半径画圆弧与以 B 点为圆心，BC 的实长为半径画圆弧相交——得交点 C，连成另一△BDC

④ 同理，把右侧面分成两个三角形（△BCE 和△BEF），按各边实长作图——完成右侧面的实形图

⑤ 依次排版

【例 3. 3-7】 上三角口、下方口棱锥管

展开实例

提示：上三角口、下方口棱锥管上三角口、下方口棱锥管的底面为正方形，其俯视图反映实形；顶面为三角形，其主、俯视图都不反映实形，但左边线为正垂线，其水平投影反映实长（ae＝实长）；前后侧面各由两个三角形构成，有两条边线的主、俯视图都不反映实长（可用“直角三角形法”求得实长）；右侧面也是三角形

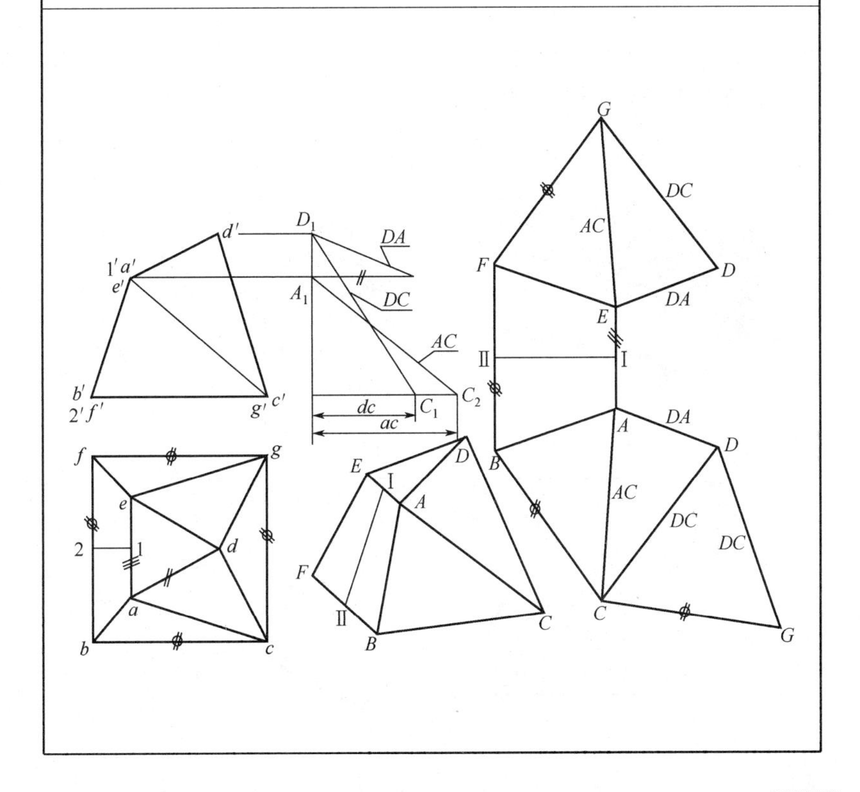

续表

展开作图：(“平行线”＋“三角形”法)

分析视图：上三角口、下方口棱锥管的底面为正方形，其俯视图反映实形；顶面为三角形，其主、俯视图都不反映实形，但左边线为正垂线，其水平投影反映实长(ae＝实长)；前后侧面各由两个三角形构成，有两条边线的主、俯视图都不反映实长（可用直角三角形法求得实长）；右侧面也是三角形

展开划线：

①“直角三角形法”求棱线实长（画三水平线长分别等于 dc、ac、ad；作垂线等于高；则斜边为 D_1C_1、A_1C_2、DA 反映实长；左侧面的高ⅠⅡ平行于正面，故正面投影 $1'2'$反映实长)

② 先用“平行线法”：画左侧面的实形图——任作一直线 $BF=bf$，再作中垂线ⅡⅠ＝$1'2'$，过Ⅰ点作 $AE=ae$，依次连点完成梯形 $ABFE$

③ 再用“三角形法”画前棱面两个三角形的实形图——以 A 点为圆心、AC 的实长为半径画圆弧与以 B 点为圆心、BC 的实长（bc）为半径画圆弧相交 得交点 C，连成△ABC。同理，以 C 点为圆心、CD 的实长为半径画圆弧与以 A 点为圆心、AD 的实长为半径画圆弧相交——得交点 D，连成另一△ACD

④ 同理，完成右侧棱面三角形（△CDE）的实形图

⑤ 依次排版

【例 3.3-8】 上平、下斜矩形锥管

展开实例

提示：上平、下斜矩形锥管

上平、下斜矩形锥管，上面矩形为水平面（俯视图反映实形），底面矩形为正垂面（其主、俯视图都不反映实形）；前后侧面各由两个三角形构成，有三条边线的主、俯视图都不反映实长（可用直角三角形法求得实长）；左、右侧面是不同的等腰梯形

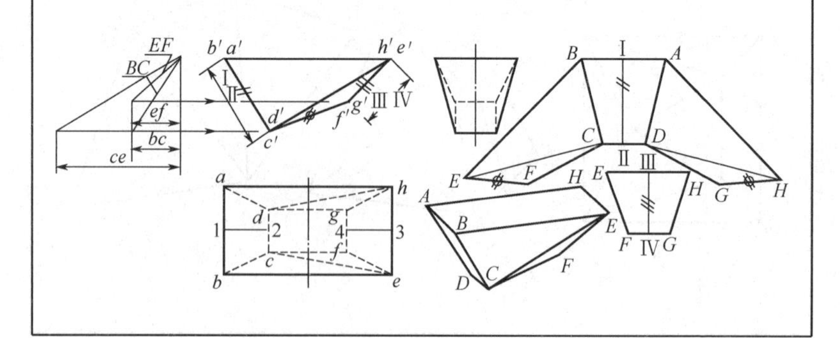

续表

展开作图：（“平行线”＋“三角形”法）

分析视图：上平、下斜矩形锥管，上面矩形为水平面（俯视图反映实形），底面矩形为正垂面（其主、俯视图都不反映实形）；前后侧面各由两个三角形构成，有三条边线的主、俯视图都不反映实长（可用直角三角形法求得实长）；左、右侧面是不同的等腰梯形

展开划线：

① 直角三角形法求棱线实长（画三水平线长分别等于 ef、bc、ce；作垂线等于高；则斜边为 EF、BC、CE 反映实长；左侧棱面的高 Ⅰ Ⅱ 平行于正面，故正面投影 $1'2'$ 反映实长）

② 先用“平行线法”：画左侧棱面的实形图——任作一直线 $AB=ab$，再作中垂线 Ⅰ Ⅱ $=1'2'$，过 Ⅱ 点作 $CD=cd$ 依次连点，完成梯形 $ABCD$

同理，完成右侧面（梯形 EFGH）的实形图

③ 再用“三角形法”：画前（后）棱面两个三角形的实形图——以 C 点为圆心、CE 的实长为半径画圆弧与以 B 点为圆心、BE 的实长（be）为半径画圆弧相交——得交点 E，连成△BCE。同理，以 C 点为圆心、CF 的实长为半径画圆弧与以 E 点为圆心、EF 的实长为半径画圆弧相交——得交点 F，连成另一△CEF

④ 依次排版

【例 3.3-9】 上菱（形）下方（形）——锥管

展开实例

提示：

上菱形下方形——锥管（三角形法）顶面、底面的俯视图反映实形；左右、前后侧面是由四个相同的大三角形和四个相同的小三角形组成。且八条斜边相等，但其投影不反映实长，需用“直角三角形法”求得实长

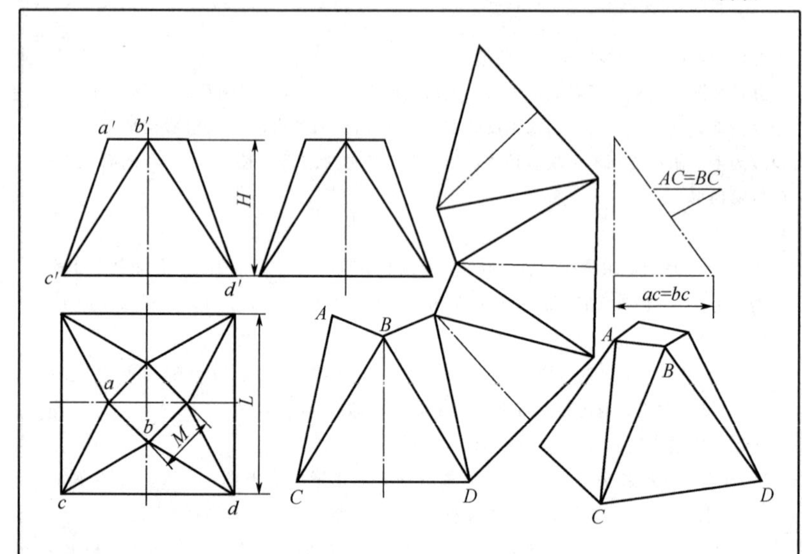

展开作图：（“三角形”法）

分析视图：上菱形、下方形——锥管

顶面、底面的俯视图反映实形；左右、前后侧面是由四个相同的大三角形和四个相同的小三角形组成。且八条斜边相等，但其投影不反映实长，需用“直角三角形法”求得实长

展开划线：

①“直角三角形法”求棱线实长——画水平线长＝$ac=bc$；作垂线＝H；则斜边为$AC=BC$（实长）

② 用“三角形法”：画前面大三角形的实形图——任画一水平线$CD=cd$，分别以C、D点为圆心，以BC的实长为半径画两圆弧得交点B，依次连接B、C、D三点，完成前面大三角形的展开图

③ 同理，画侧面小三角形的实形图——以B为圆心，以顶面正方菱形边长M为半径，画圆弧，再以C为圆心，以AC实长为半径画圆弧，得到交点A，依次连接A、B、C三点，完成侧面小三角形的实形图

④ 依次排版

【例 3. 3-10】 凸五角星——表面展开

展开实例

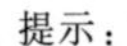

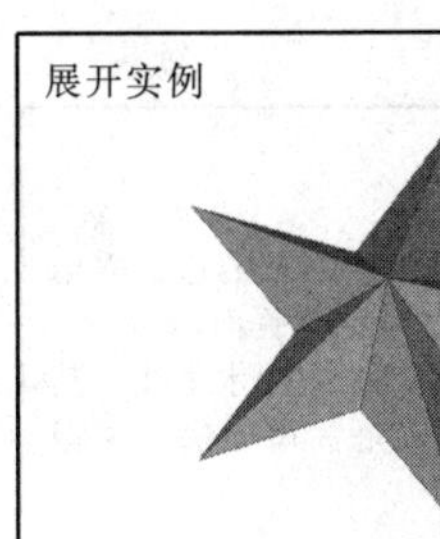

提示：

凸五角星——表面展开（三角形法）

可看作由10个相同的平面三角形围成；对于投影不反映实长的边，需用“直角三角形法”求得实长

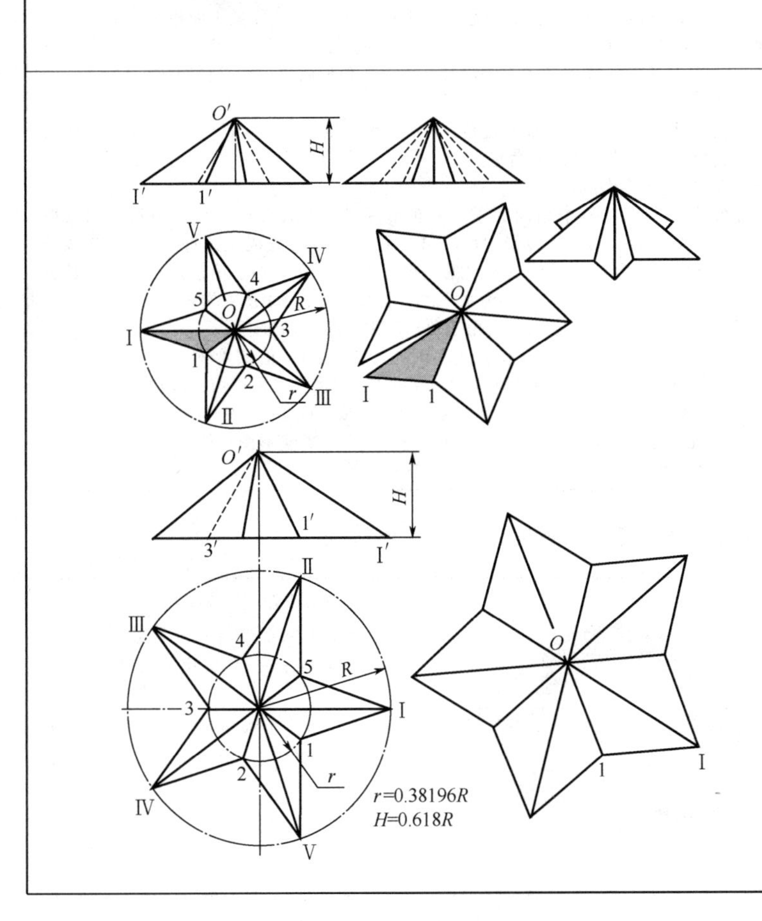

续表

展开作图：(“三角形”法)

分析视图：

凸五角星可看作由10个相同的平面三角形围成；对于投影不反映实长的边，需用“直角三角形法”求得实长（如图所示）。现只分析一个三角形平面（例如：△OⅠ1)，其中，OⅠ边为正平线，其正面投影O′Ⅰ′反映实长；Ⅰ1边为水平线，其水平投影Ⅰ1反映实长；只有O1边为一般位置直线，需用“直角三角形法”求得实长

展开划线（1）

① 直角三角形法求棱线O1的实长（图中，是以O′1′的高度差H为一直角边，以水平投影长度O1为另一直角边，所作直角三角形的斜边，求得实长的）

② 用“三角形法”：画三角形平面（例如：△OⅠ1）的实形图——任画一直线OⅠ=O′Ⅰ′，分别以O、Ⅰ点为圆心，以Ⅰ1和O1的实长（见正面投影）为半径画两圆弧得交点1，依次连接O、Ⅰ、1三点，完成△OⅠ1的展开图

③ 按照此三角形的样子，依次画出其余9个三角形的实形图（如图所示）

展开划线（2）

若凸五角星的有关尺寸有如下关系：$r=0.38196R$；$H=0.618R$；则其表面展开后，仍成为一个完整的平面五角星

分析视图：(直接作图)

凸五角星可看作由10个相同的平面三角形围成；可只分析一个三角形平面（例如：△OⅠ1）即可，从水平投影中可看出，Ⅰ、O、3三点成一条直线，故O3线是正平线，其正面投影O′3′反映实长（见主视图中的虚线)；OⅠ边也是正平线，其正面投影O′Ⅰ′也反映实长；Ⅰ1边为水平线，其水平投影Ⅰ1反映实长

① 由于O1=O3，可不必采用直角三角形法求棱线O1的实长了

② 用“三角形法”：画三角形平面（例如：△OⅠ1）的实形图——任画一直线OⅠ=O′Ⅰ′分别以O、Ⅰ点为圆心，以Ⅰ1和O1的实长（见正面投影O′3′）为半径画两圆弧得交点1，依次连接O、Ⅰ、1三点，完成△OⅠ1的展开图

③ 按照此三角形的样子，依次画出其余9个三角形的实形图（如图所示）

可见，凸五角星展开后，仍成为一个完整的平面五角星

【例3.3-11】 天圆地方——异形接头

展开实例

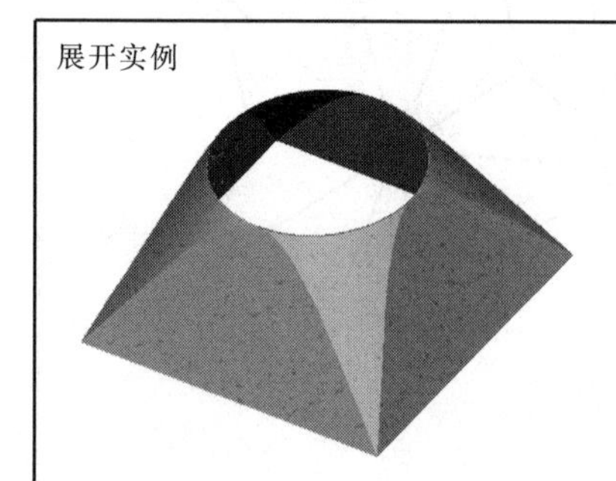

提示：天圆地方——异形接头

是一个由圆管过渡到方管的接头，俗称“天圆地方”，可采用三角形法画展开图

其中，四块平面可近似看作三角形平面形；四块部分圆锥面可近似分成几个曲面三角形

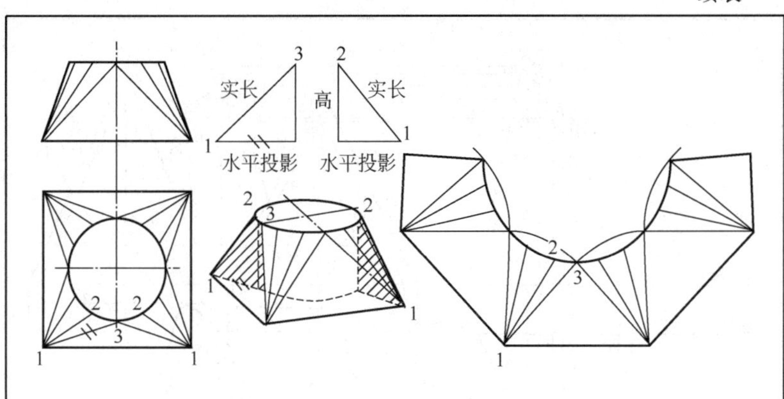

展开作图：

① 将表面划分为若干三角形：由图中看出，该“天圆地方”是由四个相同的等腰三角形和四个圆角部分组成。若将顶部圆周 12 等分（也可作其他等分），便可将每一圆角分成三个近似三角形

② 求各三角形各边实长：在三角形各边中，1-2 和 1-3 两线需用“直角三角形法”求实长（如图所示）。其余各边均平行于水平投影面，均在俯视图上反映实长

③ 用已知三边画三角形的方法，依次画出全部三角形（如；△123 的展开图，是以 12 边的实长、13 边的实长和俯视图中圆弧 23 的弦长为三条边近似绘出的）

从上述展开图作法可知，三角形法可以把不规则的曲面划分成若干三角形平面，近似地展开，所以得出的展开图也是近似的

【例 3. 3-12】 上椭圆、下长方——异形接头

展开实例

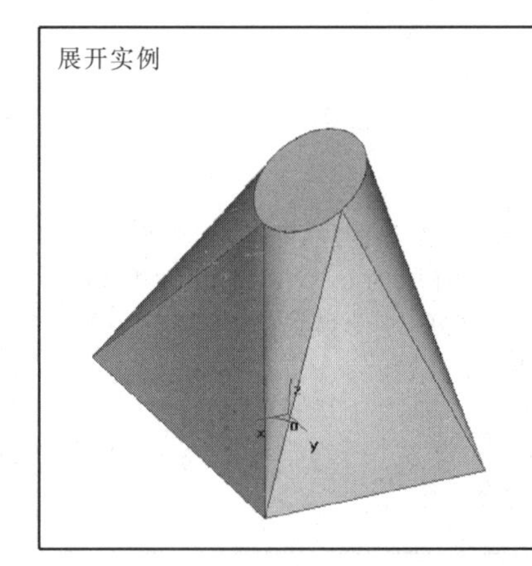

提示：

该体上口为斜椭圆，下口为长方口——是由斜椭圆口过渡到长方口的接头，俗称“天圆地方”的变种。可用三角形法画展开图

续表

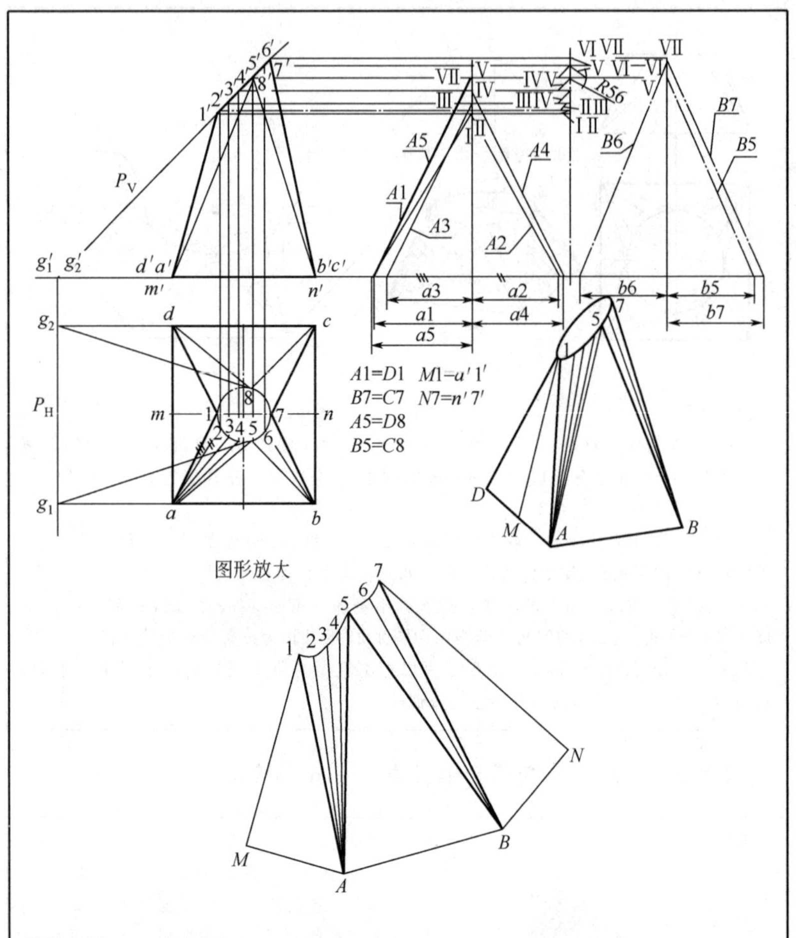

展开作图：（三角形法）

（1）分析构件主、俯视图：该异形接头可看作由四个平面三角形和四个局部斜圆锥面过渡组成；上椭圆、下长方——异形接头的底面为长方形，其俯视图反映实形；该体前后对称，对称面上的素线 $M1$ 和 $N7$ 为正平线（其主视图反映实长，即 $M1=m'1'$、$N7=n'7'$），故仅画出一半展开图即可

（2）展开划线

① 作上下口平面的交线投影（P_V、P_H）

② 在俯视图中，分别延长 ba 和 cd 与 P_H 得交点 g_1 和 g_2

③ 自 g_1 和 g_2 作上口（椭圆）的水平投影（圆）的切线 g_5 和 g_8 得切点 5 和 8（确保圆滑过渡）

④ 将底面矩形的四个顶点与两个切点（5、8）相连，得到四个平面三角形和四个局部斜锥面

⑤ 将左斜锥面（△a15）分为 4 份、将右斜锥面（△b57）分为 2 份

⑥ 利用“直角三角形法”求得各线段的实长（见图示）

⑦ 依次画出各三角形的实形

⑧ 用曲线板顺次光滑连点，即得表面的展开图

【例 3. 3-13】 天方地圆——异形接头

展开实例

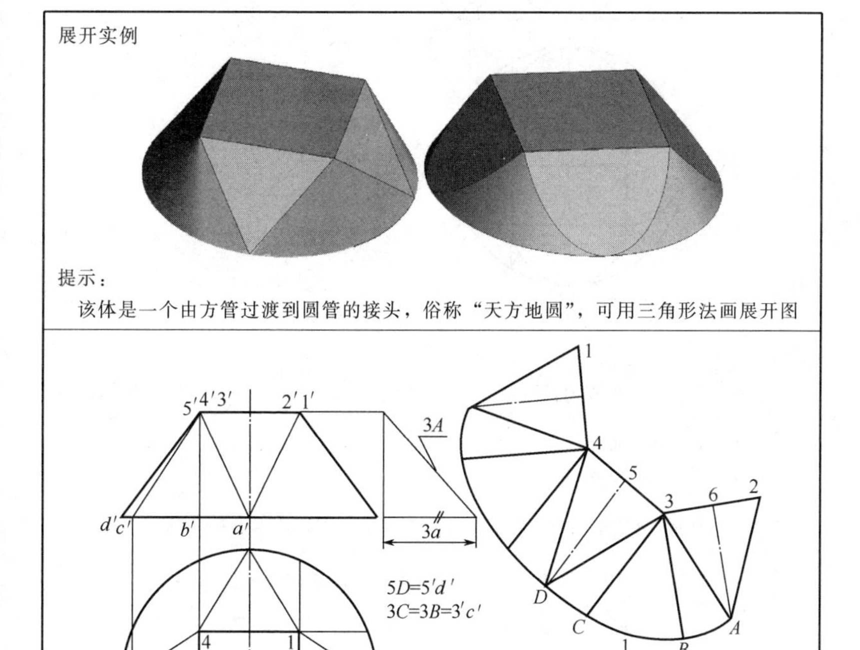

提示：

该体是一个由方管过渡到圆管的接头，俗称“天方地圆”，可用三角形法画展开图

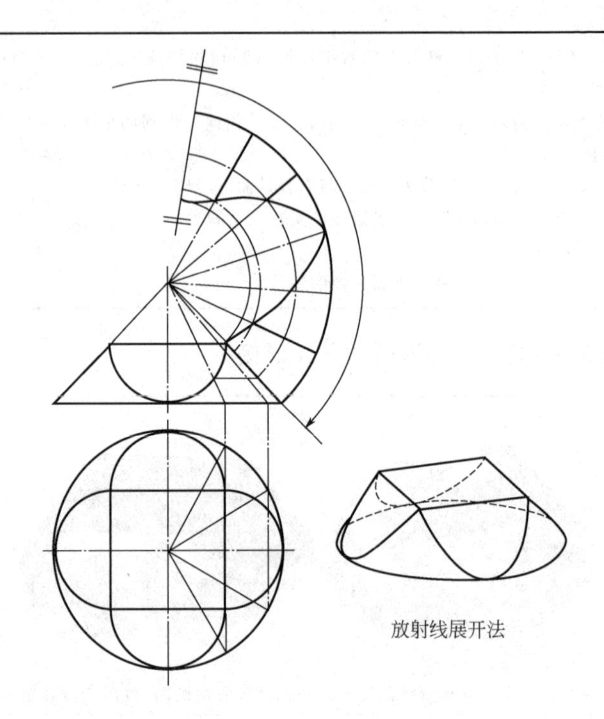

放射线展开法

展开作图 1：(三角形法)

(1) 分析构件主、俯视图：该异形接头可看作由四个平面三角形和四个局部斜圆锥面过渡组成；上方、下圆——异形接头的底面圆形，其俯视图反映实形；该体前后、左右对称，对称面上的素线 $5D$ 为正平线（其主视图反映实长，即 $5D=5'd'$），故仅画出展开图的 1/4 即可

(2) 展开划线

① 将一个局部斜圆锥面分为几份（如：三部分，即在俯视图中分成曲面△$3ab$/$3bc$/$3cd$）

② 利用“直角三角形法”求得各线段的实长（见图示）

③ 依次画出各三角形的实形

④ 用曲线板顺次光滑连点，即得表面的展开图

展开作图 2：(放射线法)

(1) 分析构件主、俯视图：该异形接头可看作由四个平面三角形和四个局部斜圆锥面过渡组成；上方、下圆——异形接头的底面圆形，其俯视图反映实形；该体前后、左右对称，故仅画出展开图的 1/4 即可

(2) 展开划线

① 将一个局部斜圆锥面分为几分（如三部分）

② 利用“直角三角形法”求得各素线段的实长——得到各截断点（见图示）

③ 用曲线板顺次光滑连点，即得表面的展开图

【例 3.3-14】 天偏方地圆——异形接头

展开实例

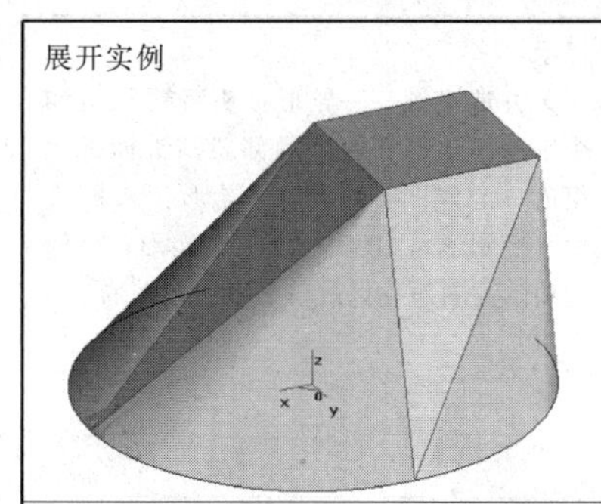

提示：天偏方地圆——异形接头是由偏心方管过渡到圆管的接头，俗称“天偏方地圆”，可用三角形法画展开图

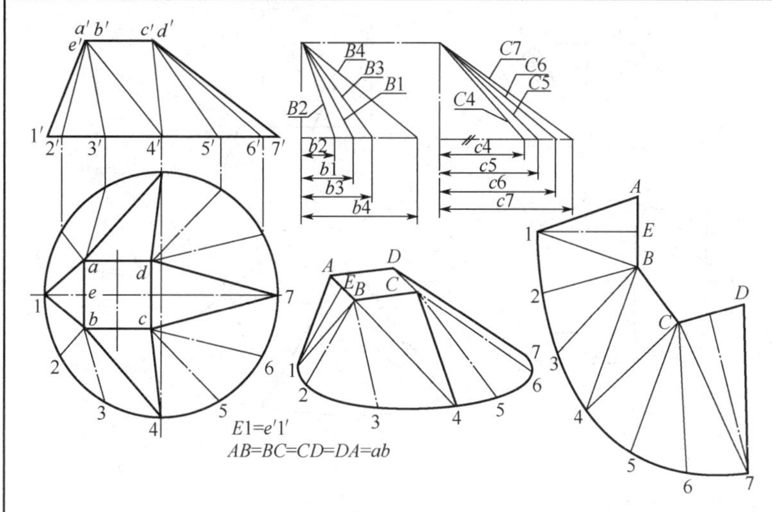

展开作图：(三角形法)

(1) 分析构件主、俯视图：该异形接头可看作由四个平面三角形和四个局部斜圆锥面过渡组成；上偏方、下圆——异形接头的底面（圆形），其俯视图反映实形；该体前后对称，但左右不对称，前后对称面上的素线 $E1$ 为正平线（其主视图反映实长，即 $E1=e'1'$），故可仅画出展开图的一半即可

(2) 展开划线

① 将一个局部斜圆锥面分为几部分（如：三部分，即在俯视图中分成曲面△$b12/b23/b34$）

② 利用“直角三角形法”求得各线段的实长（见图示）

③ 依次画出各三角形的实形

④ 用曲线板顺次光滑连点，即得表面的展开图

【例 3.3-15】 天方地椭圆——异形接头

展开实例

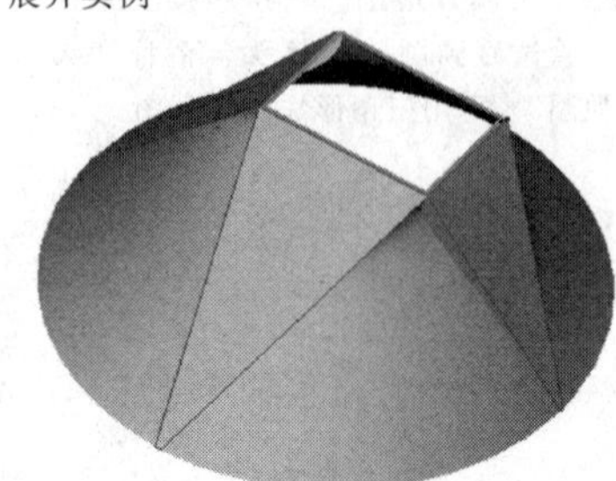

提示：

天方地椭圆——异形接头可看作由四个平面三角形和四个局部斜圆锥面过渡组成；上方、下椭圆——异形接头的底面（椭圆形），其俯视图反映实形；该体前后、左右对称，故仅画出展开图的1/4即可

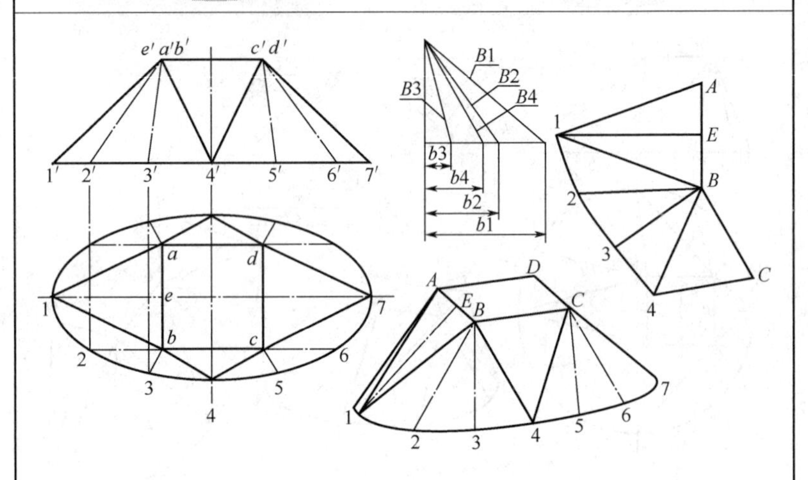

展开作图：（三角形法）

（1）分析构件主、俯视图：该异形接头可看作由四个平面三角形和四个局部斜圆锥面过渡组成；上方、下椭圆——异形接头的底面（椭圆形），其俯视图反映实形；该体前后、左右对称，对称面上的素线 $E1$ 为正平线（其主视图反映实长，即 $E1=e'1'$），故仅画出展开图的1/4即可

（2）展开划线

① 将一个局部斜圆锥面分为几部分（如：三部分，即在俯视图中分成曲面△$b12$/$b23$/$b34$）

② 利用“直角三角形法”求得各线段的实长（见图示）

③ 依次画出各三角形的实形

④ 用曲线板顺次光滑连点，即得表面的展开图

【例 3.3-16】 异径偏心圆接管

展开实例

提示：

异径偏心圆接管上节为直纹曲面管、下节为圆管。可用平行线法＋三角形法画展开图

注意，此例不能用“放射线法”展开

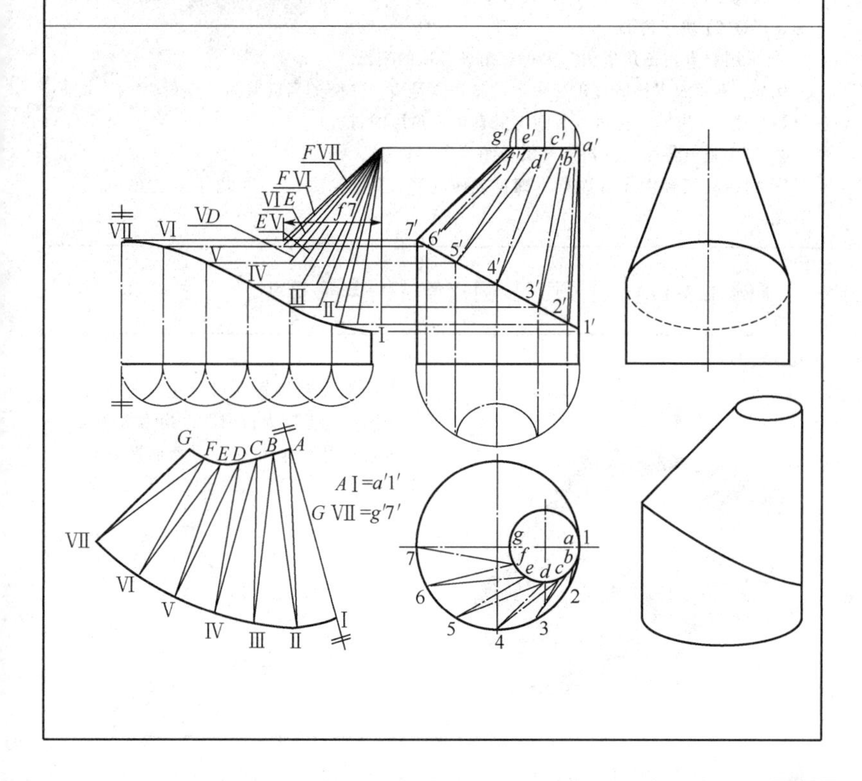

展开作图：(平行线法＋三角形法)

1. 分析构件主、俯、左视图

异径偏心圆接管上节为直纹曲面管、下节为圆管（圆管表面各素线在主视图中反映实长）

2. 展开划线

(1) 画出下节圆管的展开图（平行线法）

① 画出完整圆管的展开图——矩形（长$=\pi D$）

② 将圆管的底圆采取适当等分（图中，采取 12 等分，简化作图——直接在主视图上画半圆，6 等分）

③ 将矩形也划分 12 等份，并截取各素线的实长

④ 用曲线板顺次光滑连点，即得表面的展开图（图中，仅画出了对称的一半展开图）

(2) 画出上节直纹曲面管的展开图（三角形法）

① 将上节直纹曲面管的顶圆分成适当等分（图中分为 12 等份，简化作图——直接在主视图上画半圆，6 等分）；连接 $a'1'$、$b'2'$、…，再将每一部分划分成两个三角形，形成 24 块三角形

② 采用“直角三角形法”求得三角形各边的实长

例如：FⅦ的实长＝直角三角形的斜边（是由 f'、$7'$的高度差为一直角边，以水平投影长度 $f7$ 为另一直角边所画出的直角三角形的斜边）

③ 依次画出各曲面三角形的实形图

④ 用曲线板顺次光滑连点，即得表面的展开图（图中，仅画出了对称的一半展开图）

【例 3.3-17】 上圆下长圆接管——异形接头

展开实例

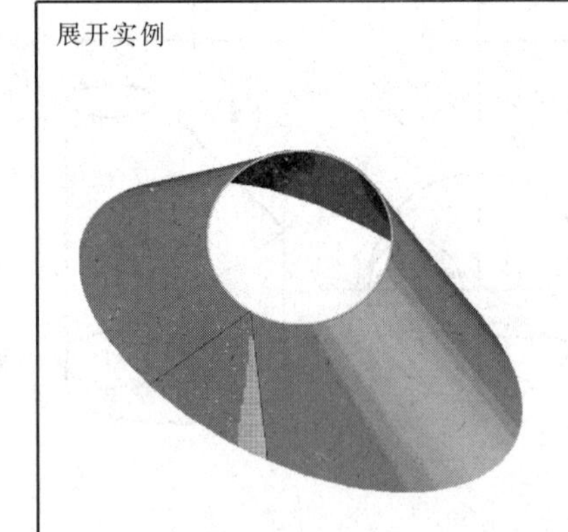

提示：

上圆下长圆接管前后、左右对称；上口为圆形、下口为长圆形；均为水平面

侧表面可看作由左右两个椭圆柱面和前后两个三角形平面围成

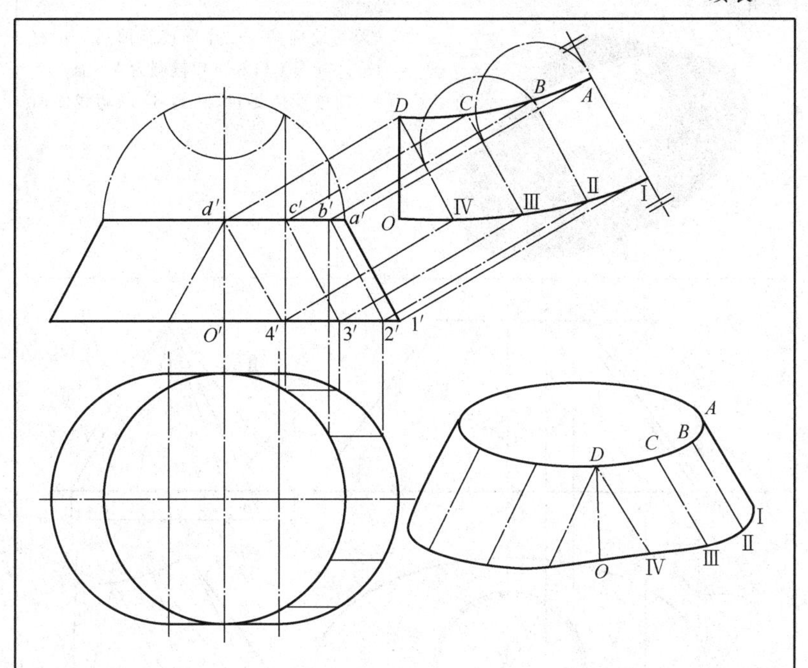

展开作图：(平行线法＋三角形法)

(1) 分析构件主、俯视图：圆顶长圆底接管前后、左右对称。上口为圆形、下口为长圆形，均为水平面，其俯视图反映实形。侧表面可看作由左右两个椭圆柱面和前后两个三角形平面围成

(2) 展开划线：仅画出侧表面的1/4展开图即可

① 将顶圆采取适当等分（图中，采取12等分，简化作图——直接在主视图上画半圆，6等分）；作出相应素线的正面投影 $a'1'$、$b'2'$、$c'3'$、$d'4'$

② 按照“平行线法”原理，在适当位置画出 $a'1'$ 的平行线 AⅠ作为基准线；以各素线的距离确定其余素线的展开位置 BⅡ、CⅢ、DⅣ；如图所示，自正面投影中的 b'、c'、d' 及 $2'$、$3'$、$4'$ 引线，得到 B、C、D 及Ⅱ、Ⅲ、Ⅳ各点

③ 顺次光滑连接各点

④ 依次画出前后中间部分三角形的展开图（由于中部三角形平面为正平面，其正面投影反映实形，即Ⅳ$O=4'o'$，$DO=d'o'$）

【例 3. 3-18】 天圆地椭圆——异形接头

展开实例

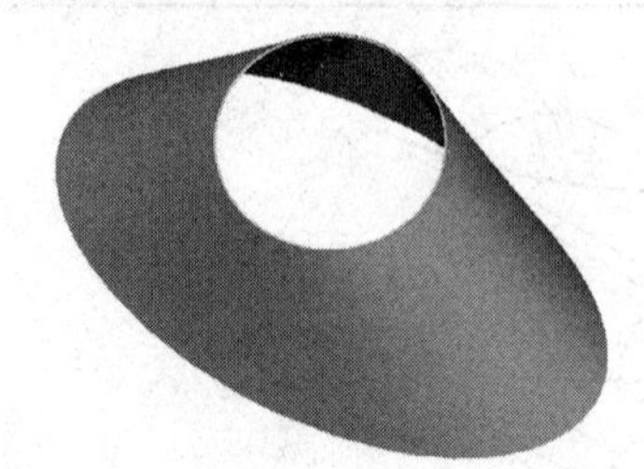

提示：

天圆地椭圆——异形接头前后、左右对称，圆形上口和下口椭圆为水平面

为使过渡体尽量圆滑，应以切线曲面过渡

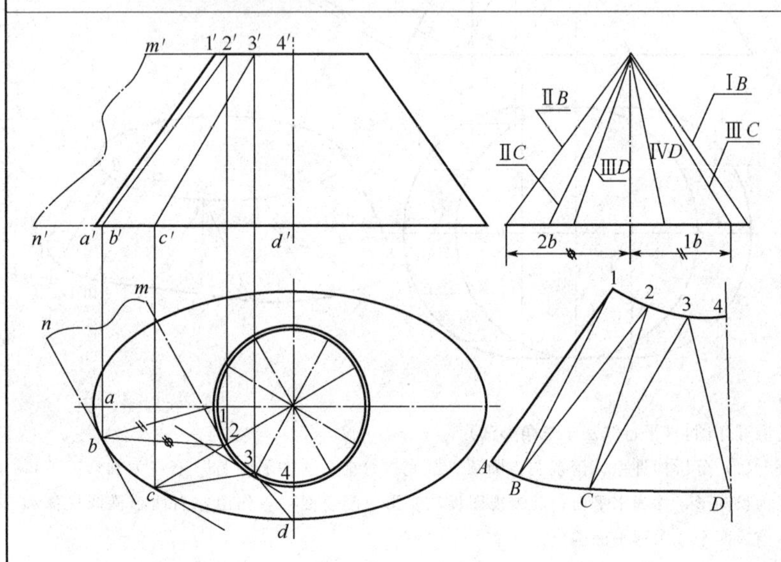

展开作图：（三角形法）

（1）分析构件主、俯视图：天圆地椭圆——异形接头的底面椭圆形，其俯视图反映实形；该体前后、左右对称，对称面上的素线 $A1$ 为正平线（其主视图反映实长，即 $A1=a'1'$），故仅画出展开图的 1/4 即可

（2）展开划线

① 将 1/4 局部过渡曲面 $A14D$ 划分为六个切线曲面三角形（即：把俯视图中的圆分为 12 等份，过各等分点作圆的切线，如 $2m$，再作它的平行线 bn 与椭圆相切于 b 点，使 $2b$ 成为切线曲面上的一条素线。依此，可分成曲面△$a1b$/$b12$/$b2c$/$c23$/$c3d$/$3d4$）

② 利用“直角三角形法”求得各线段的实长（见图示，如：ⅡB 的实长＝以 $2'$、b'的高度差为一直角边，再以其水平投影长度 $2b$ 为另一直角边，所作直角三角形的斜边）

③ 依次画出各三角形的实形

④ 用曲线板顺次光滑连点，即得表面的展开图（图中仅画出了 1/4）

【例 3.3-19】 异径分叉三通管

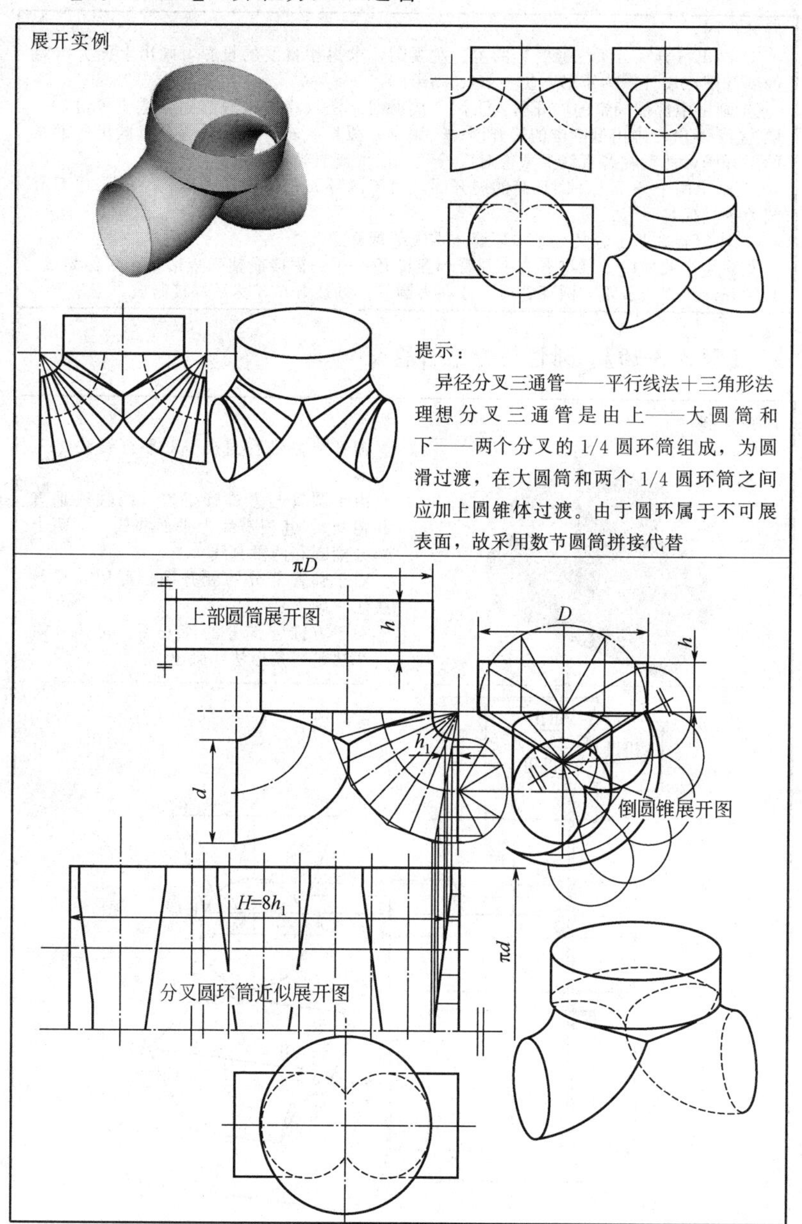

提示：

异径分叉三通管——平行线法+三角形法

理想分叉三通管是由上——大圆筒和下——两个分叉的 1/4 圆环筒组成，为圆滑过渡，在大圆筒和两个 1/4 圆环筒之间应加上圆锥体过渡。由于圆环属于不可展表面，故采用数节圆筒拼接代替展开作图：

① 画出《异径分叉三通管》的主、左视图，求得相贯线的投影，画出上面大圆筒的展开图（展开图为矩形：长$=\pi D$、高$=h$）

② 画出中部倒圆锥的展开图：采用“放射线”法（将圆锥底圆划分适当等份，一般为 12 等份，画出倒圆锥的展开图——扇形，弧长$=\pi d$；再从各等分点画出各素线的展开图，然后在各素线上截得对应长度，依次连成光滑曲线）

③ 画出两个分叉 1/4 圆环筒的展开图：由于圆环属于不可展表面，一般采用五节圆筒拼接代替

④ 注意画准两个分叉 1/4 圆环筒相贯线的展开图

实际生产放样中，常将五节小圆管相互错开 180°，拼接成整张矩形板，对称划线，交错开缝。焊接成 1/4 圆环管后，放在大圆管上划线开口，然后焊接制成。

【例 3.3-20】 圆管与方锥管直交

展开实例

提示：

圆管与方锥管直交——平行线法＋三角形法

由于圆管与方锥管正贯（两轴线垂直并相交），其相贯线为平面曲线——两个部分椭圆和两段直线

对于圆管部分的展开图，可用“平行线法”画出

对于方锥管部分的展开图，可用“平行线法＋三角形法”画出

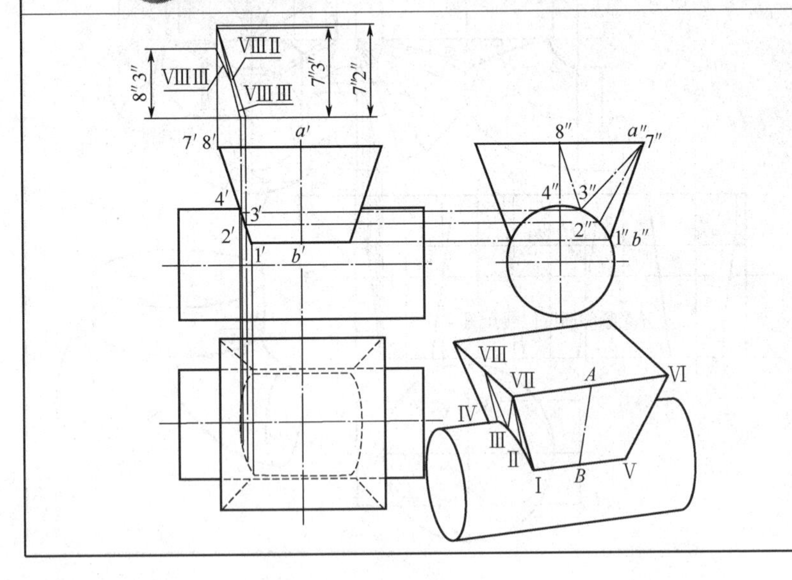

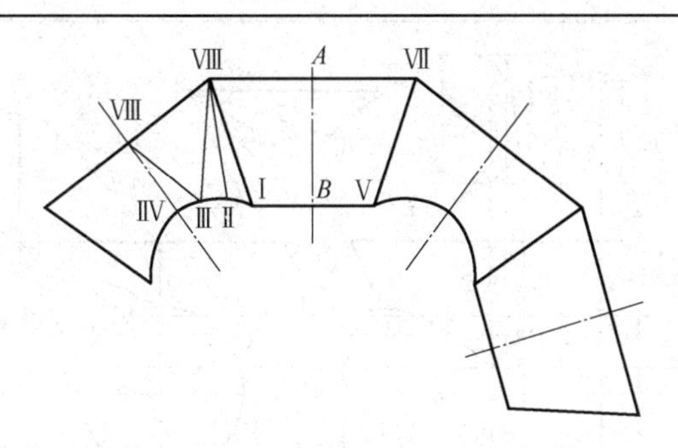

展开作图：(平行线法＋三角形法)

① 画出圆管与方锥管直交的主、俯、左视图，求得相贯线的投影

作图：由于圆管与方锥管正贯（两轴线垂直并相交），其相贯线为平面曲线——两个部分椭圆和两段直线

② 对于方锥管部分的展开图，可用“平行线法＋三角形法”画出

由于方锥管前、后面对称（为等腰梯形），可用“平行线法”画出展开图，但要注意，梯形的中线 AB 为侧平线，其侧面投影反映实长＝$a''b''$；左、右面也对称，虽然也是等腰梯形，但由于与圆管斜交（交线为部分椭圆弧），故需用“三角形法”将该面划分成几个三角形平面，先求得三角形各边的实长后，依次画出展开图

（图中，是将相贯线的左面投影 $1''4''$圆弧，采取 3 等分形成四个曲线三角形平面，分别求得各边实长后，依次画出展开图的）

③ 对于圆管部分的展开图，可用“平行线法”画出

实际生产中，常将方锥管放样成形后，放在大圆管上划线开口，然后焊接制成

【例 3. 3-21】 圆管与菱形锥管直交

展开实例

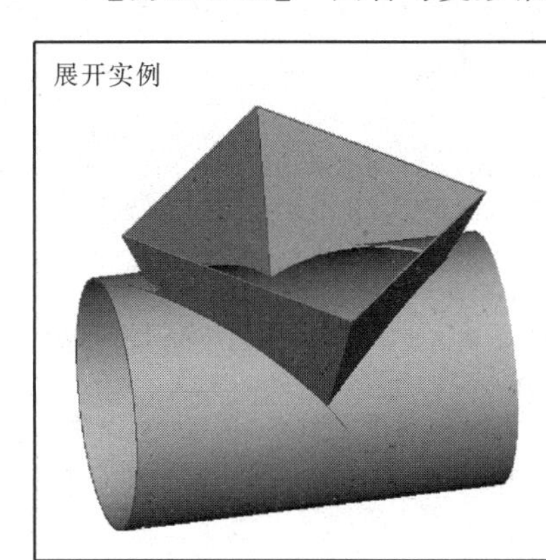

提示：

圆管与菱形锥管直交——平行线法＋三角形法

由于圆管与菱形锥管正贯（两轴线垂直并相交），其相贯线为平面曲线——四个部分椭圆，其正面投影积聚成两曲线

对于圆管部分的展开图，可用“平行线法”画出

对于棱锥部分的展开图，可用“三角形法”画出

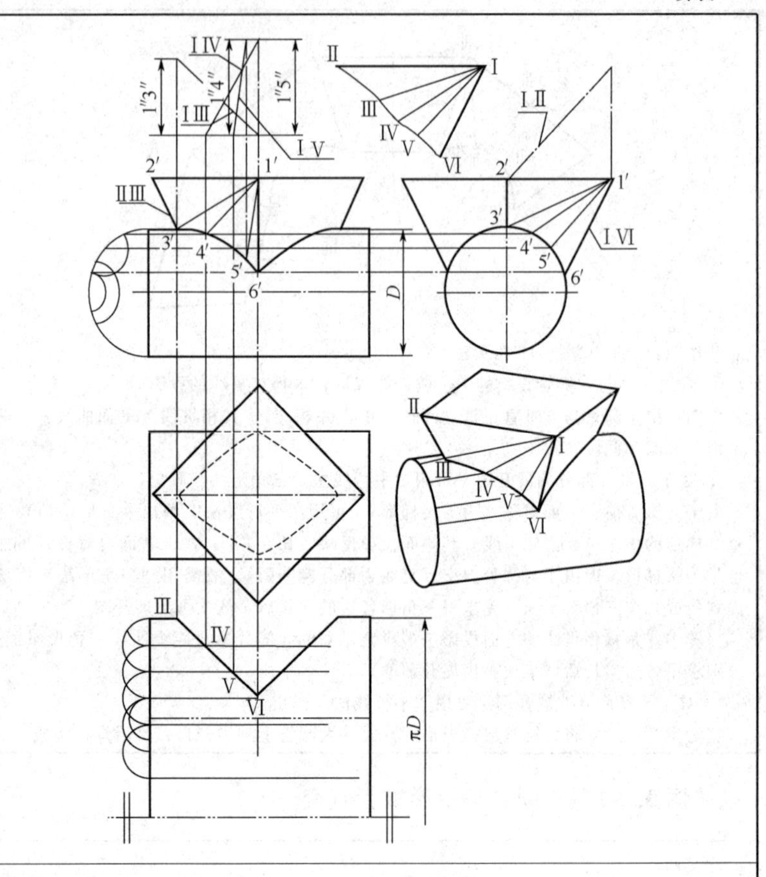

展开作图：(平行线法＋三角形法)

(1) 画出圆管与菱形锥管直交的主、俯、左视图，求得相贯线的投影

作图：由于圆管与菱形锥管正贯（两轴线垂直并相交），其相贯线为平面曲线——四段部分椭圆，其正面投影积聚成两曲线

(2) 对于菱形锥管部分的展开图，可用“三角形法”画出

① 如图所示，将菱形锥管，侧面下方，交线的侧面投影划分成适当等份（图中采取 3 等分)，这样将侧面划分为四个三角形平面

② 运用“直角三角形法”求得各边（ⅠⅡ、ⅠⅢ、ⅠⅣ、ⅠⅤ）的实长，注意，ⅡⅢ线为正平线，其正面投影 2′3′反映实长，ⅠⅥ线为侧平线，其侧面投影 1″6″反映实长

续表

③ 依次画出菱形锥管侧面的展开图（由于四个侧面对称，图中仅画了一个侧面的展开图）

（3）对于圆管部分的展开图，可用“平行线法”画出

① 画出水平圆管的展开图（矩形长＝πD）。注意，将圆管圆周长，按照相贯线的侧面投影（圆弧）的等分长度画出相应素线的展开图

② 在相应各素线上，求得相应的相贯点（Ⅲ、Ⅳ、Ⅴ、Ⅵ）

③ 依次光滑连点

实际生产中，常将菱形锥管放样，成形后，放在大圆管上划线开口，然后焊接制成

【例 3.3-22】 马蹄形接管的近似展开画法

展开实例

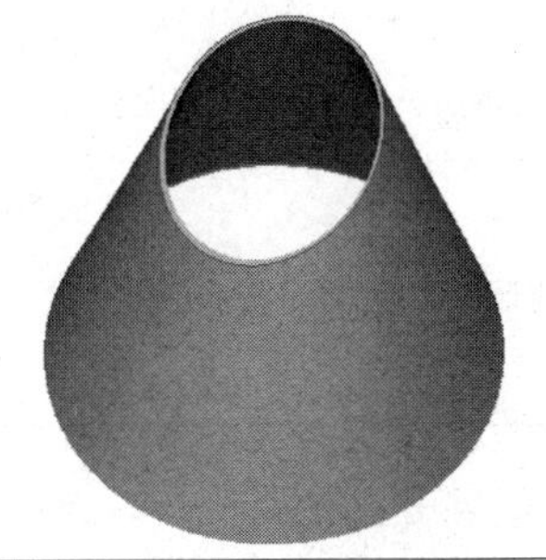

提示：

马蹄形接管——“三角形法”

虽然马蹄形接管的上、下口都是圆，但上口“圆”处于倾斜位置（正垂面），其正面投影为“斜线”、水平投影为“椭圆”；下口“圆”处于水平位置，其正面投影为水平线、水平投影为“圆”——反映实形

由于侧表面不是圆锥面，不可用“放射线法”展开。只好用“三角形法”绘制展开图

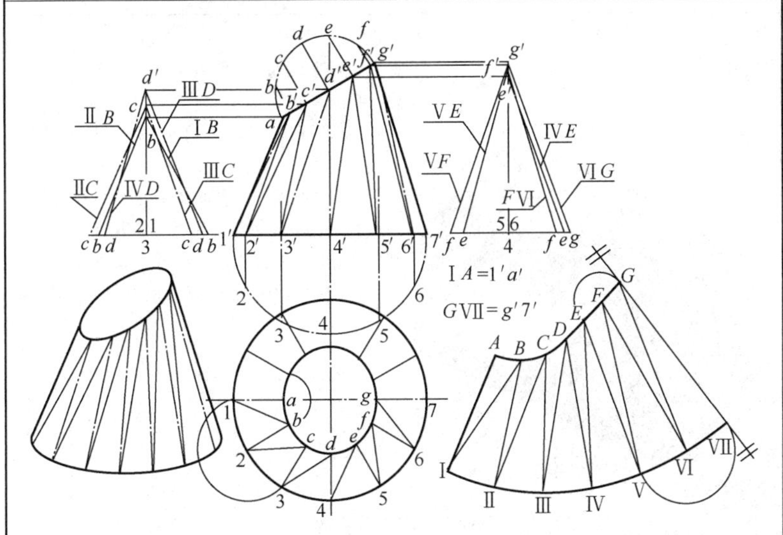

展开作图：（三角形法） 分析视图：虽然马蹄形接管的上、下口都是圆，但上口"圆"处于倾斜位置（正垂面），其正面投影为"斜线"、水平投影为"椭圆"；下口"圆"处于水平位置，其正面投影为水平线、水平投影为"圆"——反映实形 由于侧表面不是圆锥面，不可用"放射线法"展开。只好用"三角形法"绘制展开图 将上口小圆和下口大圆划分成适当等份（图中，各划分为 12 等份）；连接相应等分点，得到 12 条素线（$A1$、$B2$、$C3$…）；将相邻两素线之间的部分再划分为两个三角形（总计 24 个三角形）；这样，便于利用"三角形法"逐个求得各个三角形的实形；鉴于马蹄形接管前后侧面对称，可仅绘制一半展开图即可 展开划线： ①"直角三角形法"求素线实长。例如，ⅠB 边的实长＝以 $1'b'$的高度差为一直角边、以 $1b$ 长度为另一直角边所组成的直角三角形的斜边（如图示）。注意，ⅠA＝$1'a'$；GⅦ＝$g'7'$（两素线是正平线） ② 逐个画出各个三角形的展开图（例如，三角形 ABⅠ的展开图，是由 AⅠ、BⅠ的实长和 ab 弧长为三条边形成的）（图中，仅画了对称的一半展开图）

【例 3.3-23】 侧圆-底方弯管的近似展开画法

展开实例	提示：
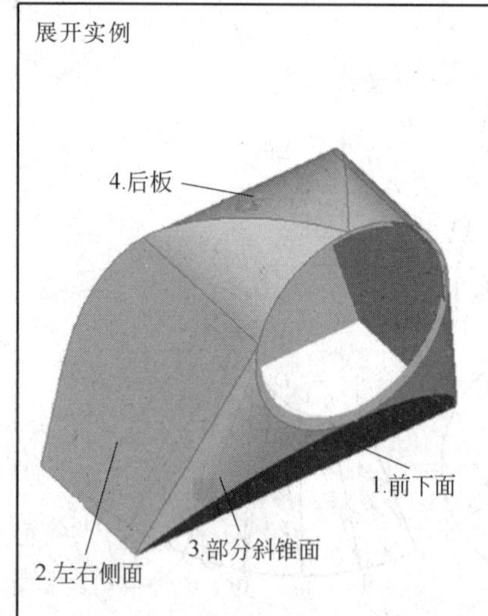 	侧圆-底方弯管——"三角形法"＋"平行线法" 为便于展开，可将侧圆-底方弯管划分为： ① 前下面（三角形侧垂面） ② 左右侧（平面和部分圆柱面） ③ 部分斜锥面 ④ 后板（平面＋部分圆柱面——侧垂面）

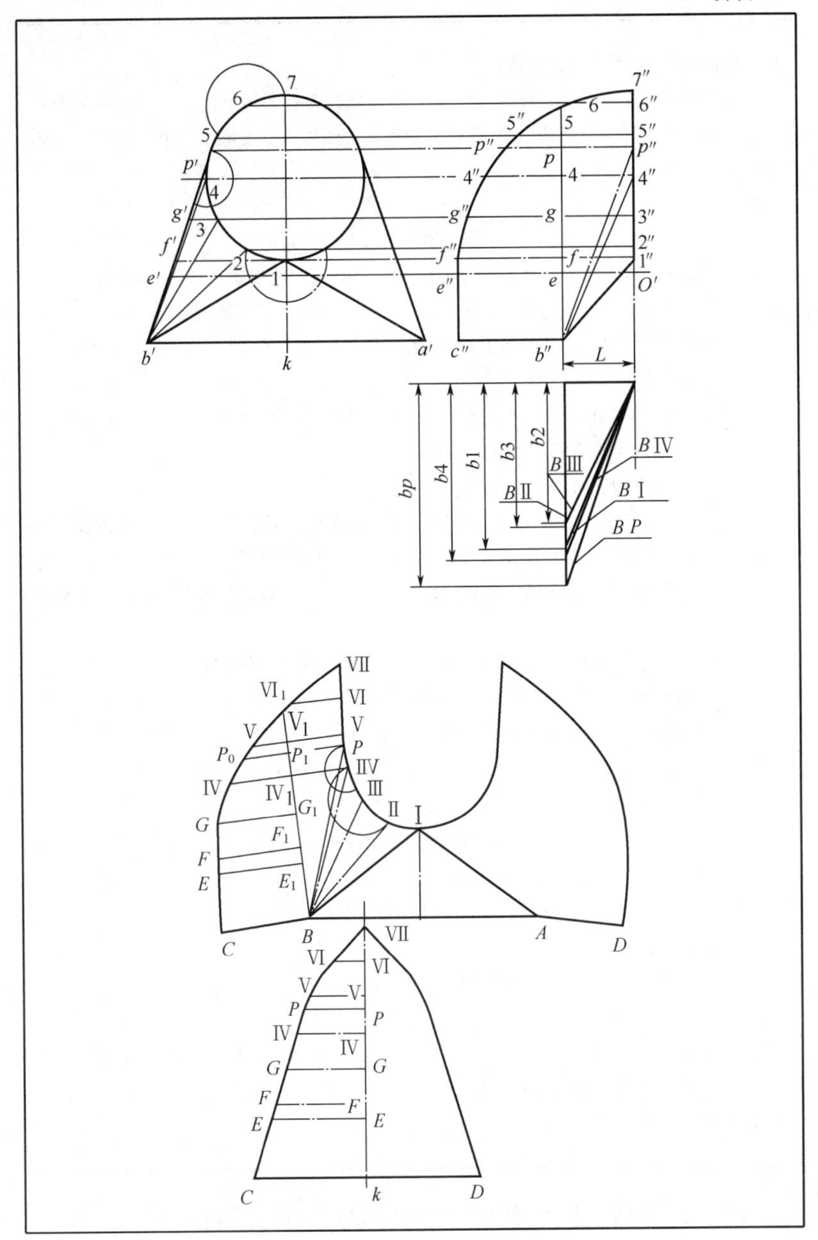
7
6
5
p′
4
g′
3
f′
2
e′
1
b′
k
a′
7″
6
6″
5″
5
5″
p″
p″
p
4″
4
4″
g″
g
3″
2″
f″
f
1″
e″
e
O′
c″
b″
L
bp
b4
b1
b3
b2
B Ⅳ
B Ⅲ
B Ⅱ
B Ⅰ
B P
Ⅶ
Ⅵ₁
Ⅵ
Ⅴ₁
Ⅴ
Ⅴ
P₀
P₁
P
Ⅳ
Ⅳ₁
ⅡⅤ
Ⅲ
G
G₁
Ⅱ
Ⅰ
F₁
F
E₁
E
C
B
Ⅶ
A
D
Ⅵ
Ⅵ
Ⅴ
Ⅴ
P
P
Ⅳ
Ⅳ
G
G
F
F
E
E
C
k
D

续表

展开作图：（三角形＋平行线法）

分析视图：为便于展开，可将侧圆-底方弯管划分为：①前下面（三角形侧垂面）；②左右侧（平面和部分圆柱面）；③部分斜锥面；④后板（平面＋部分圆柱面——侧垂面）

展开划线：

（1）前下面（三角形 ABⅠ——侧垂面）的展开（三角形法）

①“直角三角形法”求素线ⅠB 的实长（以 $1''B''$的 Y 坐标差 L 为一直角边、以正面投影 $1'b'$的长度为另一直角边，则斜边反映ⅠB 的实长，如图所示）

② 画出三角形平面 ABⅠ的展开图（$AB=a'b'$；Ⅰ$B=$ⅠA）

（2）部分斜锥面ⅠBP 的展开（三角形法）

① 先将斜锥面划分成适当数量的三角形（图中，划分为四个曲面三角形，即：△ⅠBⅡ、△ⅡBⅢ、△ⅢBⅣ和△ⅣBP）

②“直角三角形法”求各素线实长

（如以 $2''b''$的 Y 坐标差 L 为一直角边、以正面投影 $2'b'$的长度为另一直角边，则斜边反映ⅡB 的实长，如图所示）。画出曲面△ⅠBⅡ的实形图

③ 用“三角形法”，依次画出曲面三角形△ⅡBⅢ、△ⅢBⅣ和△ⅣBP 的近似展开图

（3）左右侧平面 CBP_1P_0 和部分圆柱面 P_0ⅦP 的展开（平行线法）

① 以 B 点为圆心以正面投影 $b'p'$为半径画圆弧，以 P 为圆心，以 L 长为半径，画圆弧，两圆弧相交，得到交点 P_1；连接 B、P_1 点，并延长

② 在 BP_1 直线上截取 $BE_1+E_1F_1+F_1G_1+G_1$Ⅳ$_1+$Ⅳ$_1P_1+P_15_1+5_16_1+6_17_1=B'e'+e'f'+f'g'+g'4'+4'p'+p'5'+5'6'+6'7'$

③ 过各截点作 PP_1 的平行线，并分别截取相应长度。如：$BC=b''c''$、$E_1E=ee''$、$F_1F=f_1f$、$G_1G=g_1g$、Ⅳ$_1$Ⅳ$=44''$、$P_1P_0=pp''$、$V_1V=55''$、Ⅵ$_1$Ⅵ$=66''$，得到交点 C、E、F、G、Ⅳ、P、Ⅴ、Ⅵ、Ⅶ，光滑连点

（4）后板的展开（平行线法）

① 作水平线 $CD=a'b'$，再作中垂线 KⅦ＝伸直的 $c''7''$

（$c''e''+e''f''+f''g''+g''4''+4''p''+p''5''+5''6+67''$）；

② 过各截点（E、F、G、Ⅳ、P、Ⅴ、Ⅵ）作水平线，并截取长度＝主视图中的相应长度（如：$EE=1e'$、$FF=1f'$、$GG=1g'$、…）

③ 依次光滑连点

【例 3.3-24】 斜方-侧圆异形接头的近似展开画法

展开实例

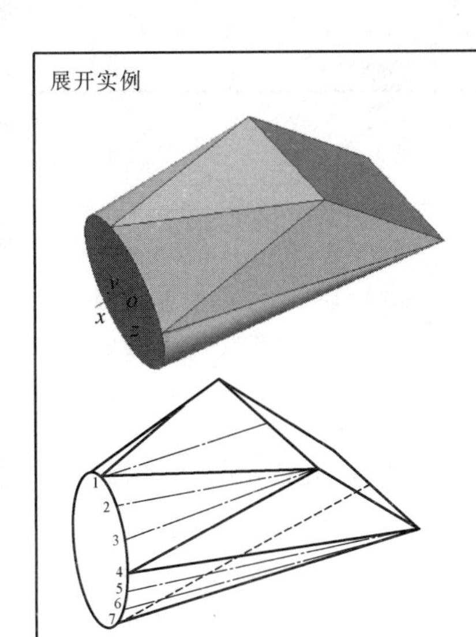

提示：

斜方-侧圆异形接头——采用“三角形法”近似展开

可将该体划分为四个平面三角形和四个 1/4 斜椭圆锥面构成；图中，是把每个锥面再划分成三个曲面三角形

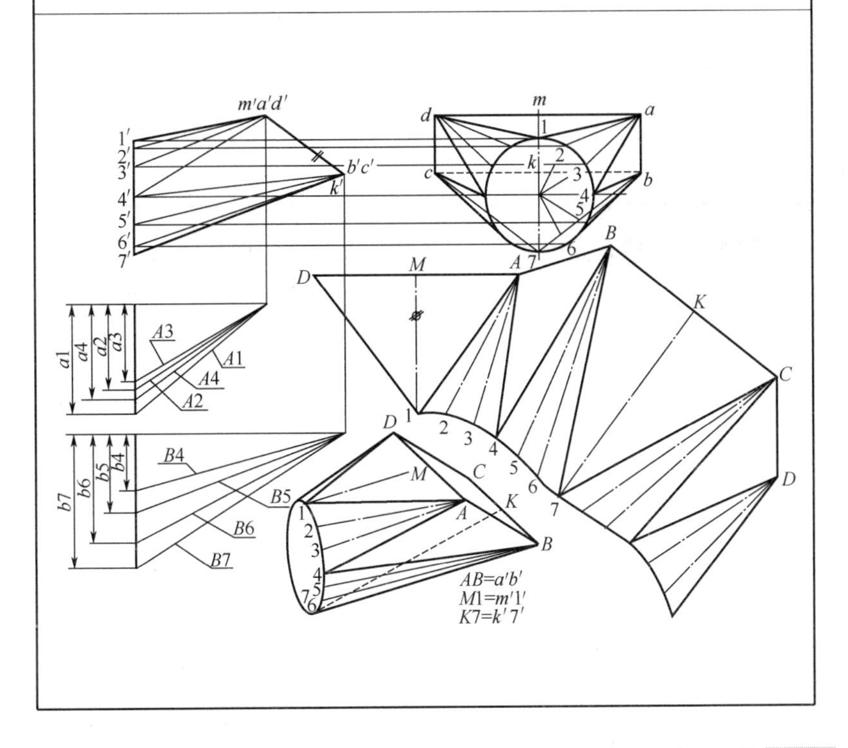

展开作图：（三角形法）

分析视图：斜方-侧圆异形接头的“左侧圆”在左视图中反映实形（圆）；而顶面斜方口的主、左俯视图都不反映实形，但上下两条边线为正垂线，其侧面投影反映实长（$AD=CB=ad=$实长）；前后两条边线为正平线，其正面投影反映实长（$AB=CD=a'b'=$实长）；该体可划分为四个平面三角形和四个1/4斜椭圆锥面构成；图中，是把每个锥面再划分成三个曲面三角形，近似展开

展开划线：

①“直角三角形法”求素线线实长（画两水平线长分别与$1'$-a'和$1'$-c'长对正，作为一直角边；再作垂线并分别量取各素线的侧面投影长度$a1$、$a2$、$a3$、$a4$和$b4$、$b5$、$b6$、$b7$作为另一直角边，则斜边分别反映各素线的实长，即$A1$、$A2$、$A3$、$A4$和$B4$、$B5$、$B6$、$B7$）

② 任作一直线$DA=da$，再作中垂线$M1=m'1'$，连接$1A$和$1D$完成平面$\triangle AD1$的展开图

③ 再用“三角形法”，依次画出曲面三角形$\triangle A12$、$\triangle A23$、$\triangle A34$和$\triangle B45$、$\triangle B56$、$\triangle B67$的近似展开图

④ 同理，完成其余平面三角形和曲面三角形的展开图，依次摊平成同一平面

【例 3.3-25】 异径圆管90°过渡接头的近似展开画法

展开实例

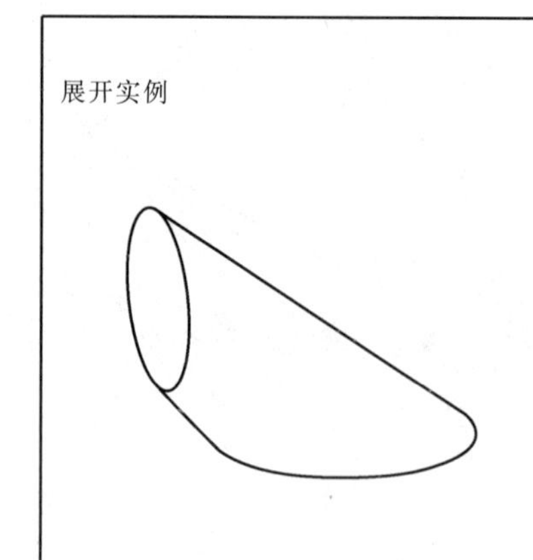

提示：

异径圆管90°过渡接头——采用“三角形法”近似展开

为避免折棱，易采用“切线曲面”过渡。可将该体划分适当部分，并作切线形成切线曲面，再划分成数个曲面三角形

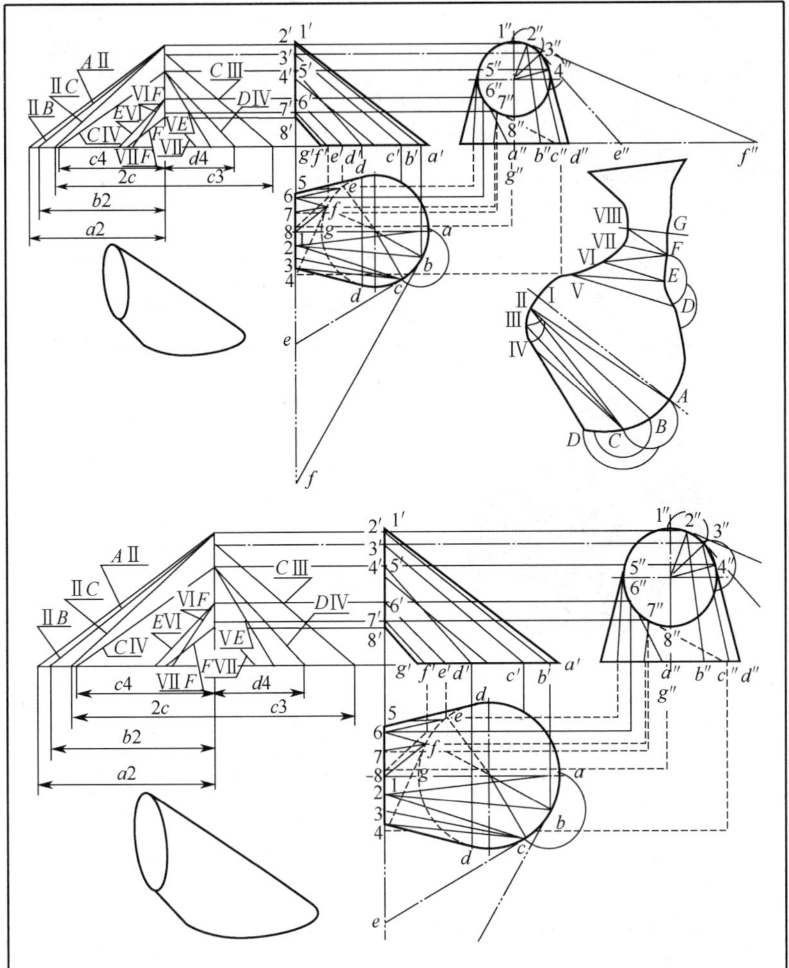

展开作图：（三角形法）

分析视图：异径圆管 90°过渡接头——采用“三角形法”近似展开为避免折棱，易采用“切线曲面”过渡

可将该体划分适当部分，并作切线形成切线曲面，再划分成数个曲面三角形（如图所示，在俯视图中，将部分圆弧采取适当等分，如在俯视图，过某分点 c 作圆的切线 ce，在侧面投影，过 c''作顶圆的切线，得切点 3″；连接 $3''c''$得到切面素线的侧面投影；相应作出其水平投影 $3c$ 和正面投影 $3'c'$。同理，完成其余素线 $B2A2C4$ 等的投影）

展开划线

①“直角三角形法”求素线线实长（如：CⅢ的实长是以正面投影 $3'c'$ 高度差为一直角边，再以水平投影 $3c$ 的投影长度为另一直角边，则斜边反映该素线的实长）

② 任作一直线 Ⅰ$A=1'a'$（该线为正平线，正面投影 $1'a'$ 反映实长），再以 A 为圆心以 AⅡ的实长为半径画圆弧，再以Ⅰ为圆心以侧面投影 $1''2''$ 的弦长为半径画圆弧，两圆弧相交得到交点Ⅱ；完成△AⅠⅡ的平面展开图

③ 再用“三角形法”，依次画出曲面三角形△AⅡB、△BⅡC、△CⅡⅢ和△CⅢⅣ、△CⅣD、…的近似展开图

④ 依次摊平成同一平面

【例 3. 3-26】 大小方口——直角弧面弯头的近似展开画法

展开实例

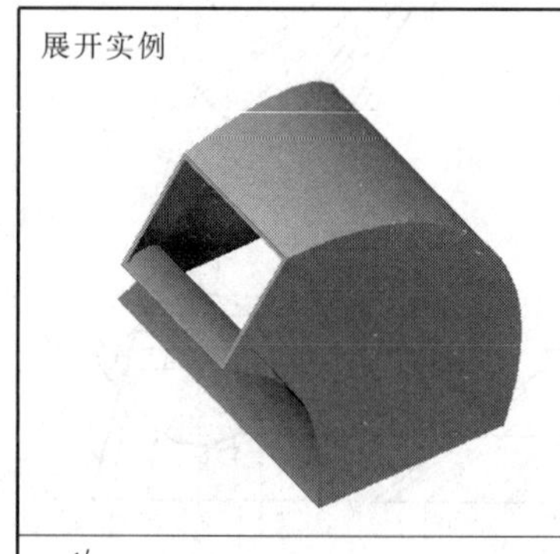

提示：

大小方口——直角弧面弯头上端为侧方口、下端为水平方口；左右侧板为部分圆柱面；前、后面板是“直纹面”，属于不可展曲面

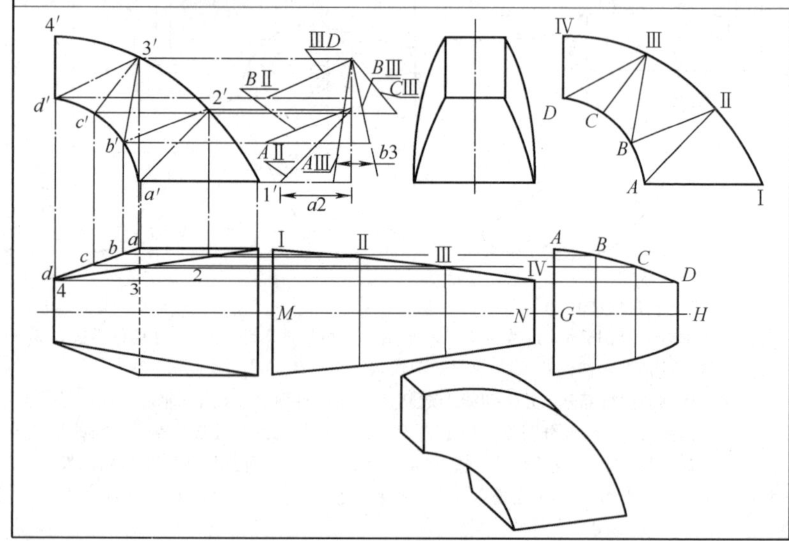

续表

展开作图：(三角形法＋平行线法)

分析视图：大小方口——直角弧面弯头

上端为侧方口（左视图反映实形）、下端为水平方口（俯视图反映实形）；左右侧板为部分圆柱面；前、后面板（对称）是“直纹面”，属于不可展曲面。可用“三角形法”近似展开

先将主视图中的大、小圆弧采取适当等分（图中，各分为三等份），连成素线（如：$a'2'$、$2'b'$、$b'3'$、$3'c'$、$3'd'$等），这样，即可把前、后面板划分成若干三角形平面；运用“直角三角形法”求出各素线的实长。从而画出各个三角形的实形，依次摊平，近似展开

展开划线：

(1) 前、后面板的近似展开：三角形法

① 直角三角形法求素线线实长（如：素线 AⅡ的实长＝以 $a'2'$的高度差为一直角边，再以 AⅡ的水平投影 $a2$ 的长度为另一直角边，则斜边反映该素线的实长等）

② 任作一直线 AⅠ＝$a'1'$（AⅠ为侧平线，其正面投影 $a'1'$反映实长），再以 AⅡ的实长为半径画圆弧，以圆弧 $1'2'$的弦长为半径画圆弧，得到两圆弧的交点Ⅱ，连接Ⅰ、Ⅱ、A 三点，完成△ⅠⅡA 的实形图

③ 同理，再用“三角形法”，依次画出△AⅡB、△BⅢC、△CⅢD 和△DⅢⅣ的近似展开图

(2) 左、右侧板（部分圆柱面）的展开：平行线法

① 延伸俯视图的水平中心线，取长度分别＝左、右侧板圆弧实长（$MN=1'4'$弧长；$GH=a'b'$弧长）

② 进行相同等分，过各等分点作垂线，并截取相应点，得Ⅰ、Ⅱ、Ⅲ、Ⅳ点，以及 A、B、C、D 点；光滑连接各点，完成左、右侧板的展开图

【例 3.3-27】 大小矩形口——直角弧面弯头的近似展开画法

展开实例

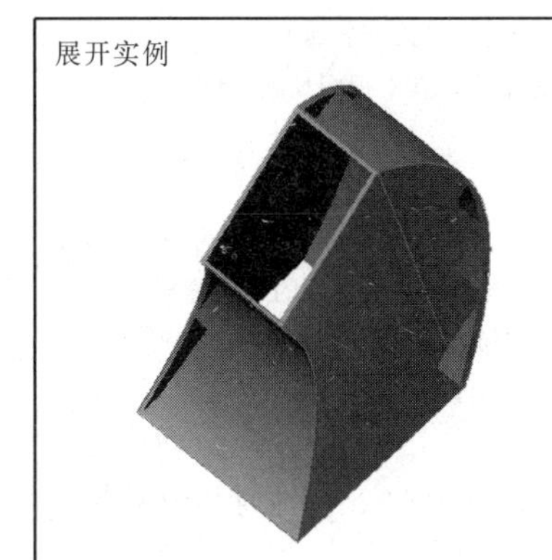

提示：

大小矩形口——直角弧面弯头

上端矩形口为侧平面、下端矩形口为水平面；左右侧板为部分圆柱面；后面板为正平面，其主视图反映实形；前面板是“直纹面”，属于不可展曲面

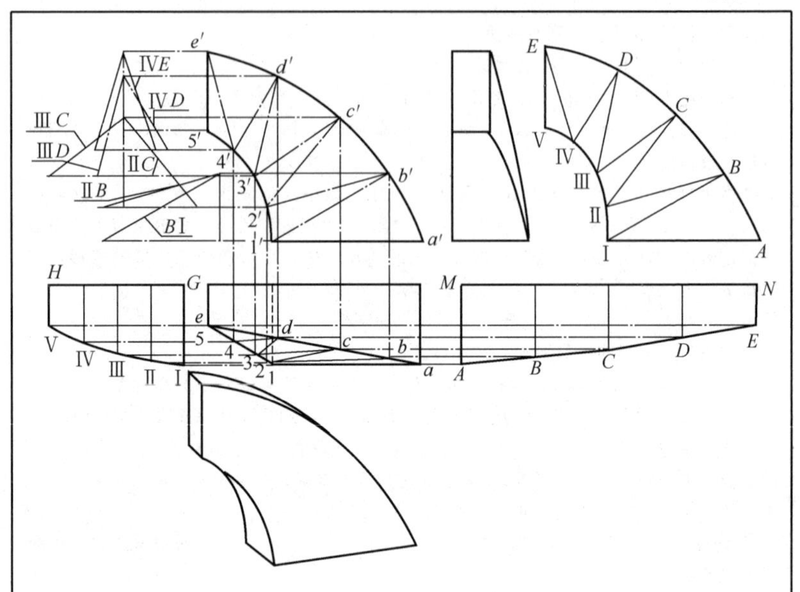

展开作图：(三角形法)

分析视图：大小矩形口——直角弧面弯头

上端矩形口为侧平面、下端矩形口为水平面；左右侧板为部分圆柱面；后面板为正平面，其主视图反映实形；前面板是“直纹面”，属于不可展曲面。可用“三角形法”展开

先将主视图中的大、小圆弧采取适当等分（图中，各分为四等份），连成素线（如：$b'1'$、$b'2'$、$2'c'$、$c'3'$、$3'd'$、$d'4'$、$4'e'$等），这样，即可把前面板划分成若干三角形平面；运用“直角三角形法”求出各素线的实长。从而画出各个三角形的实形，依次摊平，近似展开前面板（后面板为正平面，其主视图反映实形）

展开划线：

(1) 前面板的近似展开：三角形法

① 直角三角形法求素线实长（如：素线 BⅠ 的实长＝以 $b'1'$的高度差为一直角边，再以 BⅠ 的水平投影 $b1$ 的长度为另一直角边，则斜边反映该素线的实长等）

② 任作一直线 AⅠ＝$a'1'$（AⅠ 为侧垂线，其正面投影 $a'1'$反映实长），再以 BⅠ 的实长为半径画圆弧，以圆弧 $a'b'$的弦长为半径画圆弧，得到两圆弧的交点 B，连接Ⅰ、B、A 三点，完成△ⅠBA 的实形图。

③ 同理，再用“三角形法”，依次画出△ⅠⅡB、△BⅡC、△CⅡⅢ、△DⅢⅣ和△ⅣⅤE 的近似展开图

（2）左、右侧板（部分圆柱面）的展开："平行线法"

① 延伸俯视图的水平线，取长度分别＝左、右侧板圆弧实长（$MN=AE$ 弧长；$GH=$ Ⅰ Ⅴ 弧长）

② 进行相同等分，过各等分点作垂线，并截取相应点，得Ⅰ、Ⅱ、Ⅲ、Ⅳ、Ⅴ点，以及 A、B、C、D、E 点；光滑连接各点，完成左、右侧板的展开图

【例 3.3-28】 矩形口——直角弧面弯头的近似展开画法

展开实例

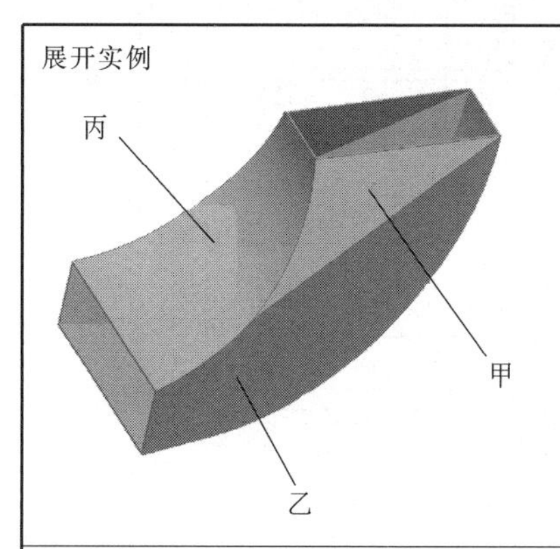

提示：

矩形口——直角弧面弯头

上端矩形口为水平面、下端矩形口为侧平面；左右侧板（对称）各由两部分组成（甲——正垂面、乙——铅垂面）；前、后面板为部分圆柱面——侧垂面

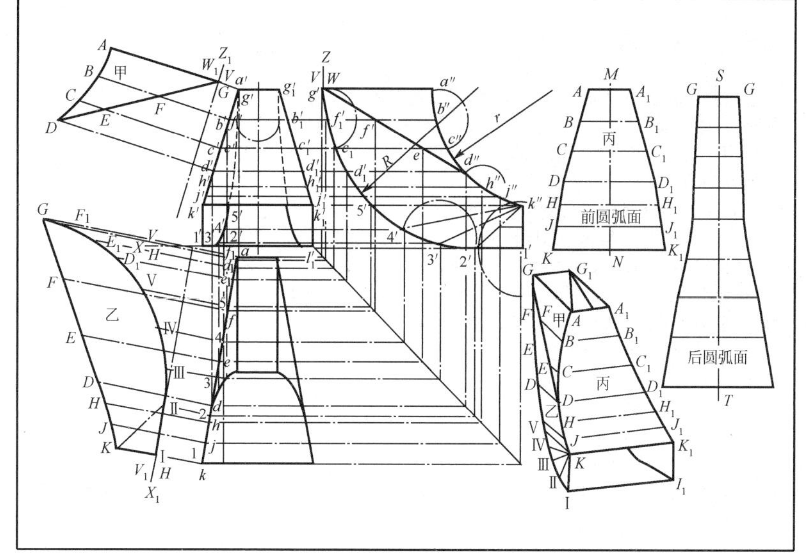

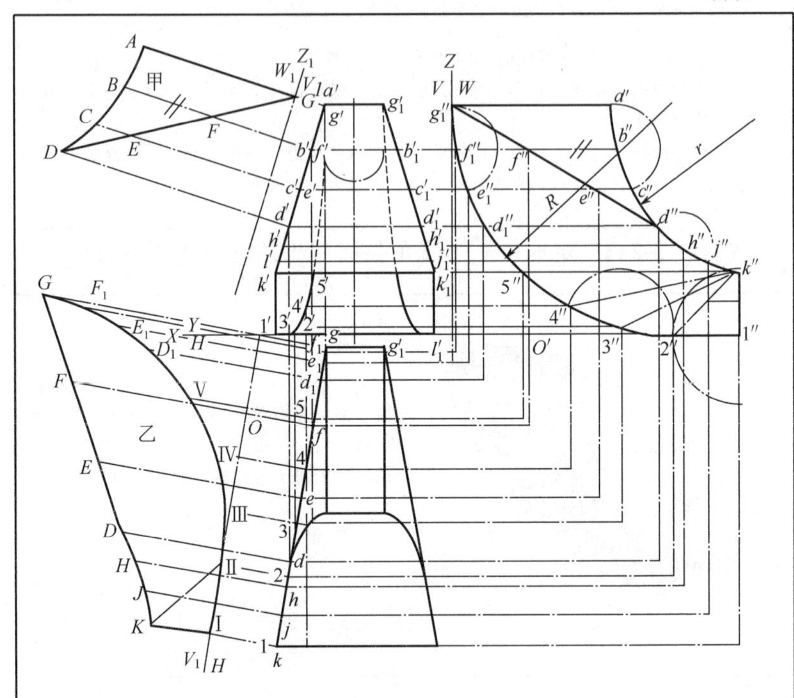

展开作图：(三角形法)

分析视图：矩形口——直角弧面弯头

上端矩形口为水平面、下端矩形口为侧平面；左右侧板（对称）各由两部分组成(甲——正垂面、乙——铅垂面)；前、后面板为部分圆柱面——侧垂面

可用“换面法”和“平行线法”展开

展开划线：

(1) 前、后圆弧面板的展开：平行线法

① 由于前、后面板为部分圆柱面——侧垂面，先将左视图中的大、小圆弧采取适当等分，投影到主视图，连成素线——反映实长（如：$b'b_1'$、$c'c_1'$、$d'd_1'$、$h'h_1'$、$j'j_1'$等）

② 如图所示，作一轴线MN＝前面板圆弧长（可用$a''b''$弦长量取），从而画出各素线的展开图（如：AA_1、BB_1、CC_1、DD_1、HH_1、JJ_1、KK_1）

③ 光滑连接各端点，完成前面板展开图

④ 同理，完成后面板展开图

(2) 左、右侧板的展开：换面法

① 甲面——正垂面的展开：“变换侧面投影面（W）”。在主视图中画一新投影轴Z_1平行于$a'd'$，过各等分点（a'、b'、c'、d'等）向Z_1轴作垂线，量取相应长度（如：$BF=b''f''$等），确定“甲面”各端点（A、B、C、D、E、F、G）的展开位置，连线，完成展开图

续表

② 乙面——铅垂面的展开：“变换正面投影面（V）”。在俯视图中画一新投影轴 X_1 平行于 g_1，过各等分点（g、f、e、d、h、j、k 等）向 X_1 轴作垂线，量取相应长度（如：$OF=o''f''$等），确定“乙面”各端点（G、F、E、D、H、J、K 等）的展开位置，连线，完成展开图

【例 3.3-29】 矩形口——裤衩弯头

展开实例

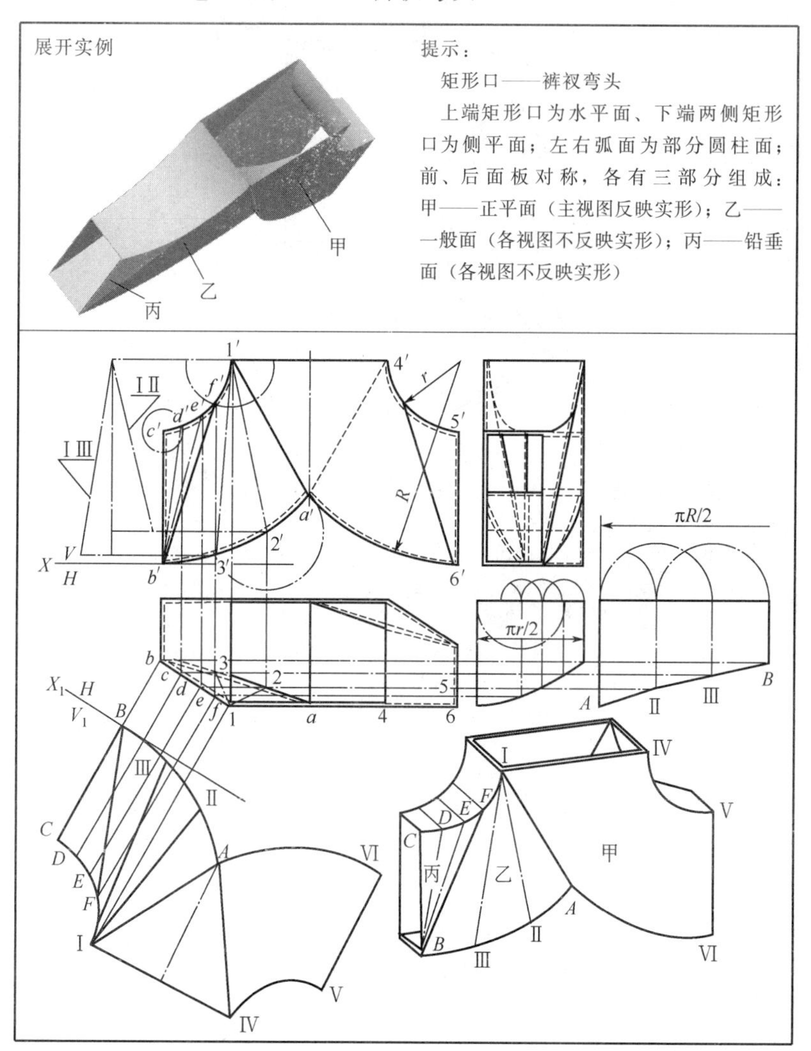

提示：

矩形口——裤衩弯头

上端矩形口为水平面、下端两侧矩形口为侧平面；左右弧面为部分圆柱面；前、后面板对称，各有三部分组成：甲——正平面（主视图反映实形）；乙——一般面（各视图不反映实形）；丙——铅垂面（各视图不反映实形）

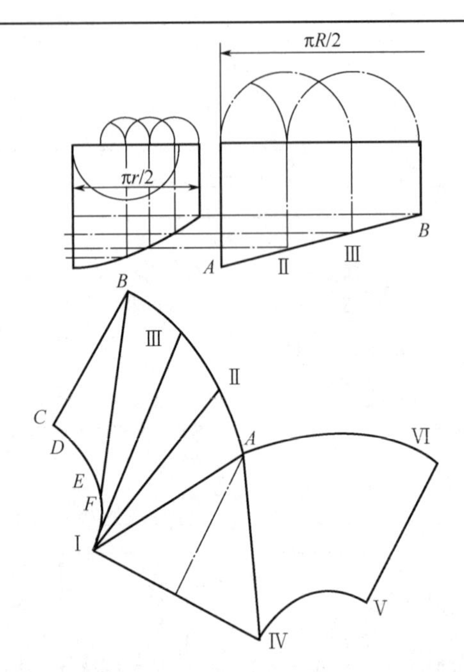

展开作图：（平行线＋三角形法）

分析视图：矩形口——裤衩弯头

上端矩形口为水平面、下端两侧矩形口为侧平面；左右弧面为部分圆柱面；前、后面板对称，各有三部分组成：甲——正平面（主视图反映实形）；乙——一般面（各视图不反映实形）；丙——铅垂面（各视图不反映实形）

先将主视图中的大、小圆弧采取适当等分（如图所示），连成素线（如：$b'd'$、$b'e'$；$1'2'$、$1'3'$等），这样，即可把前面板“丙”、“乙”划分成若干三角形平面；运用“换面法”和“直角三角形法”求出各素线的实长

展开划线：

（1）前面板“丙”的展开：换面法

① 画一新投影轴 X_1 平行于“丙面”的俯视图（斜线 b_1）

② 分别过 1、f、e、d、c、b 向 X_1 轴作垂线，并量取相应长度（如：$BC=b'c'$等）

③ 顺次连接 C、D、E、F、Ⅰ各点，完成“丙面 BCⅠ”的展开图

（2）依次画出“乙面ⅠBA”的展开图

① 直角三角形法求各素线实长（如：素线ⅠⅡ的实长＝以 $1'2'$的高度差为一直角边，再以ⅠⅡ的水平投影 12 的长度为另一直角边，则斜边反映该素线的实长等），如图所示

续表

② 完成曲线△BⅠⅢ的展开图：以Ⅰ为圆心，以ⅠⅢ的实长为半径画圆弧；与以 B 为圆心、以 b3 弦长为半径所画的圆弧相交得交点Ⅲ

③ 同理，再用“三角形法”，依次画出曲线△ⅠⅢⅡ和△ⅠⅡA 的近似展开图

(3) 左、右弧面（部分圆柱面）的展开：“平行线法”

① 延伸俯视图的水平线，取长度分别=大、小圆弧实长（小圆弧长$=\pi r/2$；大圆弧近似长$=a'2'$弦长×3）

② 按各圆弧的弦长找到相应素线的展开位置，并截取相应点，得 A、Ⅱ、Ⅲ、B 等点，光滑连接各点，完成左、右弧面的展开图

(4) 前面板“甲”的展开：此面为正平面，其主视图反映实形（展开图与主视图相同）

【例 3.3-30】 烟斗式通风罩的近似展开画法

展开实例

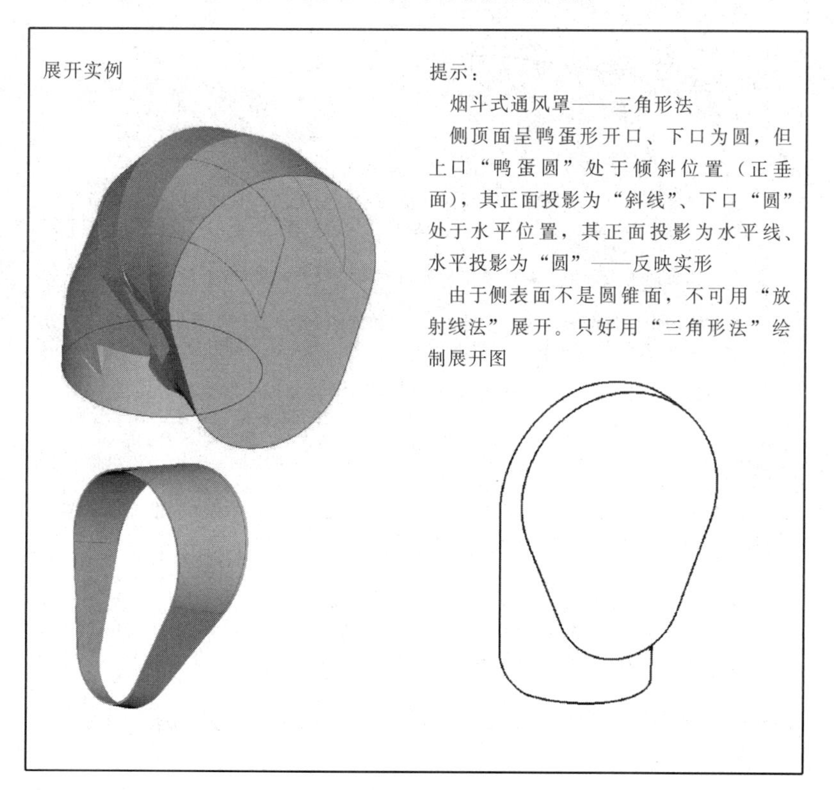

提示：

烟斗式通风罩——三角形法

侧顶面呈鸭蛋形开口、下口为圆，但上口“鸭蛋圆”处于倾斜位置（正垂面），其正面投影为“斜线”、下口“圆”处于水平位置，其正面投影为水平线、水平投影为“圆”——反映实形

由于侧表面不是圆锥面，不可用“放射线法”展开。只好用“三角形法”绘制展开图

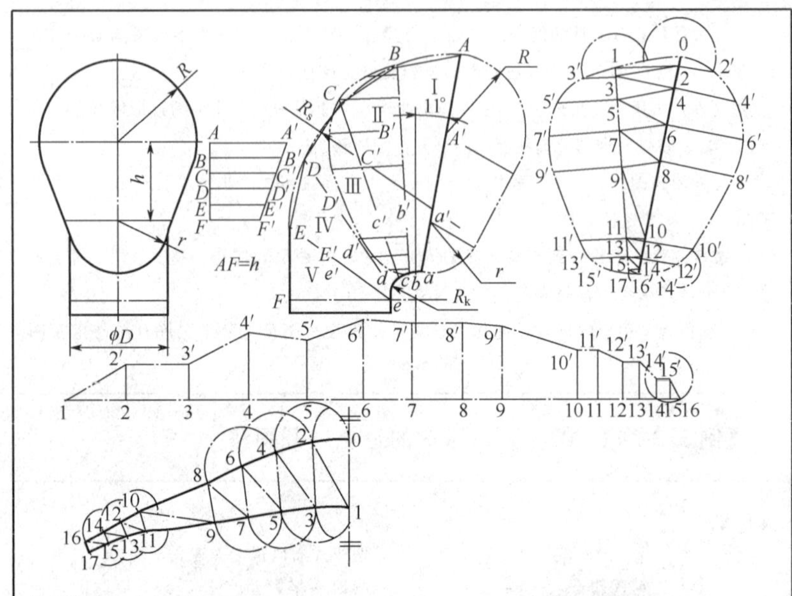

展开作图：（三角形法）

分析视图：

① 烟斗式通风罩——侧顶面呈鸭蛋形开口、下口为圆，但上口“鸭蛋圆”处于倾斜位置（正垂面，倾斜角度为11°），其正面投影为“斜线”、下口“圆”处于水平位置，其正面、侧面投影为水平线＝圆的直径

② 由于侧表面不是圆锥面，不可用“放射线法”展开。只好用“三角形法”绘制展开图

③ 在左视图中，将侧表面大、小圆弧（Rs和Rk）各分为适当等份（图中，各分为4等份）；连接相应等分点，分成四节：Ⅰ、Ⅱ、Ⅲ、Ⅳ四部分和下端的斜截圆管Ⅴ

④ 画渐缩图：作垂线$AF=h$；划分为五等份（与左视图分节数相同）；过各等分点作平行线，取$AA'=R$、$FF'=r$；连接$A'F'$，得各节断面的大、小圆弧半径实长

⑤ 画各节断面图：以第Ⅰ节为例，如图所示。在Aa线上取$AA'=R$，取$aa'=r$，分别以A'和a'为圆心画圆弧，再作两圆弧的公切线——完成第Ⅰ节的大端的断面图（图中仅画了一半）；同理，在Bb线上取$BB'=BB'$（渐缩图），取$bb'=r$，分别以B'和b'为圆心画圆弧，再作两圆弧的公切线——完成第Ⅰ节的小端的断面图（图中仅画了一半）；为清楚起见，将大、小端的断面图单独画在右边

⑥ 为画展开图，可划分成数块三角形：图中，将大、小圆弧各分为4、3等份；从各等分点（2′、4′、6′、8′和10′、12′、14′）向Aa线引垂线（2′2、4′4、6′6、8′8和10′10、12′12、14′14）；同理，将小端断面圆弧也划分成适当等份，也从各等分点（3′、5′、7′、9′和11′、13′、15′）向Bb线引垂线（3′3、5′5、7′7、9′9和11′11、13′13、15′15），将相邻两素线之间的部分再划分为两个三角形（如：△012、△123、△234、△345、△456、△567、△678、△789、△8910、△9 10 11、△10 11 12、△11 12 13、△12 13 14、△13 14 15等总计16个三角形）；这样，便于利用“直角三角形法”逐个求得各个三角形的实形；鉴于烟斗式通风罩左右侧面对称，可仅绘制一半展开图即可

展开划线： ①“直角三角形法”求素线线实长。例如，12 边的实长＝以 12 的 X 坐标差 $22'$ 为一直角边、以 12 的侧面投影长度 12 为另一直角边所组成的直角三角形的斜边 $12'$（如图示） 23 的实长＝以 23 的 X 坐标差（$2\,2'-3\,3'$）为一直角边、以 23 的侧面投影长度 23 为另一直角边所组成的直角三角形的斜边 $2'3'$（直角梯形法） ② 逐个画出各个三角形的展开图（例如，△012 的展开图，是由 01 的实长 AB、12 的实长 $12'$ 和 $02'$ 弧长为三条边形成的）（图中，仅画了对称的一半展开图） ③ 同理，完成其余各节的展开图

【例 3. 3-31】 上椭圆凹口、下圆平口接头的近似展开画法

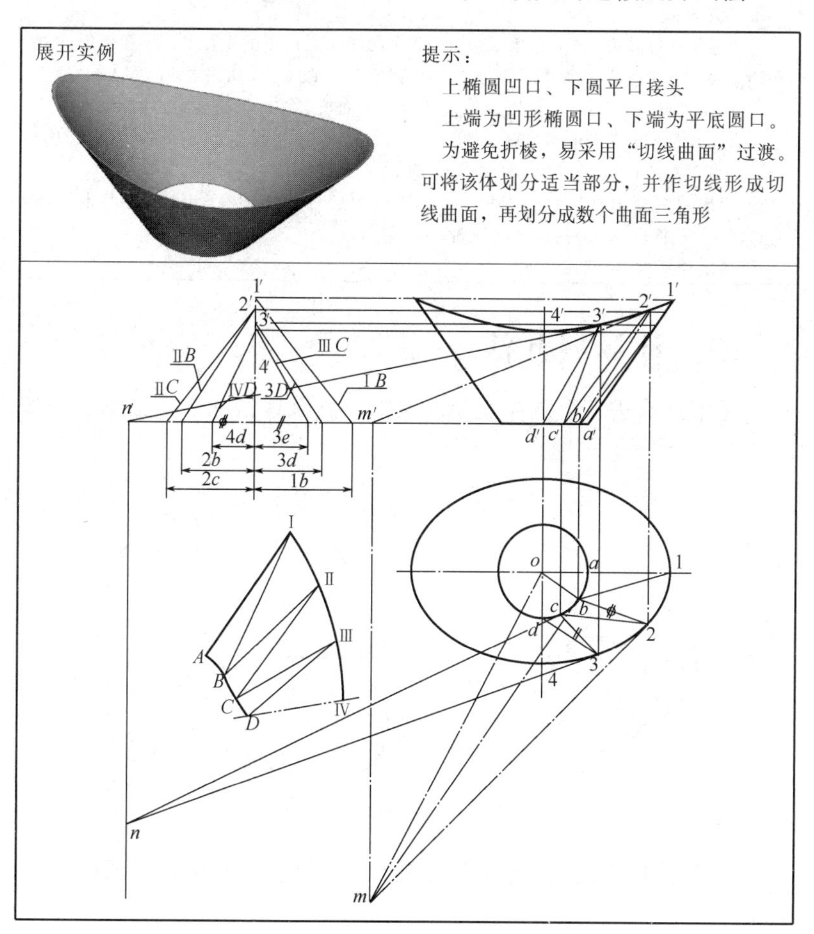

提示：

上椭圆凹口、下圆平口接头

上端为凹形椭圆口、下端为平底圆口。

为避免折棱，易采用“切线曲面”过渡。可将该体划分适当部分，并作切线形成切线曲面，再划分成数个曲面三角形

续表

展开作图：（三角形法） 分析视图：上椭圆凹口、下圆平口接头——采用“三角形法”近似展开为避免折棱，易采用“切线曲面”过渡 可将该体划分适当部分，并作切线——形成切线曲面，再划分成数个曲面三角形 如图所示，在俯视图中，将部分圆弧采取适当等份，过某分点 2 的正面投影作椭圆的正面投影的切线 $2'm'$ 与底面的正面投影交于 m'；过分点 2 的水平投影作椭圆的水平投影的切线 $2m$ 与正面投影的 m' 对正；过 m 向底圆的水平投影作切线 mb，得切点 b，则 $2b$ 和 $2'b'$ 即为切线曲面的一条素线；类似地可作出其他切线面的素线（ⅡC、ⅢC、ⅢD 等）的两面投影 展开划线： ①“直角三角形法”求素线实长（如：CⅢ的实长是以正面投影 $3'c'$ 高度差为一直角边，再以水平投影 $3c$ 的投影长度为另一直角边，则斜边反映该素线的实长） ② 任作一直线Ⅰ$A=1'a'$（该线为正平线，正面投影 $1'a'$ 反映实长），再以Ⅰ为圆心、以ⅠB 的实长为半径画圆弧，再以 A 为圆心、以水平投影 ab 的弦长为半径画圆弧，两圆弧相交得到交点 B；完成△AⅠB 的平面展开图 ③ 再用“三角形法”，依次画出曲面三角形△ⅠⅡB、△BⅡC、△CⅡⅢ和△CⅢD、△ⅢⅣD、…的近似展开图 ④ 依次摊平成同一平面

四、计算展开法

运用计算法求得立体表面的实形，在某些情况下十分方便，如图 3-1 所示。

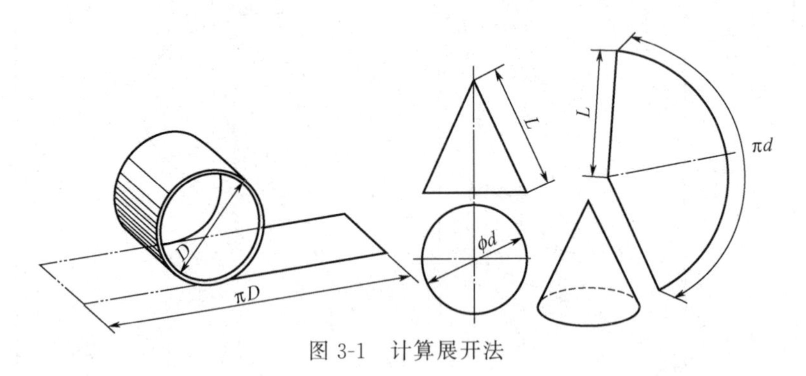

图 3-1 计算展开法

计算展开法适用于规则曲面及平面形围成的实体表面，如表 3-1 所示。

表 3-1　常见平面形及规则曲面的实形计算法

名称	图形	符号	面积 S 公式
正方形	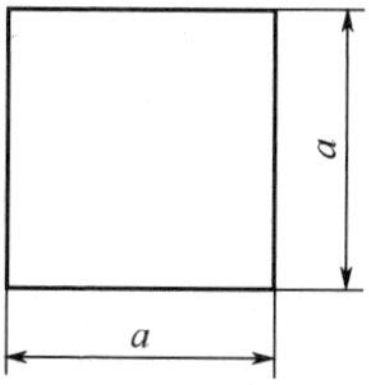	a—边长	$S=a^2$
长方形	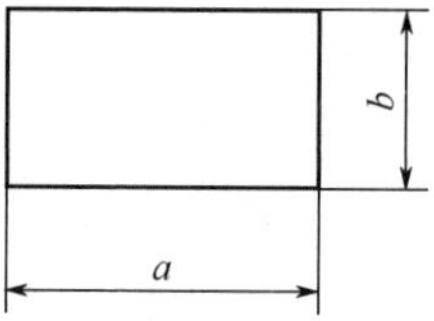	a—矩形长边 b—矩形短边	$S=ab$
直角三角形	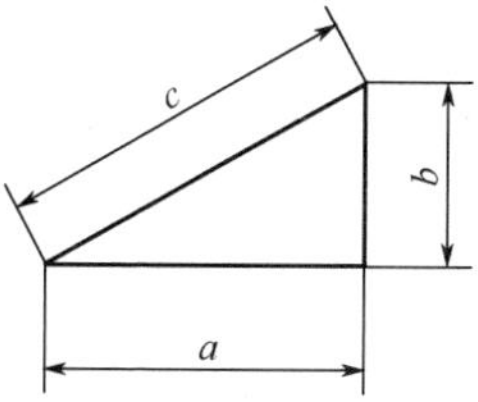	a—直角长边 b—直角短边 c—斜边	$S=1/2ab$
任意三角形	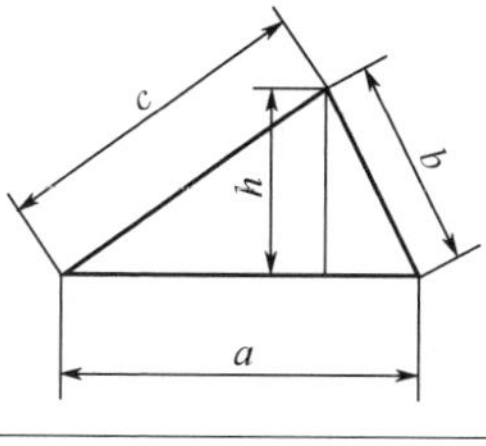	a、b、c—三条边长 h—a 边上的高	$S=1/2ah$
平行四边形	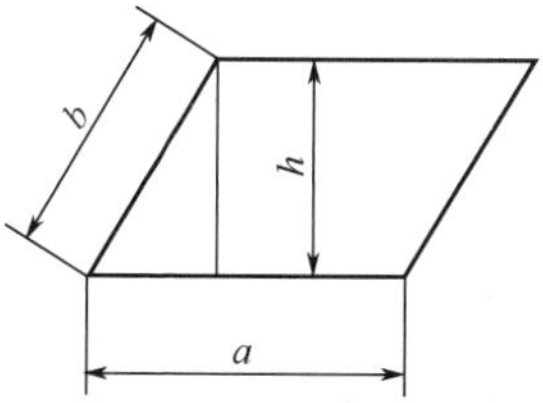	a、b—两条边长 h—a 边上的高	$S=ah$

续表

名称	图形	符号	面积 S 公式
任意四边形	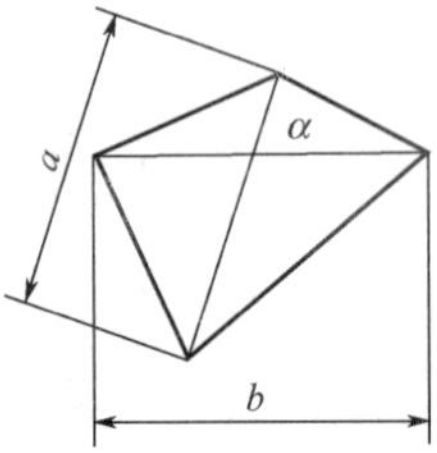 a α b	a、b—两条对角线 α—两条对角线的夹角	$S=1/2ab\sin\alpha$
梯形	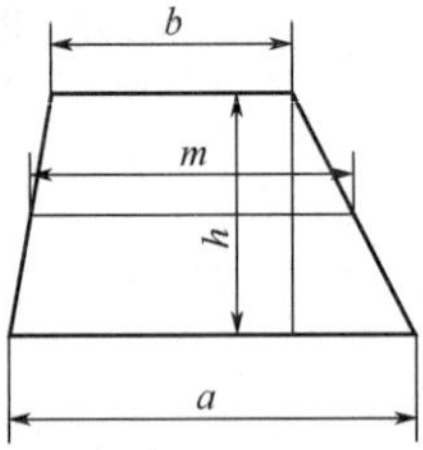 b m h a	a—下低边 b—上低边 h—高 m—中位线	$S=h=mh$
圆	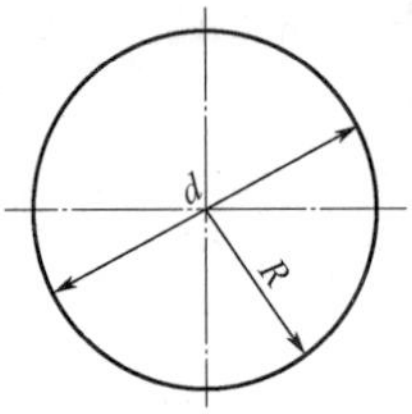 d R	R—半径 d—直径	圆周长$=\pi d$ 圆面积$=\pi R^2$
扇形	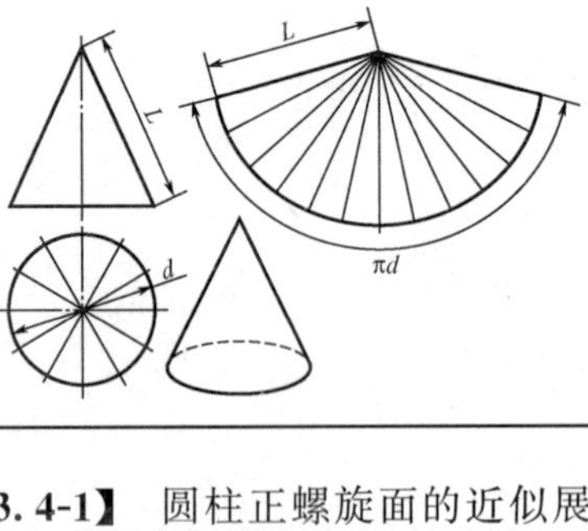 L L d πd	L—圆锥素线长度 d—直径	$S=1/2L\pi d$

【例 3.4-1】 圆柱正螺旋面的近似展开画法

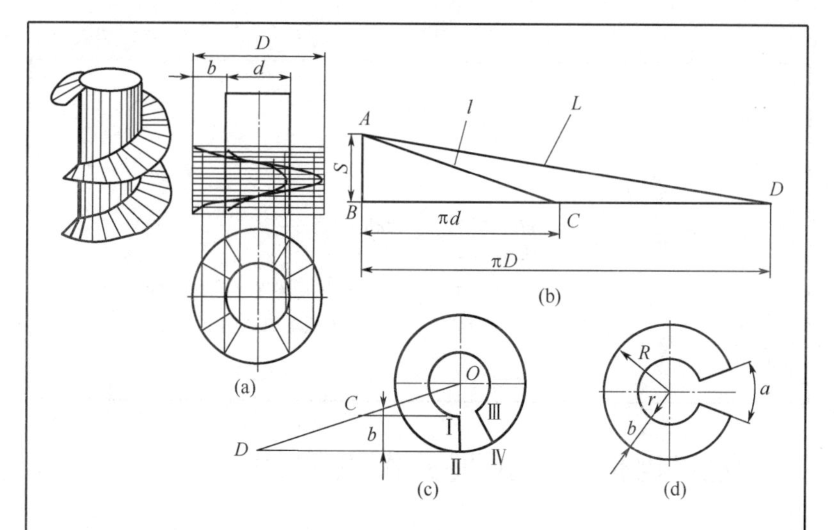

展开作图1:图解法

若已知圆柱正螺旋面的基本参数:外径D、内径d、导程S、宽度b一个导程圆柱正螺旋面的展开步骤如下:

① 以S及πd为两直角边作直角三角形ABC,斜边AC即为一个导程圆柱正螺旋面的内缘实长l

② 以S及πD为两直角边作直角三角形ABD,斜边AD即为一个导程圆柱正螺旋面的外缘实长L

③ 以AC、AD为上下底,以$b=(D-d)/2$为高作等腰梯形(图中只画了一半),延长DC和ⅡⅠ交于O点

④ 以O为圆心,OⅠ、OⅡ为半径画圆弧,在外圆上取弧长ⅡⅣ$=AD$,得点Ⅳ,内圆上取弧长ⅠⅢ$=AC$,得点Ⅲ,连Ⅲ、Ⅳ即成图

展开作图2:计算法

由于一个导程圆柱正螺旋面的近似展开图为环形,若已知R、r和α,则此环形即可画出

已知圆柱正螺旋面导程为S,螺旋面的内、外径为d、D,则内圈和外圈每一圈螺旋线的展开长度可用下式求出

内缘展开长度　$l=\sqrt{S^2+(\pi d)^2}$

环形宽度　$b=(D-d)/2$

外缘展开长度　$L=\sqrt{S^2+(\pi D)^2}$

由于　$\dfrac{R}{r}=\dfrac{L}{l}$　　(1)

$R=r+b$　　(2)

将式(2)代入式(1)　得：$\frac{r+b}{r}=\frac{L}{l}$　　　　(3)

由式(3)得　$r=\frac{bl}{L-l}$

按圆心角关系式求得：$\alpha=\frac{2\pi R-L}{2\pi R}\times360°=\frac{2\pi R-L}{\pi R}\times180°$

根据 D、d、S 计算出 R、r、L、l、α 之后，即可画出圆柱正螺旋面的近似展开图

实际加工时，不必剪掉 α 角，即在剪缝处直接绕卷成螺旋面达到节省材料，错开焊缝的目的

五、“近似法”画展开图及实例

球面、正螺旋面、柱状面以及不规则曲面等，理论上是不可展曲面，不可能按其实际形状依次摊平成平面，但实际生产中也往往需要画出它们的展开图，只好用“近似法”作图。

近似法作图，实质是把不可展曲面分成若干较小部分，将每一小部分看成是可展平面、柱面或锥面来画展开图。

【例 3. 5-1】 球表面（分瓣）的近似展开画法

展开实例

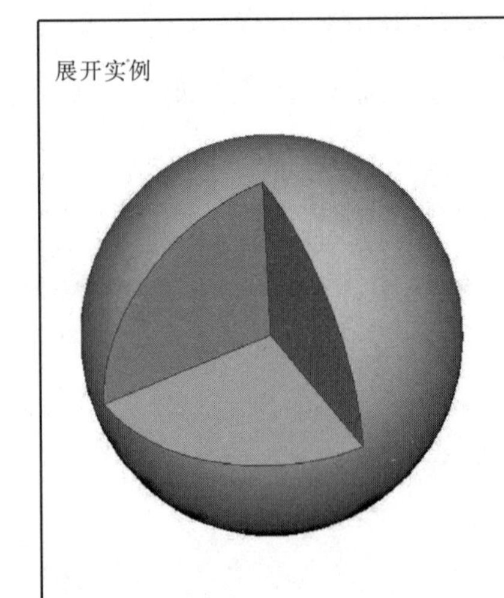

提示：

球表面（分瓣）的近似展开画法——“柱面法”

对于不可展开的球面，若按子午面适当等分为球瓣（图中，分为 12 瓣），每一球瓣近似用圆柱面代替

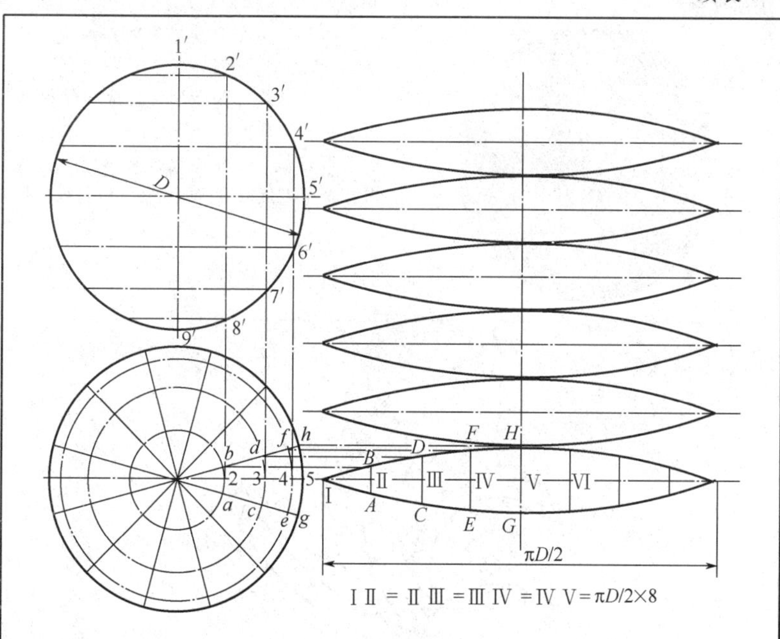

展开作图：(柱面法)

分析视图：对于不可展开的球面，若按子午面适当等分为球瓣（图中，分为12瓣），每一球瓣近似用圆柱面代替。故采用“柱面法”近似展开画法

将球体的主视图（圆）采取适当等分（图中，采取16等分）得到1′、2′、3′、4′、5′、6′、7′、8′、9′等点，投影到俯视图中，得到四个同心圆（$\overset{\frown}{ab}$、$\overset{\frown}{cd}$、$\overset{\frown}{ef}$、$\overset{\frown}{gh}$）

将球体的俯视图（圆）采取适当等分（图中，采取12等分）与四个同心圆（$\overset{\frown}{ab}$、$\overset{\frown}{cd}$、$\overset{\frown}{ef}$、$\overset{\frown}{gh}$）相交，得到八个交点a、b、c、d、e、f、g、h

展开划线：

① 在俯视图水平中心线的延长线上，画一直线长$=\pi D/2$；进行8等分，作垂线

② 在俯视图中，将球瓣上的a、b、c、d、e、f、g、h各点引水平线，找到展开图中的相应点A、B、C、D、E、F、G、H

③ 依次光滑连点。完成1/16球瓣的近似展开图

④ 做成样板，完成其余球瓣的近似展开图，依次摊平成同一平面

【例3.5-2】 球表面（分带）的近似展开画法

展开实例

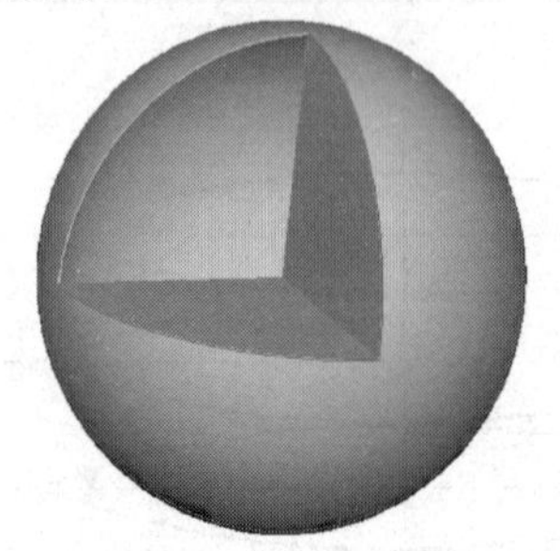

提示：

球表面（分带）的近似展开画法——“平行线法＋放射线法”

对于不可展开的球面，若按纬线适当等分为球带（图中，分为 9 分），中间球带Ⅴ可近似用圆柱面代替（平行线法）；其余球带可近似用锥面代替（放射线法）

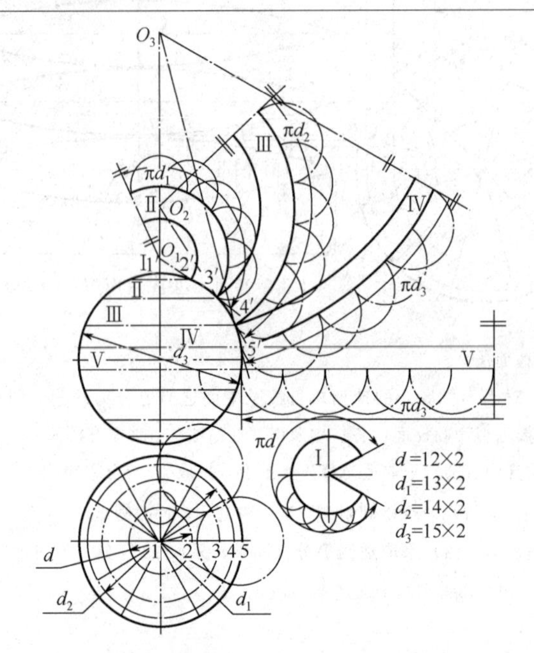

展开作图：（平行线法＋放射线法）

分析视图：对于不可展开的球面，若按纬线适当等分为球带（图中，分为 9 份），中间球带Ⅴ可近似用圆柱面代替（平行线法）；其余球带可近似用锥面代替（放射线法）

将球体的主视图（圆）采取适当等分（图中，采取 9 等分）得到 1′、2′、3′、4′、5′等点，投影到俯视图中，得到四个同心圆

将球面的赤道一片球带Ⅴ近似看作内接圆柱面（展开图为矩形）

将其余球带Ⅰ、Ⅱ、Ⅲ、Ⅳ近似看作圆锥面（展开图为扇形）

展开划线：

① 运用“平行线法”作出赤道球带Ⅴ的展开图：在主视图上，延长赤道球带的轮廓线长＝πd_3；画出了赤道球带的展开图（一半）

② 运用“放射线法”作出北极球带Ⅰ的展开图：以1′为圆心，以1′2′为半径，画一扇形，使扇形圆弧长＝πd（另画在图形右边）

③ 运用“放射线法”作出其余球带Ⅱ、Ⅲ、Ⅳ的展开图：以2′3′的延长线与垂直中心线的交点O_1为圆心，分别以$O_1$2′、$O_1$3′为半径，画两圆弧，使扇形圆弧长＝πd_1，完成球带Ⅱ的展开图。同理，再分别以O_2、O_3为圆心，以$O_2$3、$O_2$4和$O_3$4、$O_3$5为半径画出四段圆弧，使圆弧长＝πd_2和πd_3（图中，各画了一半扇形带）

④ 做成样板，完成其余球瓣的近似展开图，依次排料在同一平面

【例 3.5-3】 球表面（分块）的近似展开画法

展开实例

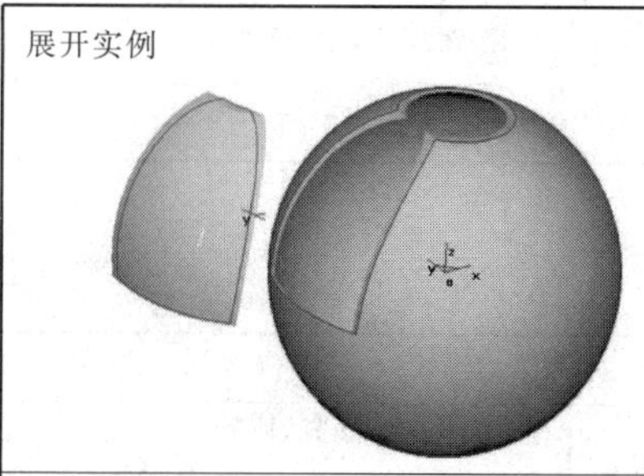

提示：

球表面（分块）的近似展开画法——“平行线法＋放射线法”

对于不可展开的球面，若按纬线将球体的南北极划分成圆形极板；按经线划分为适当等份（图中，采取6等分），成为6块球面

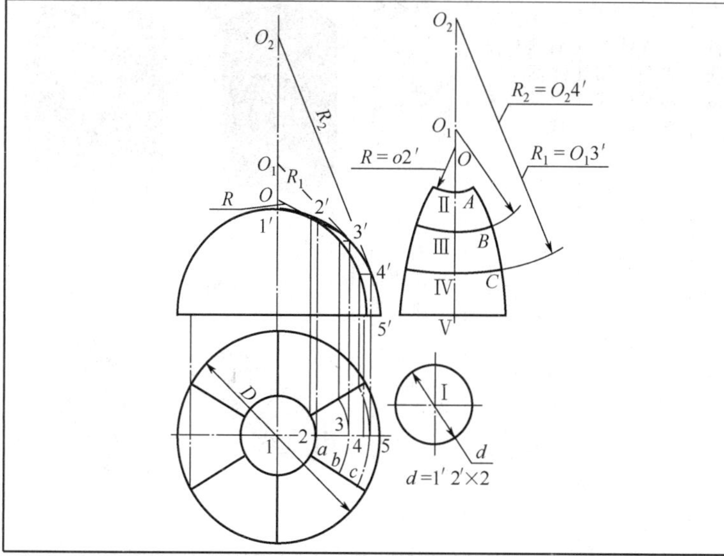

展开作图：（平行线法＋放射线法）
分析视图：球表面（分块）的近似展开画法——“平行线法＋放射线法” 对于不可展开的球面，若按纬线将球体的南北极划分成圆形极板；按经线划分为适当等份（图中，采取6等分），成为6块球面 将球体的主视图（圆）采取适当等分（图中，采取8等分）得到$1'$、$2'$、$3'$、$4'$、$5'$等点，投影到俯视图中，得到三个同心圆；分别过$1'$、$2'$、$3'$、$4'$四点作圆的切线，得到O、O_1、O_2、O_3四点 将球体的俯视图（圆）采取适当等分（图中，采取6等分），将球体划分为6块球面 展开划线： ① 作出南北极板Ⅰ的展开图：画一圆，使直径$d=1'2'\times 2$ ② 运用“放射线法”作出1/6球面的展开图：画一水平线长$=\pi D/6$；再画出中垂线，分别量取ⅤⅣ$=5'4'$、ⅣⅢ$=4'3'$、ⅢⅡ$=3'2'$，确定Ⅴ、Ⅳ、Ⅲ、Ⅱ点；再分别量取OⅡ$=O'2'$、O_1Ⅲ$=O_13'$、O_2Ⅳ$=O_24'$，确定三个半径R、R_1、R_2；分别以O、O_1、O_2为圆心，以R、R_1、R_2为半径，画扇形圆弧，使圆弧长Ⅱ$A=2a$、Ⅲ$B=3b$、Ⅳ$C=4c$，确定A、B、C各点 ③ 做成样板，完成其余球片的近似展开图，依次排料在同一平面

六、各种展开法比较

展开法	应用条件	特色	基本画法	范例
平行线法（正截面法）	立体各表面可用两平行线确定	①两平行线确定平面 ②各素线实长已确定	以各棱边的实长，将各棱面（以两平行线确定）依次展开	棱柱、圆柱 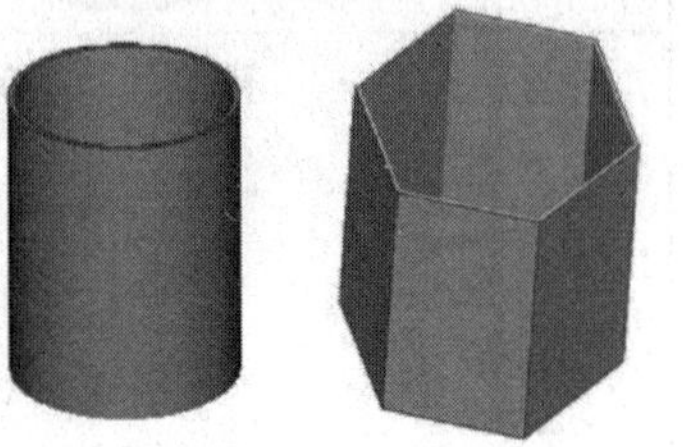
平行线法（测滚法）	立体各表面可用两平行线确定	①两平行线确定平面 ②先求得正截面实形 ③再求得各素线实长	作出斜棱柱、斜圆柱的正截面并求出各棱边、素线的实长，再将各棱面、素线面（以两平行线确定）依次展开	斜棱柱、斜圆柱 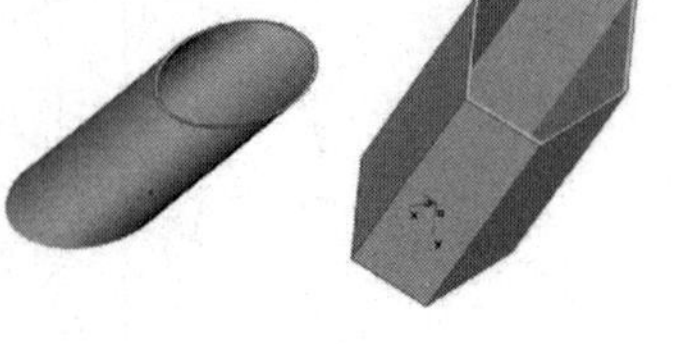

续表

展开法	应用条件	特色	基本画法	范例
三角形法	立体各表面可用三角形确定或近似确定	①三角形确定平面 ②适用不规则立体表面	把立体表面划分成数个小三角形，并求出各三角形的实形，再依次摊平到一个平面上	锥面和切线曲面 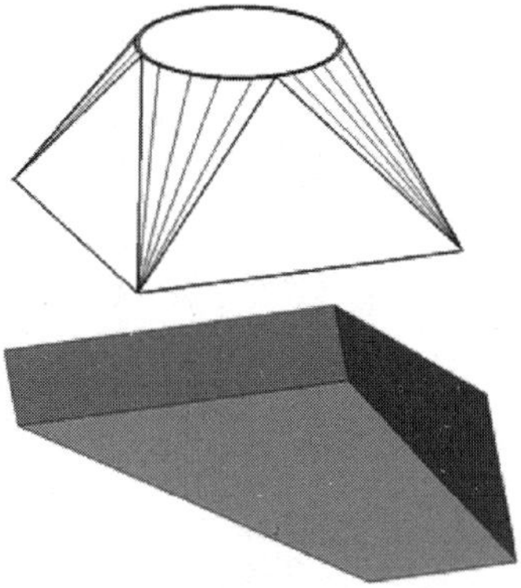
放射线法	立体表面各素线汇交于一点	①利用三角形近似确定曲面三角形实形 ②适用锥体表面	①过锥顶作一系列放射线 ②将锥面划分成数个曲面三角形 ③求出各素线的实长，再求得各三角形的实形 ④依次摊平到一个平面上	锥体表面 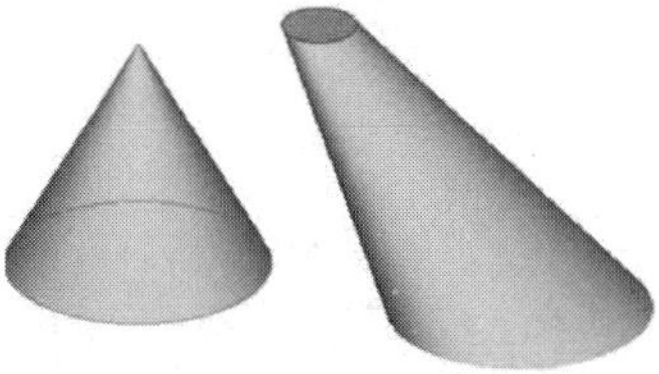
计算法	便于采用公式表述几何形状的实体	精确，简化作图（节省相贯线求作、实体放样等大量作图），但因计算繁杂，不易推广	①分析几何形状、几何要素 ②套用数学公式 ③按计算绘制展开图	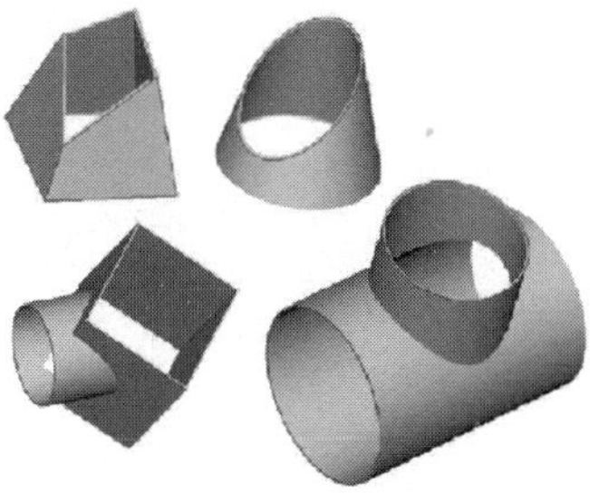

续表

展开法	应用条件	特色	基本画法	范例
程编公式法	将构件“形体分析”，按平面投影套用公式，直接绘制展开图	套用“专用公式”，使繁杂计算简单化，简化放样作图，技巧性高	①形体分析 ②按平面投影特点，套用“专用公式” ③按数值绘制展开图	
软件贴合形体法	运用“绘图软件”进行构件三维实体造型；再运用“展开软件”显示钣金贴合效果；自动画出展开图	新技术，效率高，直观性强，便于自动下料成形。有待进一步开发	①选择合适绘图软件，进行三维实体造型 ②运用“展开程序”显示钣金贴合效果 ③由计算机自动生成平面展开图	
经验展开法	复杂构件	实践经验，近似展开	试验、样板、插补等手段	

第四章

Chapter 04

钣金工艺简介

一、“换面逼近”展开理论及手法

值得指出的是，近年来，随着计算机辅助绘图的迅猛进展，使“换面逼近”展开理论及手法的应用炉火纯青，其原理是用三角平面元替换不能准确展开的曲面元，如图 4-1 所示。关键是把欲展开的曲面适当网格化，并在曲面上任取其一个三角曲面元，连接它的三个顶点 A、B、C，就可以得到一个与曲面贴近的平面三角形 $\triangle ABC$。由众多三角平面元构成的多棱面，与原曲面当然会存在差别，但是，只要网格数目足够多，它们的误差可以足够小，小到允许的公差范围内（计算机可以胜任需求）。把曲面换成与之相近的小平面组成的多棱面，再用多棱面的展开图去近似替代该曲面的理论展开图，这就是换面逼近的基本思路。其实也可以采用其他形状的小平面（如矩形、梯形、六边形等）及规则曲面（如圆柱面、圆锥面等）来作类似的替换。实践证明，这样的替换逼近效果不错，并能保证精度。实际展开中，对同一曲面的替换面元不必采用

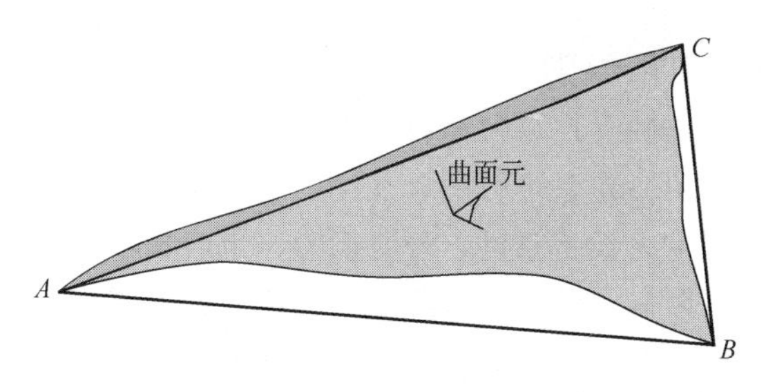

图 4-1 “换面逼近”展开法

同一类型，可以根据曲面的结构特点和简捷方便的展开原则灵活地混用各种替换面元。

二、展开放样

展开曲线一般是平面曲线，要画这种曲线，通常先在图纸上求出曲线上一定数量的、足以反映其整体形状的点；之后再圆滑连接各点，得出所求曲线的“近似版”。此版尽管是近似的，却可以设法达到事先要求的准确度，因为曲线的准确性跟点的数量有关，越多越准。展开时，为了作图的方便，点的布置通常采用等分法；在曲线变化急剧的区域，适当插入一些更细的分点，以求得精细效果。

三、展开三原则

1. 正确、精确原则

展开方法要正确，展开计算要准确。求实长准确，展开作图精确，样板制作精确。考虑到以后的排料套料、切割下料还可能存在误差，放样工序的精确度要求更高，经验数据一般误差≤0.25mm。

2. 工艺可行原则

放样必须熟悉工艺，工艺上必须可行。也就是说，大样画得出来还要做得出来，而且要容易做，做起来方便，不能给后续制造添麻烦；中心线、弯曲线、组装线、预留线等以后工序所需的都要在样板上标明。

3. 经济实用原则

对一个具体的生产单位而言，理论上正确的并不一定是可操作的，先进的并不一定是可行的，最终的方案一定要根据现有的技术要求、工艺因素、设备条件、外协能力、生产成本、工时工期、人员素质、经费限制等情况综合考虑，具体问题具体分析，努力找到经济可行、简便快捷、切合实际的经济实用方案，绝不能超现实，脱离现有工艺系统的制造能力。

四、展开三处理

展开三处理是实际放样前的技术处理，它根据实际情况，通过作图、分析、计算来确定展开时的关键参数，用以保证制造精度。

1. 板厚处理

板料成形加工时，板材的厚度对放样是有影响的（厚度对弯头装配间隙、角度和弯曲半径肯定有影响），如图 4-2 所示。

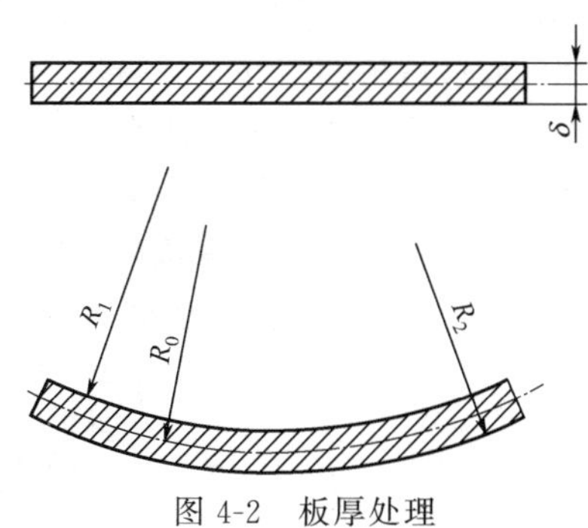

图 4-2　板厚处理

实践证明，中性层的位置跟加工的工艺和弯曲的程度有关。如采用一般的弯曲工艺，由实践经验获知：当 $R>8\delta$ 时，中性层的位置几乎在板料的中间。实践证明，中性层的位置跟加工的工艺和弯曲的程度有关。厚度越大，影响越大，而且随着加工工艺的不同，影响也不同。所以，所谓不变长度的“中性层”的位置也略有位移，一般通过实践经验调整。

2. 接口处理

① 接缝位置：由于一般设计图一般不给出接缝位置。可在放样实践中，适当处理。放样时通常要考虑的因素有：保证强度和刚度、便于加工组装、接缝长度最小、避免应力集中、便于维修、使应力分布对称、减少焊接变形等。

② 管口位置：管口位置和接头方式一般由设计决定。针对这些要求，展开时要具体分析并进行相应的处理。一般的原则是，一要遵循设计要求和有关规范，既要满足设计要求，也要考虑是否合

理；二要考虑采用的工艺和工序，分辨哪些线是展开时画的还是成形后画的；三要结合现场，综合处理，分辨哪些线是展开时画的还是现场安装时再画的。

③ 连接方式：有对接、搭接、平接、角接；搭接于外表面或插入内部；焊接或铆接；普通接头或加强接头；其连接方式不同，展开时的处理就不同。不但要会按图施工，且一旦遇上按图不宜甚至不能施工时，要制订出切实可行的修改方案。

④ 坡口方式：由于一般板料切割时，切口垂直于板面，如图 4-3 所示。因厚度的存在，成形后板的内外表面端线不在同一平面，直接影响按端头装配时的接口间隙、角度和弯曲半径。为了焊透，厚板焊接需要开坡口。坡口的方式主要与板厚和焊缝位置有关。设计蓝图即便规定了坡口的形状样式，放样时还是应该画出1∶1的接口详图，以便验证设计的接头方式是否合理，验证修订合理的接头方式。

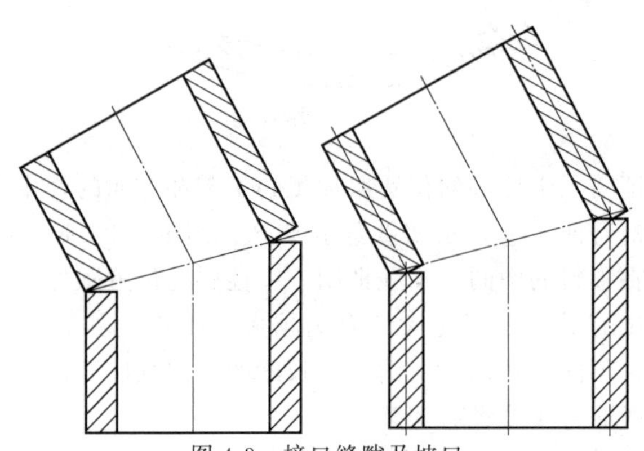

图 4-3　接口缝隙及坡口

3. 余量处理

余量处理俗称“加边”，就是在展开图的某些边沿加宽一定的“多余”边量。这些必要的余量因预留的目的不同而有不同的称呼，如搭接余量、翻边余量、包边余量、咬口余量、加工余量等等。

余量处理的问题在“量”上，到底余多少？留大了增加加工工作量，留少了影响下道工序加工。在实际工作中往往采取计算加经验，实操出结果。余量数据的取得，一般先粗算下料，上机成形，然后测量比较、修正定尺。

五、展开样板

批量生产，往往会使用样板。这样可以避免损伤钢板，也便于在钢板上排料，使材料得到充分利用。

样板按照用途可分为：外包样板、内铺样板与平料样板。平料样板用于下料、排料，应用最广；但有时需要在成形后的钣料上画线，这时就要用到外包样板或内铺样板了。管外画线，用外包样板；筒内画线，用内铺样板。如制作直径不很大等径焊接弯头，工艺上宜先卷制成管子，后切割成管段，再组焊弯头，这种情况下就要准备外包样板。而在大管大罐内画线开孔时就要用内铺样板。

若使用样板施工下料，往往还要把样板的厚度考虑进去，如以三节任意角度接管为例浅析如下。见图 4-4 所示。

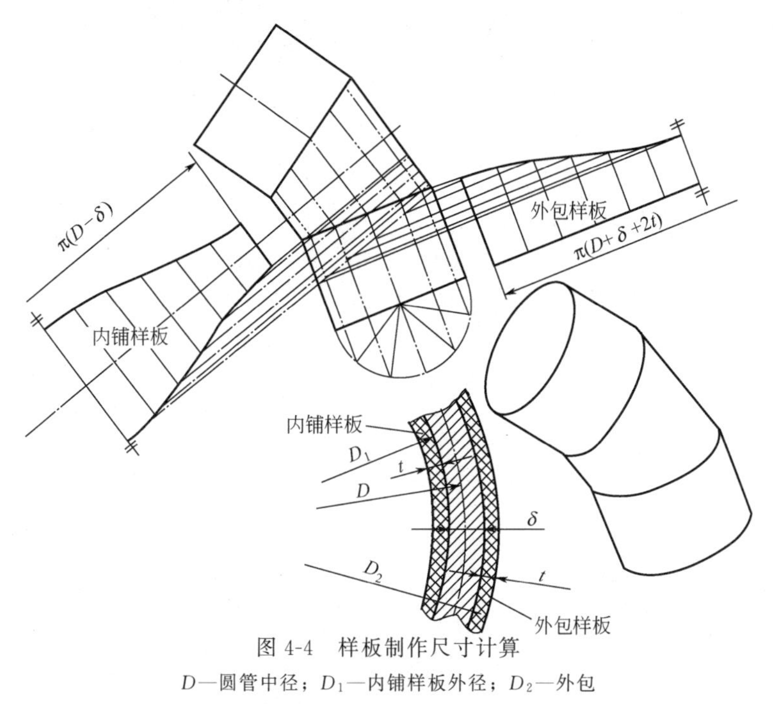

图 4-4　样板制作尺寸计算

D—圆管中径；D_1—内铺样板外径；D_2—外包样板外径；δ—实体板厚；t—样板厚度

样板精度：样板必须精度高，误差小。影响样板精度的主要因素有原理误差、实长误差、作图误差和样板制作误差。原理误差是由“换面逼近”法产生的，常用的处理办法是：尽量用规则曲面逼近不规则曲面、在曲线急剧变化段多插点（平缓段少分点）、相贯体共用同一条展开线等；实长误差与求实长的方法和计算、作图等操作有关，要求精细操作，避免随机误差；计算机辅助展开作图是减小作图误差的极佳途径；样板制作误差的控制，主要靠制作者的技艺，要求钳工划线、操作精湛。

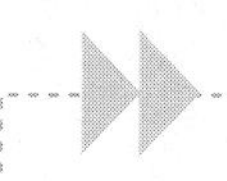

参考文献

[1] 尚凤武主编.CAXA-3D/V2三维电子图板基础及应用教程.北京：电子工业出版社，2001.
[2] 尚凤武主编.计算机绘图.北京：中央广播电视大学出版社，1999.
[3] 孙凤翔主编.机械工人识图100例.北京：化学工业出版社，2011.
[4] 孙凤翔主编.工程制图与CAD考证题解.北京：化学工业出版社，2013.
[5] 刘光启主编.钣金工速查速算手册.北京：化学工业出版社，2009.